规模猪场生产管理手册

——规模猪场养猪作业指导书

李俊柱　主编

中国农业出版社

北京

图书在版编目（CIP）数据

规模猪场生产管理手册：规模猪场养猪作业指导书 ／
李俊柱主编． — 北京：中国农业出版社，2020.1(2020.12 重印)
ISBN 978-7-109-26271-3

Ⅰ．①规… Ⅱ．①李… Ⅲ．①养猪场–生产管理–手
册 Ⅳ．①S828-62

中国版本图书馆CIP数据核字（2019）第263706号

规模猪场生产管理手册——规模猪场养猪作业指导书
GUIMO ZHUCHANG SHENGCHAN GUANLI SHOUCE——
GUIMO ZHUCHANG YANGZHU ZUOYE ZHIDAOSHU

中国农业出版社出版
地址：北京市朝阳区麦子店街18号楼
邮编：100125
责任编辑：黄向阳 刘宗慧
版式设计：北京锋尚制版有限公司 责任校对：吴丽婷
印刷：北京通州皇家印刷厂
版次：2020 年 1 月第 1 版
印次：2020 年 12 月北京第 2 次印刷
发行：新华书店北京发行所
开本：700mm×1000mm 1/16
印张：16.25
字数：240千字
定价：48.00 元

本书有关用药的声明

随着兽医科学研究的发展、临床经验的积累及知识的不断更新，治疗方法及用药也必须或有必要做相应的调整。建议读者在使用每一种药物之前，参阅厂家提供的产品说明书以确认推荐的药物用量、用药方法、所需用药的时间及禁忌等，并遵守用药安全注意事项。执业兽医有责任根据经验和对患病动物的了解决定用药量及选择最佳治疗方案。出版社和作者对动物治疗中所发生的损失或损害，不承担任何责任。

中国农业出版社

　　基础母猪500头以上或年出栏10 000头以上的猪场，我们称之为规模猪场。规模化养猪是中国养猪业未来的发展趋势。进入21世纪以来，中国规模化养猪业发展迅速，截止到2018年年底，中国规模猪场（或养猪企业）有6 000余个，其年出栏总量约占全国总出栏量的28%，其中排名前20位的养猪巨头年出栏总量6 850万头，约占全国总出栏量（近7亿头）的10%。但是，这些规模猪场中相当一部分猪场管理混乱、疫病不断、生产水平低、经济效益差。

　　怎样搞好中国规模化养猪？编者认为，建立并逐步完善一套规范化、标准化、现代化的规模猪场生产管理实用模式是非常重要的。1998年我们编写了《规模猪场生产管理手册》，后经多次更新补充，该手册在全国得到了普遍推广应用，并深受规模猪场从业者的欢迎。

　　近几年来，尤其是2018年8月中国发生非洲猪瘟以来，我国规模化养猪发展进程加快。为了满足越来越多规模猪场的实际需求，提高中国规模猪场的生产管理水平与疫病防控水平，我们根据规模猪场的管理特点和要求，总结了国内外一流规模猪场养猪生产管理成功实践经验，结合我国国情，组织全国同行在初版手册基础上重新编写了这本《规模猪场生产管理手册》，并正式出版。本版手册可以作为规模猪场员工作业指导书，也可以作为养猪上下游相关企业（如饲料、动保、机械设备等企业）大客户技术服务人员的规模养猪技术培训教材。

编　者

2019年10月

目 录

第二章
猪场饲养管理操作规程

第三章
猪病防制

第四章
猪场信息化数字化智能化

第一章

规模猪场建设与管理

1

第一节 猪场建设

一、建场前的市场调研和分析

猪场的投资决策必须建立在科学的市场调研和财务分析基础上，在规划建设猪场之前，必须先进行市场调研，根据调研的结果，结合猪场建设者经营、管理、资金、专业等综合能力，对市场前景、市场需求、政策因素和竞争环境进行透彻的分析，了解消费者的消费趋势和行业发展的动态，了解养猪行业短期、中期和长期的市场潜力和发展前景，应用SWOT分析模型，了解自身的优势和弱势、面临的机遇和威胁，再通过计算投资项目的净现值（NPV）、内部收益率（IRR）、资产回报率（ROA）、股东权益回报率（ROE）及投资回收期，决定该项目是否切实可行，再决定是否兴建猪场，建什么类型猪场和多大规模的猪场，饲养种猪、肉猪或仔猪，还是综合经营，场址所需的各种条件（如规划、防疫、环保、交通、水源、电源等）是否符合。

二、场址的选择

猪场所处的地理位置和环境，尤其是天然防疫环境，将直接关系到猪场能否正常经营、能否获得经济效益。场址的选择应根据猪场类型、建设规模、产品用途等确定具体要求，一般应遵循以下原则。

1. **地形地势** 养猪场应选建在向阳避风（即南坡地段）、地势高燥、通风良好、有充足建场面积、排水方便的沙质土地带，易使猪舍保持干燥和环境卫生。猪场位置至少应高出当地历史洪水的水线以上，地下水位应在2米以下。地面要平坦而稍有坡度，以便于排水排污，但缓坡角度不要超过20度。要有与所建猪场规模相配套的场地，并适当考虑以后猪场发展扩大所需场地问题，最好配套有鱼塘、山林、耕地，以便于污水的处理，防止猪场对周围环境造成污染。

2. **水电保障** 猪场选址时，首先应考虑水源是否充足，水质是否符合《中华人民共和国农业行业标准 无公害食品畜禽饮用水水质（NY 5027-2008）》的要求。建场之前最好找专业机构对该场地下水水质及水量进行检测。

水中的细菌是否超标，水的含氟、砷等各种矿物质离子是否过高，人是否可以饮用等都要事先了解。所以最好自建水井、水塔。自建水井的出水量一般是万头猪场日出水量南方150吨以上、北方100吨以上。如需使用江河、山泉或井水，必须经净化系统处理后方可使用。目前一个万头规模猪场年用水量需3.6万～5.5万吨。电力要有保障，要配备应急发电机，预防停电。

3. **交通方便**　在确保防疫安全的前提下，猪场需选在交通便利又比较僻静的地方。

4. **远离居民区和污染源**　猪场距离居民区要在1 000米以上，最好3 000米以上，离主要公路、铁路至少保持2 000米以上的间隔距离。并且尽量远离屠宰场、肉品加工厂、皮毛加工厂、重工业区、废物污水处理站和其他污染源，尽可能远离其他养殖场。

5. **排污量**　粪便及污水的处理是猪场必须解决又是最难解决的问题。一个年出栏万头的猪场，日产粪18～20吨。污水产生量因清粪方式不同而有所不同，一般每天为60～180吨。要根据排污量和地形，确定污水处理场所的面积和位置。

6. **场地面积**　根据规划的建设规模，选择与之相匹配的土地面积，并为未来的发展预留土地。根据地势地形和猪场建设模式的不同，猪场所需的面积也会有所差异。一般来说，生产区建筑面积可按年出栏一头商品猪需1.0米²计算，并根据实际需要确定猪场生活管理区及其他配套设施所需要的土地面积。目前，由于环保及防疫的需要，一般来说，一个年出栏1万头商品育肥猪的自繁自养规模猪场需要征地80～100亩[①]。

三、规划和环评

必须要与当地规划、国土和环保等部门沟通，详细了解当地中远期（15～20年）发展规划，避免猪场选址与当地规划方案冲突而被迫拆迁，造成不必要的损失。一定要了解土地的性质，避开基本农田保护区。猪场选址尽可能远离水源保护区和风景名胜区等禁养区域。必须委托环境影响评价机构编写环评文件，报环境保护主管部门审批后才能确定所选场址是否适合兴建猪场和建设多大规模的猪场。并且猪场污水治理设施，必须与主体工程同时设计、同时施工、同时投产使用。经环境保护主管部门验收，领取排污许可证后猪场才能正式投入使用。另外，猪场建设应预先全面规划，特别是大型养猪场，生产规模建设可分期进行，但总体平面设计要一次完成，不能边建设边设计边投产，导致布局混乱，公共设施资源各生产区不能共享，不仅造成浪费，还给饲养管理、防疫工作带来麻烦。

---

① 亩为非法定计量单位，1公顷=15亩。

四、猪场的生物安全体系设计

面对日益复杂的疫病，构建科学有效的猪场生物安全体系迫在眉睫。必须将猪场的生物安全融入猪场规划、设计、建设过程中。猪场生物安全不只是理念、态度、规章和制度，而是在猪场规划设计开始就要考虑猪场布局及各分区等方方面面的细节，制定全方位的实施措施，形成猪场"大生物安全体系"，以防止引入新病原，减少猪场疫病的发生，保持并改善猪群健康水平，确保猪场生产安全和防疫安全。

（一）猪场的布局

国外的猪场布局大多按"公众区域、作业区域和生产区域"三区域分布。结合目前疫病复杂的具体情况，猪场可细分为：场外消毒区、外生活管理区（管理区污水和无公害处理区）、内生活区、生产区四个区域分布。必须修建2.2米高度以上的实心围墙将猪场与外界环境充分隔离，并且要在围墙外设置深1.5米以上的防疫沟，围墙内外两面采用水泥抹光，防止鼠类出入，各区之间要以有效隔离带或实心墙充分隔离，形成有效的防疫屏障，将生产核心区、内生活区、外生活管理区、场外消毒区彻底分开；各区之间有固定的消毒通道进出，各区内部、装猪台、更衣淋浴室等场所可划分净区、灰区、脏区；人和猪只能从净区到脏区单向流动，不能逆向流动。

外生活管理区应在夏季主导风向的上风向，生产区应在管理区100米以外的下风处。病死猪无害化处理设施和污水处理设施应建在猪场下风口，与猪场的距离不小于500米。外生活管理区和内生活区均需要配备相应的生活保障和娱乐设施，以满足员工的需求。猪场严禁饲养一切猪之外的动物，严禁任何外来车辆和外来人员，严禁猫狗和其他野生动物进入猪场。以不同颜色衣服、鞋帽区分各区工作人员。

（二）各区功能及设置

1. **场外消毒区** 外来运猪车是传播疫病的重要途径。应分别在距离猪场500米以外和距离猪场50~100米处的场外区域设立猪场专用消毒站，对预约进入猪场范围的车辆进行二次严格消毒，每次消毒后停留15~30分钟。

2. **外生活管理区** 外生活管理区，即管理区、防疫缓冲区、污水处理区，包括生猪销售站、物资仓库中转消毒站、办公区、食堂和非生产人员生活区、污水处理厂和无公害处理区等。是外来业务人员、猪场管理人员、业务和后勤人员、休假结束返场需要隔离的生产人员工作和生活的区域。

（1）进入猪场外生活管理区的大门 除配套车辆消毒池外，还应设置车辆冲洗消毒间，门卫人员值班室及宿舍、行李寄存房、人员消毒通道，物资熏蒸消毒间。严禁闲杂人员接近猪场，外来人员来访必须在门卫处登记，所有人员必须经消毒通道才能进入猪场外生活管理区。门卫应在本猪场司机驾车进入猪场大门后，提供并监督司机更换已消毒的工作服和鞋。

（2）对外销售的生猪销售站（中转装猪台）　应与猪场大门并列并适当外延，设在场外消毒区与猪场外生活管理间之间。装猪台是猪场最容易染上疫病的地方，在非洲猪瘟肆虐的今天，猪场应在外生活管理区设立生猪销售站，使用本场专用运猪车辆将生猪从生产区装猪台运至外生活管理区的生猪销售站出售，严禁猪贩子或屠宰人员等所有场地外人员和车辆进入猪场内生活区，绝不允许场外人员进入生产区装猪台，这是控制疫病的关键措施之一。外销生猪应尽量固定客户，减少猪贩和屠宰人员到场买猪。内部运猪车辆禁止离开猪场范围，每次使用后必须进行彻底清洗消毒才能返回猪场生产区。

（3）猪场物资仓库中转消毒站　设在猪场外生活管理区，对进入猪场的饲料原料、兽药、工具、员工快递等所有物品在密闭的空间熏蒸消毒2小时以上，并放置1~3天后才能进入内生活区和生产区。特别是饲料包装袋应先经熏蒸消毒后才能进入生产核心区使用，有条件的猪场可安装使用自动供料系统，运输全价饲料的车辆可在生产区围墙外面将饲料输送进围墙内饲料塔，避免已污染的饲料包装袋引入疫病。

（4）食堂　分为内食堂和外食堂，内外之间设置专用传餐窗口，外生活管理区人员在外食堂就餐，通过专用传餐窗口将饭菜传送到内食堂，生活核心区工作人员在内食堂就餐；厨房垃圾和泔水必须运送到无害化处理区处理，不得用于饲喂场内猪只。严禁从场外带入任何偶蹄兽的肉类及其制品。

（5）人员管理　休假返场的生产人员必须在外生活管理区隔离净化1~2天后，方可进入生产区工作，员工家属探亲必须在外生活管理区内接待。猪场后勤人员应尽量避免进入内生活区和生产核心区。

3. **内生活区**　内生活区是饲养员、一线技术员、后勤工作人员（包括维修专员、保管专员等）居住生活的区域。外生活管理区与内生活区之间必须设立沐浴室和消毒通道；内生活区的衣服、鞋帽均有独特的颜色区分（如黄色、灰色等），猪场工作人员经淋浴、洗头，更换内生活区专用衣服和鞋子方可进入。所有的私人衣物一律存放在由外生活管理区进入内生活区沐浴室前的个人专用衣柜中。

4. **生产区**

（1）生产核心区应有围墙和防疫沟，形成防疫屏障，只留更衣室人员入口，饲料入口和单向装猪台，减少与外界的直接联系。

（2）生产核心区按配种舍、怀孕舍、分娩舍、保育舍、生长舍、育成舍（或育肥舍）、无害化处理场所、装猪台从上风向下风方向排列。场内净道与污道应分开使用，清洁区域和肮脏区域分开。生产区内各猪舍之间距离应为20米左右。生长育成舍（或育肥舍）间距可适当增加。

（3）内生活区和生产区之间的人员入口和饲料入口应以消毒池隔开，生产人员必须在更衣室沐浴、洗头，更换已消毒的生产区专用工作服和工作鞋后方可进入生产区，生产区的每栋猪舍门口必须设立消毒脚盆和洗手盆，生产人员经过脚盆再次消毒工作鞋和洗手消毒后进入猪舍，生产人员不得互相"串舍"，各猪舍的用具不得混用。

（4）保育舍、生长舍、育成（或育肥）舍猪栏之间的分隔采用封闭不透风的隔栏，限制不同栏猪只直接接触。配种怀孕舍母猪单位栏前半1/4部分设置金属挡板，避免母猪头部近距离接触或通过气溶胶传播病原体。

（5）配种怀孕舍的母猪单体限位栏，应使用独立料槽、水槽，以避免共用同一食槽、水槽而互相传染疫病。

（6）生产区应设立工作人员休息室，休息与内生活区之间设置专用传餐窗口，午餐经专用传餐窗口送至休息室，生产人员在生产区休息室进餐和午休。

（7）生产区内道路路面需硬化，并划分净道和脏道。工作人员、饲料车走净道，运粪车和运输死猪、病残猪的车应走脏道，生产区所有猪舍和开放式通道应该安装防鸟、防蚊蝇和防鼠不锈钢网，建议在猪舍周围铺设碎石，防止老鼠进入猪舍。

（8）生产区装猪台应建造在生产区育成（或育肥）猪舍或需要外售的猪舍围墙外，使用本场专用运猪车将出售的商品猪从生产区装猪台运至场外中转装猪台。出猪台应为单向设置，防止猪只后退或掉头返回场内赶猪通道；进入赶猪通道的猪只不准返回生产区；生产区工作人员不准以出猪台为通道离开生产区接触外部环境和车辆；出猪台的冲洗污水不能回流到赶猪通道和猪舍内，即不能出现污水从脏区流向灰区、从灰区流向净区的情况。每次出猪后必须对出猪台每个角落进行严格清洗消毒。加强对出猪台管理和消毒，切断传染途径。

（9）生产区应设置专门暂存收集死猪、胎衣、木乃伊胎的场所，并由专人及时运往死猪无公害处理区处理。禁止生产区员工进入污水处理区和死猪无公害处理区。

（10）需要从场外引种的猪场应配套隔离舍，隔离舍应安排在下风向，并尽可能远离其他猪舍，最好有200米以上距离。

五、设计案例

 年出栏4万头育肥猪养殖基地

1. **概况** 育肥猪场，年出栏4万头，120千克出栏，规划面积186亩。

2. **工艺设计**

（1）主要生产性能指标参数 决定猪群结构的主要依据是猪的生产性能，详见表1-1。

表 1-1 育肥猪场主要生产性能指标（成活率）参数

指标名称	成活率设计指标值（%）
全期成活率	93 ~ 94
保育期（5 ~ 11 周）	96.0
生长期（12 ~ 22 周）	98.0
育肥期（12 ~ 25 周）	97.0

（2）猪只饲料用量标准 猪场各环节猪只，因体重大小、营养需求等要求不同，日饲料用量标准也不一样，详见表1-2。

表 1-2 育肥猪场各类猪只饲料设计用量

猪只类别	用料标准 [千克/（头·天）]
保育仔猪	0.5
育成猪	1.5
育肥猪	2.4

（3）生活及生产用水标准 猪场水源来自地下井水，场区建设能存储全场2天用水量的蓄水池，建设一套生产和消防共用的给水系统，水质符合国家规定的饮用水卫生标准。

生活用水：根据养殖消防要求及人用水标准，猪场生产人员日用水量约为100升。

生产用水：各猪只饲料饲喂量、体型等因素，每天需水量都不一样，详见表1-3。

表1-3　育肥猪场生产用水设计用量

猪只类别	用水标准 [升/（头·天）]
保育仔猪	2.5
育成猪	8
育肥猪	8

（4）生产工艺流程　见图1-1。保育育肥基地采用全进全出制生产，一个基地的仔猪只能引进同一个繁殖场的断奶仔猪，不允许引进不同繁殖场的仔猪。

育肥基地采用保育育肥一体化猪舍，断奶仔猪引进后不再进行转舍，直至育肥到120千克出栏。

图1-1　保育育肥基地生产工艺流程图

（5）饲养方式

①喂料方式：全部采用全自动化料线系统，配套双面不锈钢食槽。

②饮水方式：场区采用蓄水池+恒压供水，舍内采用不锈钢水槽+水位器给水方式。

③清粪方式：根据当地及项目情况可采用机械刮板清粪工艺或者水泡粪工艺。

④通风方式：

● 夏季采用隧道式通风模式：室内理论计算风速设计1.8米/秒，过帘风速设计为1.8米/秒。

● 冬季采用垂直通风模式：檐口进风，经吊顶通风小窗进入猪舍，侧墙变速风机排风。

⑤保温方式：每个单元1/2栏位设计保温灯、保温罩及保温垫（或地暖）进行保温，大环境如果条件允许可采用天然气加热保温。

（6）单体工艺说明（含设备配置）　综合考虑繁殖场规模、生产情况（含能提供的仔猪数）以及南方地理环境因素，每栋保育育肥舍饲喂2 200～2 400头。育肥舍单体设计方案详见表1-4。

表 1-4 保育育肥舍（2 200 ～ 2 400 头 / 栋）单体设计方案

项目	设计方案
猪舍规格	72.84 米 × 29.28 米
栏位系统	每个单元 48 个 3.0 米 × 6.7 米 × 0.9 米保育育肥大栏，整体热浸锌，锌层 ≥ 80 微米；保育、育肥通用双面 304 不锈钢料槽
环控系统	每个单元含 5 台 54# 风机，2 台 36# 风机，2 台 24# 风机，2 台 18# 风机，32 个吊顶通风小窗，7090 型水帘 33.12 米 ^{2}，1 个自动环控器及配套电缆
料线系统	覆锌钢板料塔，塞盘送料系统及自动控制系统
清粪	机械刮板清粪系统，每个单元 2 套刮板系统，不锈钢材质
饮水	不锈钢饮水槽 + 节水型水位器
保温	局部采用保温灯 + 保温垫，大环境采用天然气加热保温
漏粪板	2.4 米 × 0.6 米漏缝地板，2/3 漏缝
备注	1 栋、2 单元（编者按：单元数太少，非洲猪瘟下应小单元设计）

（7）技术经济指标 详见表1-5。

表 1-5 年出栏 4 万头育肥猪养殖基地技术经济指标

指标名称	单位	数量	备注
存栏规模	头	20 000	常年存栏育肥猪
猪舍建筑面积	米 ^{2}	18 800	包括配套及附属建筑
饲料消耗	吨 / 年	13 800	
保育料	吨 / 年	800	
育肥料	吨 / 年	13 000	
年需水量	吨 / 年	50 000	
年用电量	度 / 年	1 200 000	
饲养员及技术人员	人	18	
产品产量	头 / 年	40 000	120 千克出栏，每年养两批

3. **场区规划** 在非洲猪瘟严峻形势之下，育肥场的生物防控也需提高到更高一个等级，单个育肥场规模不宜过度求大，建议是在一个区域内进行多点布置。场区规划需做到科学合理，一要利于生物安全防控，二要便于生产运营，三要节约土

石方工程及基础工程。通常场区规划包含对外交通规划、场区功能分区规划、场内交通规划、定位及竖向设计等内容。(编者按：保育与育肥应分两点式设计，保育舍应按标准高床栏设计，猪舍应小单元多单元设计)。

(1)对外交通规划　本案例对外交通主要为南面一条村级道路，全线已拓宽并清理障碍物，达到饲料车及运猪车通行条件。朝该道路设有2处对接口及1处出入口，2个对接口分别为猪只转运对接口及饲料转运对接口，1处出入口为场区人员及其他物资的出入通道。

(2)功能分区规划　本项目严格按猪场的生物安全体系设计分区要求，再根据本项目实际情况分为5个功能区，包括：

①场外消毒区：主要布置有车辆洗消中心。

②中转区：主要布置有饲料中转塔、转猪站及外事综合用房。饲料和猪只中转严格实行内外分离，所有车辆需经过洗消后才能至该区域。外事综合用房包括客户接待、外部管理人员生活办公等功能。

③管理及生活区：主要布置有生产人员办公及生活的功能用房，对外由门卫及消毒间控制，至生产区布置由一栋综合用房控制，包括人员洗澡消毒通道，物质熏蒸消毒通道。

④生产区：主要布置有生产猪舍及工作间。本项目包括8栋保育育肥一体化猪舍，2栋为一组，适当拉大距离；工作间主要为应急情况下，供生产人员生活。

⑤粪污处理区：布置有粪污处理的各项设施。该区域布置于地势低洼地带，且在生产区下风向。

(3)场内交通规划　本案例输料、转猪、转粪均是在生产区围墙外，因此主干道未考虑净污分离。生产区内布置有宽2.4米赶猪道，作为人员、物质、猪只通道。

(4)定位及竖向设计　各建构筑物长宽尺寸、间距及坐标，均应做出明确标识，以准确指导施工放样。竖向设计是指场区各个重要节点的标高设计，主要为建构筑物正负零对应的场地标高、道路转点标高等，竖向设计直接指导土方计算，同时通过土方计算对竖向设计进行反调。

场区规划设计见图1-2。

图 1-2　年出栏 4 万头育肥猪养殖基地场区规划图

4. 投资估算　详见表1-6。

表 1-6　年出栏 4 万头育肥猪养殖基地投资估算

工程名称	数量	投资金额（万元）
配套附属建筑	1 800 米²	240
保育育肥猪舍	17 000 米²	1 700
猪场设备	1 项	920
粪污处理设施	—	360
场区工程 （土方、道路、围墙、绿化等）	1 项	100
合计		3 320

 例二　存栏4 800头基础母猪繁殖基地

1. **概况**　存栏4 800头基础母猪，总规划面积817亩。

2. **工艺设计**

（1）主要生产指标参数　决定猪群结构的主要依据是猪的生产性能，尤其是繁殖性能，其次是生产技术水平。主要生产指标参数详表1-7。

表 1-7　母猪繁殖场主要生产指标参数

指标	参数	指标	参数
妊娠期	114 天	母猪年更新率	33%
妊娠观察期	5 周	配种分娩率	90%
哺乳期	21 天	进分娩舍时间	临产前 2 ~ 7 天
母猪年产窝数	2.35 胎	猪栏消毒、空置	7 天
母猪胎均断奶数	11.5 头	生产节律	7 天

（2）猪只饲料用量标准　猪场各类猪只，因生理周期、体重大小、饲料营养成分等不同，日饲料用量标准也不一样。各类猪只饲料用量标准详见表1-8。

表 1-8　母猪繁殖场各类猪只日饲料用量

猪只类别	日供应量（千克/天）
空怀母猪	2.0
妊娠前期母猪	2.3
妊娠中后期母猪	3.2
哺乳母猪	6.0
哺乳仔猪	0.18
后备培育猪	2.2
后备保育猪	0.5

（3）生活及生产用水标准　猪场水源来自地下井水，场区建设能存储全场2天用水量的蓄水池，建设一套生产和消防共用的给水系统，水质符合国家规定的饮用水卫生标准。

生活用水：根据养殖消防要求及人用水标准，猪场生产人员日用水量约为100升。

生产用水：各类猪只因饲料饲喂量、体型等因素，每天需水量不一样，详见表1-9。

表 1-9　母猪繁殖场生产用水量

猪只类别	用水标准［升/（头·天）］
空怀母猪	8
妊娠前期母猪	10
妊娠中后期母猪	15
哺乳母猪 哺乳仔猪	22
后备隔离保育猪	2.5
后备培育猪	8

（4）生产工艺流程　见图1-3。养猪场以周为生产节律，常年连续均衡产仔、均衡出栏，采用全进全出的转群方式生产。为使配种、妊娠、分娩、哺乳能紧密地、有机地结合起来，做到责任分明，使生产计划有节奏地进行，繁殖场采用：后备隔离→后备培育→配种→妊娠→分娩→哺乳的流水生产作业。

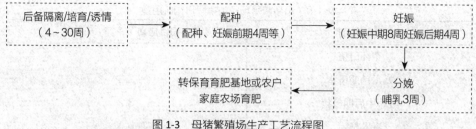

图 1-3　母猪繁殖场生产工艺流程图

工艺流程说明：

- 后备隔离舍：后备种猪（仔猪）在产房断奶后直接引进（4周龄或体重达7.0千克），隔离饲养8周血清检测合格后转入后备培育舍。

- 后备培育舍：后备种猪在后备隔离舍隔离8周检测合格后转入，饲养至30周龄转入配怀舍，分培育和诱情阶段，培育选留率80%。

- 配怀舍：饲养断奶母猪、后备母猪、返情母猪及超期不发情母猪，妊娠母猪分娩前2~7天转入分娩舍。

- 分娩舍：妊娠母猪提前2~7天转入，哺乳21天，6个单元（母猪临产1周、哺乳3周、仔猪断奶后原栏饲养1周、空栏消毒1周），每个单元全进全出。

（5）饲养方式

①喂料方式：全部采用全自动化料线系统。

- 后备母猪、空怀母猪大栏饲养，妊娠母猪采用定位栏（0.65米×2.2米）饲养；哺乳母猪采用产床（2.4米×1.8米），设母猪限位栏、仔猪保温罩。

- 后备隔离、后备培育、配怀舍大栏猪只采用双面不锈钢食槽喂料；妊娠定位栏母猪采用不锈钢单个母猪食槽，产房母猪采用单个不锈钢食槽定时定量饲喂。

②饮水方式：场区采用蓄水池+恒压供水。

- 配怀定位栏采用不锈钢自动饮水器给水方式。

- 配怀舍大栏、后备栏、保育栏、育肥栏采用自动饮水器给水方式。

- 分娩舍母猪自动饮水器，小猪采用饮水碗给水方式。

③清粪方式：

- 后备保育隔离与分娩舍采用尿泡粪工艺，养殖粪污通过虹吸管道清粪系统进入污水处理系统进行处理。

- 后备培育、配怀舍采用机械刮板清粪（或尿泡粪工艺），尿水及猪只浪费用水通过污水管网排至污水处理站处理,猪粪经刮板系统进行收集,可运至有机肥生产车间生产有机肥。

④ 通风方式:

● 各类猪舍夏季采用隧道式通风模式,室内理论计算风速根据各环节猪只需求设计的通风风速不一样:后备培育、配怀设计为1.5米/秒(大跨大栋,多单元),分娩舍、后备隔离设计为1.2米/秒,过帘风速设计为1.8米/秒。

● 冬季采用垂直通风模式(檐口进风,经吊顶通风小窗进入猪舍,侧墙变速风机排风)。

⑤ 保温方式:

● 后备培育、配怀因猪只个体较大,猪只自身散热及猪舍隔热保温条件好,平常不需保温设备,极端天气情况采用移动式天然气加热设备保温。

● 分娩哺乳仔猪、后备保育隔离猪只个体较小,日常所需温度较高,局部保温采用保温灯+保温罩;极端天气采用固定式直燃式燃气加热器保温(数量根据栏舍大小进行设计)。

(6)单体工艺说明(含设备配置) 本案采用2条2 400头母猪生产线设计,采用小跨小栋模式,2 400头生产线设计1栋配怀舍、2栋妊娠舍、2栋分娩舍。配套设计后备母猪驯化诱情舍(GDU舍)、公猪舍及过渡保育舍。其通风模式、喂料方式、清粪工艺等信息详见表1-10。

表1-10 存栏4 800头母猪繁殖场设计信息

猪舍类别及数量	隔离舍2栋,GDU猪舍1栋,公猪舍1栋,母猪繁殖生产线10条,过渡保育舍3栋
通风降温	夏季采用隧道式通风模式,冬季采用垂直通风模式
喂料方式	全部采用自动化喂料方式
清粪方式	隔离、保育、分娩区采用尿泡粪,配怀舍、妊娠舍采用尿泡粪或机械刮板清粪工艺
取暖方式	隔离、保育、分娩采用保温灯/罩+保温垫保温
饮水方式	大栏、定位栏采用自动饮水器,分娩区仔猪采用饮水碗
备注	后备猪从7.0千克引种或内培,产房每单元设计56个产床,舍内大环境保温采用天然气加热

（7）技术经济指标　详见表1-11。

表1-11　存栏4 800头生产母猪繁殖基地技术经济指标

指标名称	单位	数量	备注
存栏基础母猪规模	头	4 800	常年存栏生产母猪
猪舍建筑面积	米²	25 900	包括配套及附属建筑
饲料消耗	吨/年	6 730	
怀孕料	吨/年	4 500	
哺乳料	吨/年	1 130	
教槽料	吨/年	550	
保育料	吨/年	90	
育成料	吨/年	240	
后备料	吨/年	220	
年需水量	吨/年	70 000	
年用电量	度/年	1 500 000	
天然气	米³/年	18 000	
饲养员及技术人员	人	42	
产品产量	头/年	115 000	提供7千克三元仔猪
出售淘汰母猪	头/年	1 584	含部分淘汰后备猪

3. **场区规划**　本案例面积较大，可建设区域主要为一山坡下端，地势较平缓，也是南方适宜建设的一种典型地形。在选址时需考虑坡度在25%以内，以南向为宜。详见图1-4。

（1）对外交通规划　通过对项目地的实际考察，同时为了保证生物安全，在南北各打通一条通道跟外部主要道路连通，北部作为饲料及人员通道，南部作为猪只及粪污通道。

（2）功能分区规划　本项目分为5个功能区。

① 场外消毒区：繁殖场的生物安全等级更高，本项目在南北各设置一个消毒区。

② 中转区：饲料中转区布置于最北端，规划一栋饲料仓库用于饲料中转；猪只中转区布置于场区最南端。

③ 管理及生活区：根据地形地貌将北部一座独立山头规划为管理及生活区，

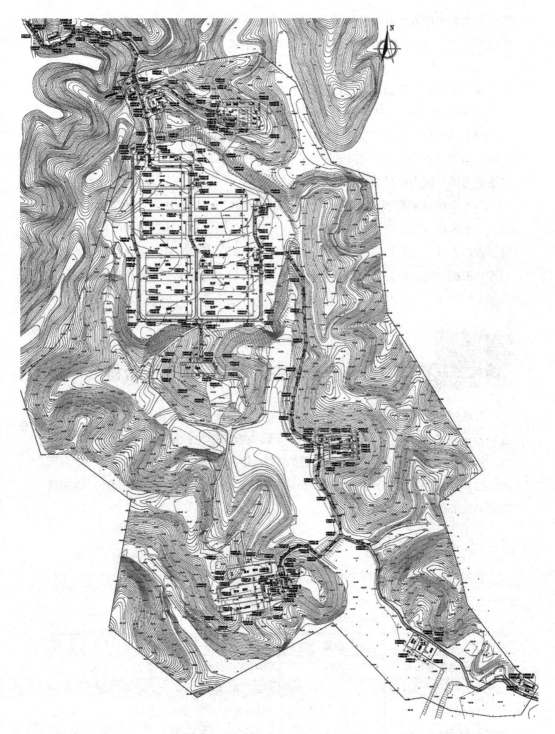

图 1-4　存栏 4 800 头母猪繁殖基地场区规划图

主要布置有生产人员办公及生活的功能用房，对外由门卫及消毒间控制，至生产区由兼具人员洗澡消毒通道、物资熏蒸消毒通道的综合用房控制。

④ 生产区：根据生产工艺要求，又分为公猪区、隔离区、母猪区、保育区四个小区，每个小区单独设置人员洗澡消毒通道及物资消毒通道进行控制。

⑤ 粪污处理区：布置有粪污处理的各项设施。该区域布置于地势低洼地带。

（3）场内交通规划 输料、转猪均是在生产区围墙外，因此主干道未考虑净污分离。生产区内规划有一条4米宽道路连接各猪舍，同时设计有宽1.74米的封闭式赶猪通道用于区内猪只周转。

（4）定位及竖向设计 各建构筑物长宽尺寸、间距及坐标，均应做出明确标识，以准确指导施工放样。本项目竖向设计中，需考虑挖方面原山体的稳定性，尽量不做挡土墙，西侧填方也尽量留足放坡区域，同时考虑新规划道路与原道路顺畅衔接。根据原始高程，各建构筑物分不同平台布置，可减少土方量和基础工程量。

第二节 猪场生产指标、生产计划与生产流程

我国目前先进的规模猪场，生产线均实行均衡流水作业式的生产方式，采用先进饲养工艺和技术，其设计的生产性能参数一般选择为：母猪，平均每头年产2.4窝，年提供24头以上的肉猪，利用期平均为3年，年淘汰更新率30%～35%；育肥猪，达100～120千克体重的日龄为161～175天（23～25周），屠宰率75%，胴体瘦肉率65%左右。

一、生产技术指标

我国猪场一般生产技术指标详见表1-12。

表1-12 我国猪场一般生产技术指标

指标	参数	指标	参数
配种分娩率（%）	90	25周龄个体重（千克）	120
胎均活产仔数（头）	11	哺乳期成活率（%）	95
出生重（千克）	1.2～1.4	保育期成活率（%）	97
胎均断奶活仔数（头）	10	育成期成活率（%）	99

（续）

指标	参数	指标	参数
21日龄个体重（千克）	6.5	全期成活率（%）	91
8周龄个体重（千克）	19.0	全期全场料重比	3.0

注： 母猪年产胎数2.4，年提供断奶仔猪数（PSY）26.4头，年提供出栏生猪数（MSY）24头。

二、万头猪场生产计划

万头猪场生产计划详见表1-13。

表1-13 万头猪场生产计划一览表 （头）

猪只类别	周	月	年
满负荷配种母猪数	21	91	1 092
满负荷分娩胎数	19	82	988
满负荷活产仔数	209	906	10 868
满负荷断奶仔猪数	199	862	10 348
满负荷保育成活数	193	836	10 036
满负荷上市肉猪数	191	789	9 932～10 000
基础母猪数		412	

注： 1万～3万头猪场以周为生产节律（批次），3万～5万头猪场以半周为生产节律（批次）。一年按52周计算，年产胎数2.4。

三、生产流程

以万头猪场生产线为例，以周为生产节律，采用工厂化流水作业均衡生产方式，全过程分为四个生产环节。工艺流程见图1-5。

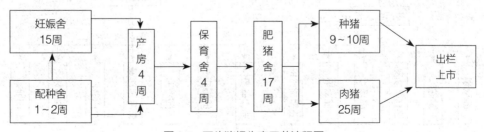

图1-5 万头猪场生产工艺流程图

1. **待配母猪阶段**　在配种舍内饲养空怀、后备、断奶母猪及公猪进行配种。每条万头生产线每周参加配种的母猪21头，保证每周能有19头母猪分娩，分娩率90%。妊娠母猪放在妊娠母猪舍内定位栏饲养，在临产前一周转入产房。

2. **母猪产仔阶段**　母猪按预产期提前一周进分娩舍产仔，在分娩舍内4周（临产1周，哺乳3周），仔猪平均21天断奶。母猪断奶当天转入配种舍（先在运动场饲养3天），仔猪原栏饲养7天后转入保育舍。如果有母猪产仔少、哺乳能力差等特殊情况，可将仔猪进行寄养过哺并窝，这样不负责哺乳的母猪可提前转回配种舍等待配种。如果母猪平均胎均活产仔数超过母猪有效乳头数，多余的仔猪吃过初乳后可以由已断奶母猪延迟断奶代哺。

3. **仔猪保育阶段**　断奶7天后强弱分群、仔猪平均两窝并一栏，转入仔猪保育舍培育至8周龄转群，仔猪在保育舍饲养4周。

4. **肥猪饲养阶段**　8周龄仔猪由保育舍转入肥猪舍饲养17周，预计饲养至25周龄左右，体重达110～120千克出栏上市。

第三节　猪场组织架构、岗位定编及责任分工

一、猪场组织架构

猪场组织架构详见图1-6。

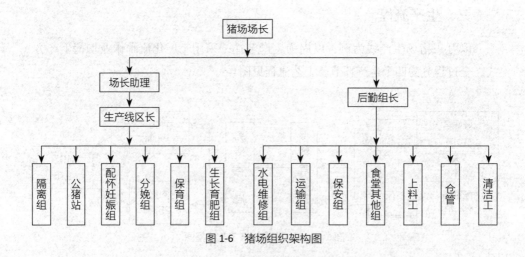

图1-6　猪场组织架构图

二、猪场人员定编

（1）猪场场长1人，场长助理1人（3万头规模以上），区长（生产线主管）人数按区数而定，每条生产线设区长1人。每条生产线需设立组长：配种妊娠舍组长1人、分娩舍组长1人、保育舍组长1人（无该组不设）、育成舍组长1人（无该组不设）。猪场设后勤组长1名，后勤人员包括如仓管、上料工、水电工、防疫员、保安、厨师、洗衣工、勤杂工和清洁工（包括外包环保工）等。

（2）万头商品猪场生产线人员：编制9人，含配种妊娠舍2人、产房2人、保育舍1人、育肥舍3人、每条线设夜班1人。

说明：生产线定编人数比传统猪场减少了一半，另增加一个夜班。猪场生产线定编要参考本场自动化智能化程度具体情况灵活掌握。非洲猪瘟流行下，我们还是主张大型猪场小生产线小单元设计，如一个五万头规模猪场设计成五条独立的生产线。

三、岗位职责

以场长负责制为原则，层级管理，分工清晰，责任明确。

1. 场长

① 巡视生产现场的运行情况，对生产现场进行监控，及时处理生产现场的异常情况。

② 分析月、周、日报表，检查生产计划的完成情况，对计划落实不到位的情况提出整改措施。

③ 根据公司消毒制度，制定场区的消毒要求，组织对全场各区域的消毒、隔离工作。

④ 组织制定疫苗免疫（全群免疫）操作细则，定期开展场区的疫苗免疫工作。

⑤ 实时分析各生产指标（如配种数、分娩数、配种分娩率、上市数量、死淘数量等），及时掌握不达标的原因，并制定相应的措施。

⑥ 定期检查全场生产设备的运转情况，提出设备保养与维修的方案，并提交上级审批。

⑦ 组织实施生产设备与维修方案，监督、落实相关措施，实现生产设备的正常运转。

⑧ 检查、监督全场生产报表的完成情况，做好月结、周结工作，及时将报表上交。

⑨ 通过对成本费用历史数据的分析，预测所需要费用的数额，提交本单位成

本费用预算草案。

⑩ 根据公司下达的成本费用预算，提出成本费用优化控制的目标，并制定具体的成本费用控制方案。

⑪ 督促相关人员建立各项费用的使用台账，定期检查费用的使用情况。

⑫ 定期对费用支出情况进行分析，查找费用超支的原因。

⑬ 将超预算情况向上级汇报，提交费用超支解决方案并跟进落实。

⑭ 负责后勤保障工作的管理，及时协调各部门之间的工作关系。

⑮ 做好全场员工的思想工作，及时了解员工的思想动态，出现问题及时解决，及时向上反映员工的意见和建议，做好培训计划，搭建人才梯队。

⑯ 完成领导交代的其他工作。

2. 场长助理

① 负责全场的生产技术工作。

② 负责完善本场的饲养管理技术操作规程、卫生防疫制度和有关生产线的管理制度并组织实施。

③ 负责落实和完成公司下达的全场生产技术指标；组织和落实各项生产任务，确保生产线满负荷正常运转。

④ 直接管辖组长，通过组长管理员工，技术指导与监控可灵活一些。

⑤ 负责所管辖的生产线的日常管理工作，编排生产计划、防疫计划、猪群周转计划、种猪淘汰更新计划，组织组长实施，并对实施结果及时检查，及时向场长汇报，技术性问题可直接上报总公司生产技术部。

⑥ 负责检查全场的生产报表，并督促做好月结工作、周上报工作，随时做好统计分析，使公司尽快掌握各场的生产数据，以便及时发现问题并解决问题。

⑦ 负责全场生产线员工的技术培训工作，每周或每月主持召开生产例会。

⑧ 负责所管辖的生产线设备的保养与维修工作。

⑨ 协助场长做好其他工作。

3. 区长（生产线主管）

① 负责所管辖线区的生产技术工作。

② 协助场长助理监控本场卫生防疫制度、生产管理制度、饲养管理技术操作规程的实施。

③ 负责落实和完成公司下达的本区生产线生产技术指标，组织和落实各项生产任务，确保生产线满负荷正常运转。

④ 直接管辖组长，通过组长管理员工，技术指导与监控可灵活一些。

⑤ 协助场长助理编排生产计划、防疫计划、猪群周转计划、种猪淘汰更新计划，组织组长实施，并对实施结果及时检查，及时向场长助理汇报。

⑥ 负责检查本生产线的生产报表，并督促做好月结工作、周上报工作，随时做好统计分析，使公司尽快掌握各场的生产数据，以便及时发现问题并解决问题。

⑦ 负责所辖生产线员工的技术培训工作，每周或每月组织召开生产例会。

⑧ 协助场长助理做好其他工作。

4. 组长

（1）一般组长通用岗位职责

① 负责本组的日常管理工作，编排生产计划，组织和落实各项生产任务。

② 负责组织本组人员严格按《饲养管理作业指导书》和每周工作日程进行生产。

③ 充分了解本组的猪群动态、健康状况，发现问题及时解决，或及时向上级反映。

④ 负责整理和统计本组的生产日报表和周报表。

⑤ 负责本组人员的休假及工作安排。

⑥ 负责本组定期全面消毒，清洁绿化工作。

⑦ 负责本组饲料、药品、工具的使用计划与领取及盘点工作。

⑧ 服从区长的领导，完成区长下达的各项生产任务。

⑨ 负责种猪淘汰鉴定与申报。

⑩ 负责本组内、外环境卫生、硬件设备的日常维护和整理工作。

（2）不同班组组长特有岗位职责

▲ 配种妊娠舍组长

① 负责本组饲料、药品、疫苗、物资、工具的使用计划与领取，监控以上物品的使用情况，降低成本。

② 定期组织召开班组会议，充分研讨并解决本组突出的生产、成本控制和繁殖问题。

③ 负责落实好公司制定的免疫程序和用药方案，并组织实施公司阶段性和季节性操作方案，包括防暑降温、防寒保暖、疾病处理方案等；严格按照作业指导书的规程及配种计划做好本组的配种工作，包括母猪的查情、促发情、输精操作、空怀鉴定等，提高配种分娩率。

④ 负责整理和统计本组的生产日报表与周报表。

⑤ 负责组织本组设备的保养和维修工作。

▲ 分娩舍组长

① 负责本组的日常管理工作，编排生产计划，组织和落实各项生产任务。

② 负责本组饲料、药品、疫苗、物资、工具的使用计划与领取，监控以上物品的使用情况，降低成本。

③ 定期组织召开班组会议，充分研讨并解决本组突出的生产、经营和育种问题。

④ 负责落实好公司制定的免疫程序和用药方案，并组织实施公司阶段性和季节性操作方案，包括防暑降温、防寒保暖、疾病处理方案等。

⑤ 负责本组哺乳母猪、初生仔猪的护理和免疫工作，按照生产要求和作业指导书操作规程做好仔猪的剪牙、断尾及打耳号等初次选留工作，做好仔猪的调栏和转群工作，细化仔猪的补料、免疫等工作，降低全程死淘率。

⑥ 负责整理和统计本组的生产日报表与周报表。

⑦ 负责组织本组设备的保养和维修工作。

▲ 保育舍组长

① 负责本组饲料、药品、疫苗、物资、工具的使用计划与领取，监控以上物品的使用情况，降低成本。

② 定期组织召开班组会议，充分研讨并解决本组突出的生产、经营和育种问题。

③ 负责落实好公司制定的免疫程序和用药方案，并组织实施公司阶段性和季节性操作方案，包括防暑降温、防寒保暖、疾病处理方案等。

④ 做好仔猪的调栏和转群工作，细化仔猪的补料、免疫等工作，降低全程死淘率。

▲ 育成舍组长

① 负责本组饲料、药品、疫苗、物资、工具的使用计划与领取，监控以上物品的使用情况，降低成本；指导、督促员工做好喂料、调栏、环境卫生控制、疾病防治等饲养管理工作，安排猪舍内外的消毒工作。

② 做好猪只免疫接种工作。

③ 做好安排猪群栏舍周转、调整工作。

④ 负责做好种猪上市前挑选、抗应激工作。

⑤ 负责整理和统计本组的生产日报表和周报表。

▲ 隔离舍组长

① 负责本组饲料、药品、疫苗、物资、工具的使用计划与领取，监控以上物

品的使用情况，降低成本。

②定期组织召开班组会议，充分研讨并解决本组突出的生产、经营和育种问题。

③负责落实好公司制定的免疫程序和用药方案，并组织实施公司阶段性和季节性操作方案，包括防暑降温、防寒保暖、疾病处理方案等。

④按照作业指导书操作流程，做好后备母猪的饲养管理工作，并指导员工做好母猪的促发情工作。

⑤对不发情母猪及时采取相关措施刺激母猪发情，仍不发情母猪做淘汰处理，并做好相关记录。

▲公猪站站长

①负责本组饲料、药品、疫苗、物资、工具的使用计划与领取，监控以上物品的使用情况，降低成本。

②定期组织召开班组会议，充分研讨并解决本组突出的生产、经营和育种问题。

③负责落实好公司制定的免疫程序和用药方案，并组织实施公司阶段性和季节性操作方案，包括防暑降温、防寒保暖、疾病处理方案等。

④配合育种技术人员做好公猪的选配计划，负责本站公猪的饲养管理和免疫操作，重点做好优秀公猪的护理工作，提高精液合格率，按照育种要求和作业指导书操作规程做好后备公猪的调教及采精工作，监控精液制作的流程，保证精液质量。

▲后勤组长

①负责后勤各岗位的工作安排及人员管理。

②负责各岗位工作效果信息反馈的收集，并及时采取有效措施改进。

③负责协调后勤各岗位与其他岗位的合作性关系及人员关系。

④负责管理场内绿化及污水处理等。

⑤负责上报场内维修物资计划。

⑥负责接待和内务管理。

⑦负责后勤人员的培训与考核。

5. 员工

（1）辅配员工

①协助组长检查和监督本组的生产情况和作业指导书的执行情况，并安排好本组各个工作日程，掌握猪群动态及健康状况，发现问题及时解决。

②协助组长整理和统计本组的生产日报表和周报表，并确保数据的准确性。

③长休假时安排好本组员工的休息替班，掌握员工的工作情况及思想动态，

跟踪员工的操作技能的培训。

④ 协助组长定期组织召开班组会议，充分研讨并解决本组突出的生产、经营和育种问题。

⑤ 协助组长监督落实好公司制定的免疫程序和用药方案，并组织实施公司阶段性和季节性操作方案，包括防暑降温、防寒保暖、疾病处理方案等。

⑥ 严格按照作业指导书的规程及配种计划协助组长做好本组的配种工作，包括母猪的查情、促发情、输精操作、空怀鉴定等，提高配种分娩率。

（2）妊娠母猪员工　在组长的指导下，按照作业指导书对本岗位的操作规程做好猪只的日常管理工作。

① 按照规定的喂料标准做好饲喂工作。

② 做好猪只粪尿的清理工作。

③ 做好猪舍的环境控制工作。

④ 做好个体猪只的护理、疫苗免疫或药物保健工作。

⑤ 做好猪只的转栏、调整工作。

⑥ 做好猪舍的空栏消毒工作。

⑦ 做好所负责猪舍相关报表的填写工作，确保数据的准确性。

⑧ 服从组长及场部领导的管理工作安排，与组内其他同事团结互爱，既分工又协作。

（3）哺乳母猪、仔猪饲养员　在组长的指导下，按照作业指导书对本岗位的操作规程做好猪只的日常管理工作。

① 按照规定的喂料标准做好饲喂工作。

② 做好猪只粪尿的清理工作。

③ 做好猪舍的环境控制工作。

④ 做好个体猪只的护理、疫苗免疫或药物保健工作。

⑤ 做好猪只的转栏、调整工作。

⑥ 做好猪舍的空栏消毒工作。

⑦ 做好所负责猪舍相关报表的填写工作，确保数据的准确性。

⑧ 服从组长及场部领导的管理工作安排，与组内其他同事团结互爱，既分工又协作。

（4）保育猪饲养员　在组长的指导下，按照作业指导书对本岗位的操作规程做好猪只的日常管理工作。

① 按照规定的喂料标准做好饲喂工作。

②做好猪只粪尿的清理工作。

③做好猪舍的环境控制工作。

④做好个体猪只的护理、疫苗免疫或药物保健工作。

⑤做好猪只的转栏、调整工作，做好猪舍的空栏消毒工作。

⑥做好所负责猪舍相关报表的填写工作，确保数据的准确性。

⑦服从组长及场部领导的管理工作安排，与组内其他同事团结互爱，既分工又协作。

（5）精液制作员

①协助公猪站组长配合育种技术人员做好选配计划，并落实选配计划。

②严格按照育种要求和作业指导书操作规程做好精液制作及保存工作，提高精液合格率。

③协助组长整理和统计公猪站实验室的生产日报表和周报表，并确保数据的准确性。

④做好实验室日常使用的设备的维护，经常检查检测设备是否正常有效运转及使用的稀释液是否在有效期内，保证精液质量。

（6）隔离舍饲养员

①进种猪前要做好隔离舍的空栏消毒工作以及饲料、疫苗、药物的准备工作。

②按照种猪隔离计划做好采血检测、应激药物保健及疫苗的免疫工作。

③做好隔离种猪的料量、疾病、状态等相关记录，确保数据记录详尽准确。

④对引进隔离舍的种猪要做好日常管理工作。

⑤按照规定的喂料标准做好种猪的饲喂工作。

⑥做好选育区的环境控制工作，包括种猪粪尿的清理、猪舍温湿度控制。

⑦做好特殊个体猪只的护理。

（7）夜班人员

①负责本区猪群防寒、保温、防暑、通风，天气冷、风大时负责开关门窗，调节风机。

②负责本区防火、防盗等安全工作。

③重点负责分娩舍接产、仔猪护理工作。

④负责哺乳仔猪、断奶仔猪夜间补料工作，做好值班记录。

（8）环保管理员

①服从后勤场长助理和场长的工作安排。

②负责污水处理设备的日常使用及维护工作，污水处理设备周围的卫生环境

控制工作。

③ 负责对污水处理池的杂物清理工作。

④ 负责污水排水沟的检查工作，禁止生产线生产不合格产品（如胎衣、死胎等）的进入。

⑤ 禁止非污水处理相关人员进入污水处理区。

⑥ 严重事件及时向场部汇报。

⑦ 完成上级领导交办的其他工作。

第四节　猪场物资与报表管理

一、物资管理

首先要建立进销存账，由专人负责，物资凭单进出仓，要货单相符，不准弄虚作假。生产必需品如药物、饲料、生产工具等要每月制定计划上报，各生产区（组）根据实际需要领取，不得浪费。要爱护公物，否则按公司奖罚条例处理。

二、猪场报表

报表是反映猪场生产管理情况的有效手段，是上级领导检查工作的途径之一，也是统计分析、指导生产的依据。因此，认真填写报表是一项严肃的工作，应予以高度的重视。各生产组长做好各种生产记录，并准确、如实地填写周报表，交到上一级主管，查对核实后，及时送到场部，其中配种、分娩、断奶、转栏及上市等报表应一式两份。

1. 生产报表目录

01. 种猪配种情况周报表

02. 分娩母猪及产仔情况周报表

03. 断奶母猪及仔猪生产情况周报表

04. 种猪死亡淘汰情况周报表

05. 肉猪转栏情况周报表

06. 肉猪死亡及上市情况周报表

07. 妊检空怀及流产母猪情况周报表

08. 猪群盘点月报表

09. 猪场生产情况周报表

10. 配种妊娠舍周报表

11. 分娩保育舍周报表

12. 生长育肥舍周报表

13. 公猪配种登记月报表（公猪使用频率月报表）

14. 猪舍内饲料进销存周报表

15. 人工授精周报表

2. 其他报表目录

01. 饲料需求计划月报表

02. 药物需求计划月报表

03. 生产工具等物资需求计划月报表

04. 饲料进销存月报表

05. 药物进销存月报表

06. 生产工具等物资进销存月报表

07. 饲料内部领用周报表

08. 药物内部领用周报表

09. 生产工具等物资内部领用周报表

第五节 猪场各项规章制度

一、猪场生产例会与技术培训制度

为了定期检查、总结生产上存在的问题，及时研究出解决方案；有计划地布置下一阶段工作，使生产有条不紊地进行；提高饲养人员、管理人员的技术素质，进而提高全场生产的管理水平，特制定生产例会和技术培训制度如下：

（1）每周末晚上7：00—9：00为生产例会和技术培训时间。

（2）该会由场长主持。

（3）时间安排：一般情况下安排在星期一晚上进行，生产例会1小时，技术培训1小时。特殊情况下灵活安排，但总的时间不变。

（4）内容安排：总结检查上周工作，安排布置下周工作；按生产进度或实际生产情况进行有目的、有计划的技术培训。

（5）程序安排：组长汇报工作，提出问题；生产线主管汇报、总结工作，提出问题；主持人全面总结上周工作，解答问题，统一布置下周的重要工作。生产例会结束后进行技术培训。

（6）会前组长、生产线主管和主持人要做好充分准备，重要问题要准备好书面材料。

（7）对于生产例会上提出的一般技术性问题，要当场研究解决，涉及其他问题或较为复杂的技术问题，要在会后及时上报、讨论研究，并在下周的生产例会上予以解决。

二、员工守则及奖罚条例

1. 符合下列条件者受奖励

① 关心集体，爱护公物，提合理化建议，主动协助领导搞好工作者。

② 在特定环境中见义勇为者，敢于揭发坏人坏事者。

③ 努力学习专业知识，操作水平较高者。

④ 认真执行猪场各项规章制度，遵守劳动纪律者。

⑤ 胜任本职工作，生产成绩特别显著，贡献突出者。

2. 符合下列条件者受罚　包括警告、罚款、开除。

① 违反劳动纪律者。

② 违反操作规程者。

③ 出现责任事故、造成损失者。

④ 不爱护公物，损坏公物者。

⑤ 挑拨离间、无理取闹、搞分裂者。

⑥ 对坏人坏事知情不报者，见危不救、袖手旁观者。

⑦ 以权谋私、化公为私者。

⑧ 贪污受贿、挪用公款、收取回佣及厚礼者。

⑨ 盗窃、赌博者。

⑩ 语言行为粗暴及欺骗者。

三、员工休请假考勤制度

1. **休假制度**

① 每个员工每月集中休假8天（平均一周2天）。猪场员工定编人数要按实际岗位定编人数增加2/7（确保平均每人每周休假2天）。

② 正常休假由组长、生产线主管批准，安排轮休。

③ 有薪假：婚假7天，丧假（直系亲属）5天，产假45天，人流休假6天，上环休假3天，下环休假1天，女结扎休假13天，男结扎休假5天。

④ 法定节假日上班的，可领取加班补贴。

⑤ 休假天数积存多的由生产线主管、场长安排补休，省内可积休8天，跨省16天。

⑥ 自愿不休假的，按加班处理。

⑦ 未尽事宜参照《劳动法》执行。

2. **请假制度**

① 除正常休假，一般情况不得请假，病假等例外。

② 请假者需写《员工请假单》，层层报批，否则作旷工处理；旷工1天，扣薪2天，连续旷工5天以上作自动离职处理。

③ 员工请假期间无工资，因公负伤者可报公司批准，治疗期间工资照发。

④ 生产线员工请假4天以上者由主管批准，7天以上者须由场长批准。

3. **考勤制度**

① 生产线员工由生产线主管负责考勤，生产线主管、后勤人员由场长负责考勤，月底上报。

② 员工须按时上下班，迟到或早退2次扣1天工资。

③ 有事须请假。

④ 严禁消极怠工，一旦发现经批评教育仍不悔改者按扣薪处理，态度恶劣者上报公司作开除处理。

4. **顶班制度**

① 员工休假（请假）由组长安排人员顶班，组长负责。

② 组长休假（请假）由生产线主管顶班，生产线主管负责。

③ 生产线主管休假（请假）由场长顶班，场长负责。

④ 各级人员休假必须安排好交接工作，保证各项工作顺利开展。

⑤ 出现特殊情况如外界有疫情需要封场，则不可正常休假，只能安排积休。

四、员工岗位制度

1. 会计、出纳、电脑员岗位制度

① 严格执行公司制定的各项财务制度，遵守财务人员守则，把好现金收支手续关，凡未经领导签名批准的一切开支，不予支付。

② 严格执行公司制定的现金管理制度，认真掌握库存现金的限额，确保现金的绝对安全。

③ 做到日清月结，及时记账、输入电脑，协助公司会计工作。

④ 每月8日发放工资。

⑤ 负责出栏猪、淘汰猪等的销售工作，保管员和后勤主管要积极配合。

⑥ 配合后勤主管、生产管理人员物资采购工作。

⑦ 负责电脑工作，有关数据、报表及时输入电脑，协助生产管理人员的电脑查询工作，优先安排生产技术人员的查询工作。

⑧ 负责电脑维护与安全，监督和控制电脑的使用，有权限制、禁止与电脑数据管理无关人员进入电脑系统，有责任保障各种生产与财务数据的安全性与保密性。

⑨ 协助场长、后勤主管做好外来客人的接待工作。

2. 水电维修工岗位责任制度

① 负责全场水电等维修工作。

② 电工带证上岗，必须严格遵照水电安全规定进行安全操作，严禁违规操作。

③ 经常检查水电设施、设备，发现问题及时维修，及时处理。

④ 优先解决生产线管理人员提出的安装、维修事宜，保证猪场生产正常运作。

⑤ 水电维修工的日常工作由后勤主管安排，进入生产线工作时听从生产线管理人员指挥。

⑥ 不按专业要求操作，出现问题自负。

⑦ 不能及时发现隐患并及时采取措施，出现问题或影响生产时，追究其经济责任。

3. 机动车司机岗位责任制度

① 遵守交通法规，带证上岗。

② 场内用车不准出场，特殊情况须出场时请示场长批准。

③ 爱护车辆，经常检查，有问题及时维修。

④ 安全驾驶，注意人、车安全。

⑤ 坚决杜绝酒后开车。

⑥ 车辆专人驾驶，不经场长批准，不得让他人使用。

⑦ 不准用车办私事，特殊情况下请示场长批准。

⑧ 车辆必须在指定地点存放。

⑨ 除特殊情况外，所有猪场机动车都必须在指定地点加油，在指定地点维修。

⑩ 场内用车由后勤主管、生产主管协调安排，场外用车由场长安排。

4. 保安员门卫岗位责任制度

① 负责猪场治安保卫工作，依法护场，确保猪场有一个良好的治安环境。

② 服从猪场后勤主管、场长的领导，负责与当地派出所的工作联系。

③ 工作时间内不准离场，坚守岗位，除场内巡逻时间外，平时在正门门卫室值班，请假须报后勤主管或场长批准。

④ 主要责任范围：禁止社会闲散人员、车辆进入猪场；禁止非生产人员、车辆进入生产区；禁止村民到猪场附近放牧；禁止场外人员到猪场寻衅滋事；禁止打架斗殴，禁止"黄、赌、毒"；保卫猪场的财产安全，做到企业安全"三防"（防火、防盗、防事故）；协助后勤主管、场长调节猪场与当地村民的矛盾；严重问题及时向场部汇报，或请求当地派出所处理。

5. 仓库管理员岗位责任制度

① 严格遵守财务人员守则。

② 物资进库时要计量、办理验收手续。

③ 物资出库时要办理出库手续。

④ 所有物资要分门别类地堆放，做到整齐有序、安全、稳固。

⑤ 每月盘点一次，如账物不符的，要马上查明原因，分清职责，若失职造成损失要追究其责任。

⑥ 协助出纳员及其他管理人员工作。

⑦ 协助生产线管理人员做好药物保管、发放工作。

⑧ 协助猪场销售工作。

⑨ 保管员由后勤主管领导，负责饲料、药物、疫苗的保存发放，听从生产线管理人员技术指导。

6. 食堂管理制度

① 食堂实行饭票就餐制度，拒收现金。

② 职工每人每月伙食费300元，饭票不够者可以找出纳购买。

③ 临时外来人员必须购买饭票就餐，拒收现金，客餐记账，月底结算。

④ 最低伙食标准：早餐2元，中餐4元，晚餐4元。

⑤ 早餐要搭配好小菜、稀粥、汤等，午餐、晚餐至少保持青菜2种、肉类2种，以供就餐人员选择。

⑥ 食堂将每周菜谱书写在黑板上公布，供员工参考监督。

⑦ 食堂要保持清洁卫生，周围环境及食堂内每周消毒1次，餐具（碗、筷、碟）每餐用完后清洗干净，放在消毒柜消毒，炊事员要穿工作服操作。

⑧ 饭堂工作人员态度要和蔼，经常征求职工意见，不断提高伙食质量，不准与就餐人员吵架。

⑨ 食堂财务要公开，互相监督，不准营私舞弊。每月底结算一次伙食费，并交后勤主管、财会或场长审阅，每月底将本月领取伙食费总金额（包括收入）、实际消费金额、结余金额等数据在黑板上公布。买菜和验收由两个人执行：即一人买菜，另一人验收，购买菜单由两个人签字，保存在月底结算。出纳员负责领取、保存、支出伙食费、发放饭票等事宜。

⑩ 食堂定编2人，设组长主厨1人，日常工作安排由组长负责，有事向后勤主管或场长汇报。

⑪ 就餐时间安排：

早餐　　6：00—7：00

中餐　　11：00—12：00

晚餐　　6：00—7：00（夏制）

　　　　5：30—6：30（冬制）

7. 消毒更衣房管理制度

① 员工上班必须更衣换鞋方可进入生产线。

② 上班时，员工换下的衣服、鞋帽等留在消毒房外间衣柜内，经沐浴后（种猪场设沐浴间），在消毒房里间穿上工作服、工作靴等上班。

③ 下班时，工作服留在里间衣柜内，然后在外间穿上自己的衣服、鞋帽等回到生活区。

④ 换衣间内必须保持整洁，衣服编号和衣柜编号要一一对应，工作服、毛巾折叠整齐，禁止随意乱放，水鞋放在自己的编号柜下。

⑤ 地面、冲洗房要保持清洁干净，整齐有序，无臭味。

⑥ 工作服、工作靴等不得乱拿乱放，要整洁、整齐。

⑦ 上班员工应该互相检查督促，切实落实消毒房管理措施。

⑧ 消毒房管理人员负责消毒更衣房的管理工作。

第六节　每周工作流程

由于集约化和工厂化的现代规模猪场，由于其周期性和规律性相当强，生产过程环环相联，因此，要求全场员工对自己所做的工作内容和特点要非常清晰明了，做到每日工作事事清。每周工作日程详见表1-14。

表1-14　每周工作日程表

日期	配种妊娠舍	分娩保育舍	生长育成舍
星期一	日常工作；大清洁大消毒；淘汰猪鉴定	日常工作；大清洁大消毒；临断奶母猪淘汰鉴定	日常工作；大清洁大消毒；淘汰猪鉴定
星期二	日常工作；更换消毒池（盆）药液；接收断奶母猪；整理空怀母猪	日常工作；更换消毒池（盆）药液；断奶母猪转出；空栏冲洗消毒	日常工作；更换消毒池（盆）药液；空栏冲洗消毒
星期三	日常工作；不发情不妊娠猪集中饲养；驱虫、免疫注射	日常工作；驱虫、免疫注射	日常工作；驱虫、免疫注射
星期四	日常工作；大清洁大消毒；调整猪群	日常工作；大清洁大消毒；仔猪去势；僵猪集中饲养	日常工作；大清洁大消毒；调整猪群
星期五	日常工作；更换消毒池（盆）药液；临产母猪转出	日常工作；更换消毒池（盆）药液；接收临产母猪；做好分娩准备	日常工作；更换消毒池（盆）药液；空栏冲洗消毒
星期六	日常工作；空栏冲洗消毒	日常工作；仔猪强弱分群；出生仔猪剪牙、断尾、补铁等	日常工作；出栏猪鉴定
星期日	日常工作；妊娠诊断、复查；设备检查维修；周报表	日常工作；清点仔猪数；设备检查维修；周报表	日常工作；存栏盘点；设备检查维修；周报表

第七节　猪场存栏猪结构

1. **计算方法**

（1）妊娠母猪数=周配母猪数×15周

（2）临产母猪数=周分娩母猪数=单元产栏数

（3）哺乳母猪数=周分娩母猪数×3周

（4）空怀断奶母猪数=周断奶母猪数+超期未配及妊检空怀母猪数（周断奶母猪数的1/2）

（5）后备母猪数=（成年母猪数×30%÷12个月）×4个月

（6）成年公猪数=周配母猪数×2÷2.5（公猪周使用次数）+1~2头［注：母猪每个发情期按2次本交配种计算；人工授精，公母比例：1：（50~80）］

（7）仔猪数=周分娩胎数×4周×11头/胎

（8）保育猪数=周断奶数×4周

（9）中大猪数=周保育成活数×17周

（10）年上市肉猪数=周分娩胎数×52周×10头/胎

2. 一流的万头猪场标准存栏数

（1）妊娠母猪数=315头

（2）临产母猪数=19头

（3）哺乳母猪数=76头

（4）空怀断奶母猪数=28头

（5）后备母猪数=41头

（6）成年公猪数=人工授精4~8头

（7）后备公猪数=2~4头

（8）仔猪数=836头

（9）保育猪=794

（10）中大猪=3 274

（11）合计：5 395头（其中基础母猪为412头）

（12）年上市肉猪数约10 000头

第八节　各类猪只喂料标准

一、肥育猪喂料标准

1. 肥育猪喂料标准（不分公母） 见表1-15。

表 1-15 肥育猪喂料标准（不分公母）

阶段	日龄	体重阶段（千克）	阶段增重（千克）	日增重（克）	日喂料量（克/头）	阶段饲料用量（千克）	料重比
乳猪（哺乳）	0～25	1～7	6	240	20	0.5	0.08
乳猪（断奶）	25～37	7～11	4	334	435	5.2	1.31
保育	37～61	11～25	14	583	955	22.9	1.64
小猪	61～94	25～50	25	757	1 590	52.5	2.10
中猪	94～122	50～75	25	893	2 230	62.4	2.50
大猪-1	122～149	75～100	25	926	2 660	71.8	2.87
大猪-2	149～171	100～120	20	909	2 850	62.7	3.14
大猪-3	171～190	120～135	15	789	3 130	59.5	3.96
全程累积或平均	190	135	134.00	705		337.5	2.52

2. 肥育猪喂料标准（50千克体重后分公母） 见表1-16。

表 1-16 肥育猪喂料标准（50 千克体重后分公母）

阶段	性别	体重阶段（千克）	阶段增重（千克）	日增重（克）	喂料量（克/头）	阶段饲料用量（千克）	料重比
中猪	阉割	50～75	25	920	2 320	65.0	2.60
大猪-1		75～100	25	935	2 745	74.1	2.96
大猪-2		100～120	20	916	2 937	64.6	3.23
大猪-3		120～135	15	797	3 231	61.4	4.09
中猪	母猪	50～75	25	865	2 125	59.5	2.38
大猪-1		75～100	25	900	2 525	68.2	2.73
大猪-2		100～120	20	882	2 702	59.4	2.97
大猪-3		120～135	15	767	2 972	56.5	3.76
中猪	公猪	50～75	25	870	2 060	57.7	2.31
大猪-1		75～100	25	920	2 440	65.9	2.64
大猪-2		100～120	20	902	2 611	57.4	2.87
大猪-3		120～135	15	784	2 872	54.6	3.64

二、种猪喂料标准

种猪喂料标准见表1-17。

表 1-17　种猪日喂料标准

生产阶段		阶段划分	饲料类型	日喂料量（千克/头）
后备小母猪		50 ~ 90 千克体重	后备小母猪料	2.1 ~ 2.5
后备母猪		90 千克至配种	后备母猪料	2.3 ~ 2.6
妊娠前期		0 ~ 28 天	妊娠前期料	1.8 ~ 2.2
妊娠中期		29 ~ 85 天	妊娠中期料	2.0 ~ 2.5
妊娠后期	第一胎	86 ~ 107 天	妊娠后期料	2.6 ~ 2.8
	第二胎			2.7 ~ 2.9
	第三胎			2.7 ~ 2.9
	第四胎及以上			2.5 ~ 2.7
产前 7 天		107 ~ 114 天	哺乳期料	3.0
哺乳期	第一胎	0 ~ 25 天	哺乳期料	4.5 ~ 6.5
	第二胎及以上			4.5 ~ 7.0
空怀期		断奶至配种	哺乳期料	2.5 ~ 3.0

三、猪场全年饲料需要量

以存栏500头母猪自繁自养场为例，全场全年各类饲料需要量见表1-18。

表 1-18　500 头母猪场全年饲料需要量

猪只类别	每头耗料量（千克）	头数	饲料量（吨/年）	所占比例（%）
哺乳母猪	400	500	200	5.2
空怀母猪	60	500	30	0.8
妊娠母猪	610	500	305	7.9
乳猪（哺乳和教槽）	6	11 500	69	1.8
保育猪	25	11 155	279	7.2
小猪（50 千克）	60	10 932	656	17.0
中猪（75 千克）	70	10 823	758	19.6
大猪 -1（100 千克）	75	10 714	804	20.8

（续）

猪只类别	每头耗料量（千克）	头数	饲料量（吨/年）	所占比例（%）
大猪 -2（120 千克）	65	10 714	696	18.1
公猪	950	20	19	0.5
后备（50～90 千克）	115	165	19	0.5
后备（90 千克至配种）	145	160	23	0.6
合计			3 858	100.0

四、各类原料最大推荐用量

表 1-19　各种饲料原料在不同阶段猪只中的最大用量限量（%）

阶段	乳猪	保育猪	生长猪（20～60 千克）	育肥猪（60～145 千克）	妊娠猪	哺乳猪
苜蓿草粉	0	5	10	15	25	0
甜菜粕	0	5	10	15	50	10
玉米	*	*	*	*	*	*
DDGS	10	20	30	20	40	20
玉米副产品	5	5	10	15	40	10
玉米蛋白粉 60% CP	5	10	20	20	30	10
鸡蛋粉	10	*	*	*	*	*
鱼粉	15	20	6	0	6	6
菜籽粕	0	5	15	20	15	15
亚麻粕	3	15	15	15	20	10
肉骨粉	5	10	*	*	*	*
糖蜜	5	5	5	5	5	5
燕麦	15	30	35	40	*	10
高粱	*	*	*	*	*	*
大豆皮	5	5	10	10	25	5
豆粕	15	*	*	*	*	*
膨化大豆	5	*	*	15	*	*
葵花粕	0	5	*	*	*	*

（续）

阶段	乳猪	保育猪	生长猪 （20~60千克）	育肥猪 （60~145千克）	妊娠猪	哺乳猪
小麦麸	0	5	10	20	30	10
小麦	*	*	*	*	*	*
次粉	5	10	25	35	*	10
大麦	40	30	20	15	5	5

* 无需特别限制，需依据营养标准优化配比使用

第九节　种猪淘汰原则与更新计划

一、种猪淘汰原则

严格遵守淘汰标准，分周/月有计划地均衡淘汰。现场控制与检定，最好是每批断奶猪检定一次，保持合理的母猪年龄及胎龄结构。以下种猪可以淘汰。

① 后备母猪超过8月龄以上不发情的。

② 断奶母猪两个情期（42天）以上或2个月不发情的。

③ 母猪连续两次、累计三次妊娠期习惯性流产的。

④ 母猪配种后复发情连续两次以上的。

⑤ 青年母猪第一、二胎活产仔猪窝均8头以下的。

⑥ 经产母猪累计三产次活产仔猪窝均8头以下的。

⑦ 经产母猪连续二产次、累计三产次哺乳仔猪成活率低于70%，以及泌乳能力差、咬仔、经常难产的母猪。

⑧ 经产母猪7胎次以上且累计胎均活产仔数低于10头的。

⑨ 后备公猪超过10月龄以上不能使用的。

⑩ 公猪连续两个月精液检查（有问题的每周精检1次）不合格的。

⑪ 后备猪有先天性生殖器官疾病的。

⑫ 发生普通病连续治疗两个疗程而不能康复的种猪。

⑬ 发生严重传染病的种猪。

⑭ 由于其他原因而失去使用价值的种猪。

二、种猪淘汰计划

① 商品猪场母猪年淘汰率30%～35%，公猪年淘汰率40%～50%。

② 后备猪使用前淘汰率：母猪淘汰率10%，公猪淘汰率20%。

三、后备猪引入计划

① 老场：后备猪年引入数=基础成年猪数×年淘汰率÷后备猪合格率。

② 新场：后备猪引入数=基础成年猪数÷后备猪合格率。或后备母猪引入数=满负荷生产每周计划配种母猪数×20周。

■ 本章总结摘要

- 规范化管理、标准化管理、流程化管理、制度化管理是现代化规模猪场管理的基础。

- 规模猪场的选址、设计、建设必须首先考虑有利于猪病防控。

- 生产线设计原则：非洲猪瘟下，规模猪场的设计建设理念必须改变。小生产线设计（以1万～2万头规模为一条独立的生产线）、小单元设计（比如1万～2万头规模产房6个独立单元设计）、全进全出设计。

- 全进全出的含义：以周为生产节律（1万～3万头场以周为生产节律）安排生产；把同类猪群按生产节律分成批次从各个相互独立的单元一次性地转入转出；冲洗、消毒、空栏时间1周。

- 品种选择和杂交模式：杜大长配套系等。瘦肉型国外良种如长白、大约克、杜洛克、皮特兰等具有体躯长大、生长快速、饲料转化率高、瘦肉率高等优点，最好选用三、四、五元杂交，发挥遗传优势及杂交优势。

- 饲料是养猪的基础，饲料成本占养猪成本的70%～80%。饲料中主要含五大营养要素，只有科学配方组成的配合饲料，才能使猪只正常发育、生长迅速。优质饲料才能使优良品种的猪生产性能充分表现出来。

- 在所有被采用的管理技术中，排在第一位的可增加利润的策略是早期断奶和全进全出制相结合的技术。

- 生产技术重要参数指标：平均每头母猪年生产2.2窝以上，提供20.0头以上肉猪；肉猪达100～120千克体重的日龄为161～175天（23～25周）；配种分娩率90%以上，胎均活产仔数11头以上，全期成活率91%以上。以实际存栏成年（基础）母猪数多少来区别猪场规模的大小较为确切；如果准确计算一个猪场的存栏成年母猪数，则应按饲养日计算；考评一个猪场的生产指标如年产胎数、胎均产仔数、PSY、MSY等，都应在按饲养日计算的平均存栏成年母猪数的基础上进行。

- 猪场存栏猪结构：国内一流的万头规模猪场（或生产线）基础母猪应少于500头，平时总存栏5 000头左右（其中基础母猪为400～500头）。合理的母猪胎龄结构是保证较高生产水平、高效生产的前提。

- 母猪使用年限 3 年，年淘汰更新率 30% ~ 35%。控制合理的存栏猪结构，是控制生产的最有效方法。

- 新场与老场的后备猪计划：新场分批引进后备猪，月龄结构要适合配种计划要求，一般所有后备猪初配完成需要 4.5 ~ 5 个月时间，即 20 周（20 周后有断奶母猪参加连续性配种）。如一流水平的万头猪场每周需配 20 ~ 21 头，共需合格后备猪约 420 头，购入后备猪约需 470 头（配前淘汰率 10%）。

- 满负荷均衡生产：以周为单位安排生产、调控生产，保证均衡满负荷生产。其中满负荷均衡配种是关键。老场的成年猪淘汰计划与后备猪的补充计划要有年、月、周均衡计划，成年母猪年淘汰率 30% ~ 35%，万头猪场（或生产线）每年需补充 120 ~ 130 头后备母猪。

- 目前新投产的一流规模猪场硬件软件条件下，一个万头生产线员工定编一般至少为 9 人、全场员工至少 13 人。

- 新场每周一次、老场每月一次生产例会及员工培训比较合适。员工培训对提高员工素质及生产效益至关重要。

- 正规化管理的猪场都有固定的每周生产流程，每天甚至每时做啥工作都是有规律的。用各项制度、操作规程指挥生产。

- 猪场的报表体系要科学、实用、精简、准确、准时，统计报表的主要目的是分析生产，及时发现问题，及时解决问题。

第二章

猪场饲养管理操作规程

第一节 不同类型猪场生产流程

一、原种猪场生产流程

原种猪场的主要任务是建立纯种选育核心群，进行各品种、各品系猪种的选育、提高和保种，并向扩繁种猪场提供优良的纯种公母猪，以及向商品猪场提供优良的终端父本种猪。其生产流程如图2-1。

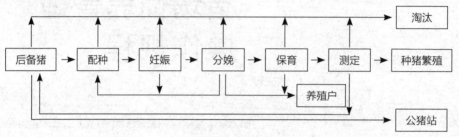

图 2-1　原种猪场生产流程

二、种猪繁殖场生产流程

种猪繁殖场的主要任务是进行二元杂交生产，向商品场提供优良的父母代二元杂交母猪，同时向养殖户或生长育肥场提供二元杂交商品猪苗。其生产流程如图2-2。

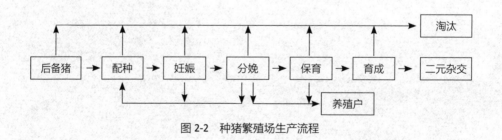

图 2-2　种猪繁殖场生产流程

三、商品猪生产流程

商品猪生产的主要任务是进行三元、四元杂交生产，向养殖户或生长育肥场提供优质的商品猪苗。其生产流程如图2-3。

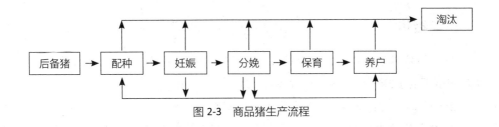

图 2-3　商品猪生产流程

四、公猪站生产流程　如图 2-4。

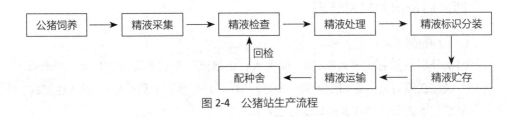

图 2-4　公猪站生产流程

第二节　隔离舍和后备猪舍饲养管理操作规程

一、管理目标

① 做好防疫保健。

② 加强诱情，掌握好初配时机。

③ 后备母猪利用率90%以上，后备公猪利用率80%以上。

二、进猪前的准备

① 后备猪应放在隔离舍。将隔离舍用高压冲洗机彻底冲洗干净，包括料槽、水管、窗户、天花板、地面、墙壁，然后将所有的猪栏、水管、料槽等检修一遍，最后彻底进行消毒，并充分干燥。

② 后备猪在挑选、驱赶时要尽量减少各种应激，以防造成伤亡损失。

③ 准备好饲料、工具、易耗品、电解多维。

④ 冬季进猪前要打开暖气供暖，进猪时预热至适宜的温度。

三、接猪

① 当后备母猪进入后，按个体大小分栏放置，根据猪栏面积计算放猪头数，饲养密度不低于2米²/头，冬季相对多放，夏季相对少放。

② 分群后若有打斗及时拦阻，做好定位调教。

③ 接完猪清点数量，建立饲养日志，对照耳号给每头猪建卡，制定限饲计划、疫苗接种计划、药物保健计划表，做好母猪发情记录。

四、后备猪的日常管理

（一）隔离

（1）外引猪的有效隔离期6周，即引入后备猪至少在隔离舍饲养42天。若能周转开，最好在隔离舍饲养到配种前一个月，即母猪7月龄、公猪8月龄。转入生产线前，最好与本场老母猪或老公猪混养二周以上。

（2）后备公猪单栏饲养，圈舍不够时可2～3头一栏，配前1个月必须单栏饲养。后备母猪小群饲养，5～8头一栏。

（3）隔离期间饲养管理

① 严格执行生物安全制度。

② 第一周加电解多维饮水。

③ 喂料量：当天0.5千克，第二天1千克，第三天1.5千克。

④ 进猪的第一周在饲料中加阿莫西林、强力霉素等，再加中兽药保健。

⑤ 隔离期间要求有单独的饲养员，专用的工具。

⑥ 注意观察猪群的健康，治疗不健康的猪只。

⑦ 第四周驱虫。

（二）饲喂

继续喂原料号，猪体重达到60千克时改换后备料。5月龄前自由采食体重达到70千克左右。5～6.5月龄限饲后备料，日喂料2千克，日增重500克。6.5～7.5月龄日喂料2.5～3千克，保证体重快速增长及发情。7.5月龄以上视体况及发情表现调整喂量，保持8～9成膘。后备母猪7月龄时体重应达到110千克以上，并出现初次发情。

后备母猪在第一个发情期开始，要安排喂催情料，比规定料量多1/3，配种后料量减到每头每天1.8～2.2千克。

（三）健康管理

（1）后备猪按免疫程序免疫，两种疫苗免疫间隔1周，免疫期间及免疫后2周饲料中禁止添加抗生素。最后一次疫苗免疫后间隔2周，逐头采血进行抗体检测，对抗体不合格的要补免，一头也不能漏免，务必保证每头猪配种前抗体水平合格。

（2）按计划消毒，每天更换脚踏消毒盆溶液以保持有效浓度。

（四）诱情

（1）后备母猪应在5月龄建立发情记录，及时记录每次发情时间，并将该记录移交配种舍人员。仔细观察初次发情期，以便在第2~3次发情时及时配种，并做好记录。后备猪从170日龄（165~170日龄）开始与公猪鼻对鼻或直接的身体接触，但避免无计划交配，每天2次，每次10分钟，以刺激后备母猪尽早发情和表现更明显的发情征候。

（2）以下方法可以刺激母猪发情：调圈、和不同的公猪接触、尽量放在发情母猪的近旁、进行适当的运动、限饲与优饲、应用激素。

（3）后备母猪在7月龄转入配种舍。后备母猪的初配月龄须达到7.5月龄，体重要达到130千克以上。公猪初配月龄须达到8.5月龄，体重要达到140千克以上。

（五）后备母猪的淘汰

（1）达315日龄从没配种的后备母猪一律淘汰。

（2）不符合种用要求的后备猪及时淘汰。

（3）对患有肢蹄病的后备母猪，应隔离单独饲养；观察治疗2个疗程仍未见有好转的，应及时淘汰。

（4）患病后表现渐进性消瘦的后备猪，经过2个疗程治疗仍不见好转的及时淘汰。

（六）环境控制

后备猪舍应保持栏舍阴凉、通风、干燥，做到无灰尘、无蛛网、无杂物。适宜舍内温度17~18℃，临界高温27℃，临界低温10℃，适宜湿度60%~80%。每天清扫栏舍，对走道、墙壁、门窗、天花板、栏杆等清洁一次。

> **注意**
> 猪舍在猪只调走后3天内清洗、检修完毕，消毒备用。

（七）巡查

每天上午上班后和下午下班前进行巡查，看排气扇、风机、料线运行情况是否正常，看供电、电器设备、灯具、门窗是否完好，看温湿度是否适宜，看猪只采食、饮水、粪便、呼吸、精神、行走是否正常，如有异常及时处理。

（八）每天认真填写各种记录

所需填写记录包括发情记录、饲料耗用记录、猪只变动存栏记录、死淘记录、消毒记录等。

第三节 配种妊娠舍饲养管理操作规程

一、工作目标

① 按制定计划完成每周配种任务，保证全年满负荷均衡生产。

② 保证配种分娩率在90%以上。

③ 保证窝平均产健仔数在11头以上。

④ 保证后备母猪合格率在90%以上（转入基础群为准）。

⑤ 保证断奶母猪配种率在90%以上。

二、工作日程

1. **工作时间** 日班工作时间为：

上午 7：30—11：30

下午 14：00—17：30

2. **工作日程** 工作时间随季节变化，工作日程作相应的前移或后移。

7：30~9：00   发情检查、采精、输精、配种

9：00~9：30   喂饲

9：30~10：30   观察猪群、治疗

10：30~11：30   清理卫生、其他工作

14：00~15：30   发情检查（采精，输精）、其他工作

15：30~17：00   冲洗输精猪栏、猪体、空栏

17：00~17：30   喂饲、配种

三、操作规程

1. **发情鉴定** 发情鉴定最佳方法是当母猪喂料后半小时表现平静时进行，每天进行两次发情鉴定，上下午各一次，检查采用人工查情与公猪试情相结合的方法。配种员所有工作时间的1/3应放在母猪发情鉴定上，特别是超期发情母猪和后备母猪。

母猪的发情表现有：

① 阴门红肿，阴道内有黏液性分泌物。

② 在圈内来回走动，频频排尿。

③ 神经质，食欲差。

④ 压背静立不动。

⑤ 互相爬跨，接受公猪爬跨。

⑥ 毛色光亮，两耳竖起。

⑦ 也有发情不明显的，发情检查最有效方法是每日用试情公猪对待配母猪进行试情。

2. 配种

（1）配种方式

① 先配断奶母猪和返情母猪，然后根据满负荷配种计划有选择地配后备母猪，后备母猪和返情母猪需配够3次。

② 初期实施人工授精最好采用"1+2"配种方式，即第一次本交，第二、三次人工授精；条件成熟时推广"全人工授精"配种方式，并应由三次逐步过渡到两次。

③ 配种间隔：在一周内正常发情的经产母猪，上午发情，下午配第一次，次日上、下午配第二、三次；下午发情，次日早配第一次，下午配第二次，第三日下午配第三次。断奶后发情较迟（7天以上）及复发情的经产母猪、初产后备母猪，要早配（发情即配第一次），并应至少配三次。

④ 公母比例、大小搭配要合理，有些第一次配种的母猪不愿接受爬跨，性欲较强的公猪可有利于完成交配。

⑤ 参照"老配早，少配晚，不老不少配中间"的原则：胎次较高（5胎以上）的母猪发情后，第一次适当早配；胎次较低（2～5胎）的母猪发情后，第一次适当晚配。

⑥ 高温季节宜在上午8时前，下午5时后进行配种。

⑦ 做好发情检查及配种记录：发现发情猪，及时登记耳号、栏号及发情时间。

⑧ 公猪配种后不宜马上沐浴和剧烈运动，也不宜马上饮水。最好空腹配种，如喂饲后配种必须间隔半小时以上。

（2）本交配种操作方法 对异常母猪采用本交配种的方式。

① 本交选择大小合适的公猪，把公母猪赶到圈内宽敞处，要防止地面打滑。

② 辅助配种：一旦公猪开始爬跨，立即给予帮助。必要时，用腿顶住交配的公母猪，防止公猪抽动过猛母猪承受不住而中止交配。站在公猪后面，手戴消毒手套将公猪阴茎对准母猪阴门，辅助阴茎插入阴道，注意不要让阴茎打弯。整个配种过程配种员不准离开，配完一头再配下一头。

③ 观察交配过程，保证配种质量，射精要充分（射精的基本表现是公猪尾根

下方肛门扩张肌有节律地收缩，力量充分），每次交配射精2次即可，有些副性腺液或精液会从阴道流出。整个交配过程不得粗暴对待公母猪。配种后，母猪赶回原圈，填写公猪配种卡，母猪记录卡。

（3）公猪的饲养管理

① 饲养原则：提供公猪所需的营养，以使公猪精液的品质最佳、数量最多；为了交配采精方便，延长使用年限，公猪不宜太大，要求限制饲养；做到"人畜亲善"，在驱赶过程中或配种过程中不允许粗暴地对待公猪。

② 饲喂方法：公猪选用公猪料，每天喂2次。7.5月龄以前选用后备料，饲喂采取自由采食方式。7.5月龄开始选用种公猪料饲喂，注意要分3天逐步从后备料过渡到种公猪料，在6.5～8月龄期间每头每天饲喂2.5～3.0千克。8月龄开始严格限料饲喂，每头每天饲喂2.6～2.8千克（冬天不超过3.0千克为宜），并适当添加青饲料。成年公猪按标准饲喂。每餐不要喂得过饱，以免猪饱食贪睡，影响性欲和精液品质，每月进行7天中药保健，一季度一次驱虫保健，确保公猪健康。猪舍内外消毒执行猪场消毒与防疫的有关规定，公猪的更新、淘汰，执行《种猪淘汰原则与更新计划》的有关规定。

③ 公猪的管理与利用：公猪要求单栏饲养，不要将公猪长期养在栏内，当舍外温度低于25℃，高于16℃，天气晴朗时可以放公猪出去运动，有利于提高新陈代谢，增强食欲和性欲。放公猪出去不得强制驱赶，可以用气味、白色衣服、青饲料等诱导，直至公猪习惯后能自己主动出去。每次运动时间以20～30分钟为宜。

注意工作安全，工作时保持与公猪的距离，不要背对公猪。用公猪试情时，需要将正在爬跨的公猪从母猪背上拉下来，这时要小心，不要推其肩部、头部，以防遭受攻击。严禁粗暴对待公猪，在驱赶公猪时，最好使用赶猪板。

（4）公猪的等级评价　各猪场在公猪达到6月龄时，必须进行公猪体型评定，评定可只进行一次，以后不再进行等级评定。

① 体型评定指标包括收腹、臀围和双脊背等指标。每项体型评定指标采用100分制，5分为一个评分单位。表现优秀的评分范围为85～100分；良好的评分范围为65～80分；较差的评分范围为60分以下。

② 体型评定标准：体型综合分值=30%收腹得分+40%臀围得分+30%双脊背得分。综合分值85～100分的评为一级公猪；60～84分的评为二级公猪；60分以下的评为三级公猪。

③ 各种猪场公猪站尽量不留养三级公猪，如果公猪数量不足的猪场可以将三级公猪精液在第三次配种时用。对于公猪数量充足的猪场，三级公猪建议淘汰处理

或作为配种舍的查情公猪使用。

④ 配种舍第一次配种必须使用一级公猪的精液，第二次、第三次配种可使用一级或二级公猪的精液。

（5）精液生产、贮存、运输

① 以最节约成本的方式，保持舍内18～25℃的适宜温度。当环境温度高于27℃时，注意公猪的防暑降温；当环境温度低于15℃时，注意公猪的保温。冬季夜间，公猪站空气污浊，在自然通风的基础上应适当配合风机通风，或在适当位置开地角窗用小风机持续抽风。每天保证冲下水道两次。

② 防止公猪体温的异常升高。高温环境、严寒、患病、打斗、剧烈运动等均可能导致体温升高，即使短时间的体温升高，也可能导致公猪长时间的不育，因为从精原细胞发育至成熟精子约需40天。

③ 保持圈舍与猪体清洁，及时清除公猪体外寄生虫。

④ 注意保护公猪的肢蹄，控制好地面湿度，减少不必要的冲栏，合理安排公猪运动。提供合理的光照条件。只要不影响公猪舍内降温，应尽量保证猪舍有足够的光照（尤其是深秋到初春季节），光照能有效减少病原含量，增加公猪抗病力，还能增加维生素D的合成与骨钙沉积，有利于增强肢蹄功能。

⑤ 及时做好各项记录：做好公猪群的保健、免疫记录等。

⑥ 公猪站每天要填写公猪站生产情况周报表，采精完毕立即登记公猪采精登记表。

（6）断奶母猪的饲养管理 母猪断奶之前在产房把一胎、二胎、高胎龄（八胎以上）以及断奶前异常母猪（发病、采食异常等）等特殊猪群做好记号。断奶母猪应尽量及时赶入运动场运动后再调入配种舍，必要时进行多次运动，标记的特殊猪群灵活安排是否参与运动。赶断奶母猪的时间应尽量安排在早晚天气凉爽时段，运动的时间视天气情况而定，一般运动20～30分钟为宜。运动之后应赶入大栏或限位栏饲养，大栏饲养需按胎龄、大小、膘情分群。标记好的特殊猪只需要分类集中，针对性地进行药物保健、促发情等特殊处理，不能随意地与其他同批次正常断奶猪混栏饲养。猪场要有计划地逐步淘汰8胎以上或生产性能低的母猪，确定淘汰猪最好在母猪断奶时进行，母猪断奶后一般在3～6天（大部分）及7天以后（少部分）开始发情，此时注意做好母猪的发情鉴定和公猪的试情工作，每天上下午各一次。需要查情的母猪应该包括超期发情母猪以及到达发情日龄的后备母猪。断奶母猪在断奶后7天内喂哺乳母猪料，7天后按超期发情猪处理，喂断奶母猪料。断奶当餐不喂料，每头喂青饲料500克，第二餐喂2.5千克干料；第二天早上喂3千克料，下午开始自由采食，半干半湿料饲喂（采食量高的不用半干半湿料），少喂多餐，保证高峰采食量5千克以上，确保饲料的新鲜度及减少浪费。断奶后饲料中适当添加抗生素（如：每头添加利高霉素4~6克，连加4~7天）预防子宫炎，优饲期间为增加母猪排卵数可添加维生素A、维生素D、维生素E，或每头每天添加葡萄糖250克等。加强舍内卫生、湿度的控制，湿度过大易导致发情母猪子宫炎，不能因为栏舍、身体脏而反复冲洗猪身或猪栏，粪便提倡以铲、扫为主。必要时可以使用密斯陀等涂抹发情母猪外阴。

（7）返情、超期空怀、不发情母猪饲养管理

① 参照断奶母猪的饲养管理。但对长期病弱，或两个情期没有配上的，应及时淘汰。

② 返情猪及时复配。空怀猪转入配种区要重新建立母猪卡。

③ 母猪流产后两周内发情不能配种，应推至第二情期配种。

④ 空怀母猪喂后备料，每头每天2~3千克，少喂多餐。

⑤ 配种后21天左右用公猪对母猪做返情检查，以后每21天做一次妊娠诊断。

⑥ 配种后21~28天进行母猪背膘测量和测孕检查，做好料量饲喂调整和空怀鉴定。

⑦ 妊检空怀猪放在观察区，及时复配。妊检空怀猪转入配种区要重新建立母猪卡。

⑧ 过肥过瘦的要调整喂料量，膘情恢复正常再配。超期空怀、不正常发情母猪要集中饲养，每天放公猪进栏追逐10分钟或放运动场公母混群运动，观察发情情况。

⑨ 体况健康、正常的不发情母猪，先采取饲养管理综合措施，然后再选用激素治疗。

⑩ 对体况健康的不发情母猪，先采取运动、转栏、饥饿、公猪追赶及车辆运输等物理方法刺激发情，若无效可对症选用激素治疗，如氯前列烯醇、PG600等。

⑪ 超过7月龄仍然不发情的后备母猪要集中饲养，每天放公猪进栏追逐10分钟，达到10月龄不发情的母猪应及时淘汰。超过42天没能配种的断奶母猪及长期病弱或空怀2个情期以上的，应及时淘汰。

（8）妊娠母猪的饲养管理

① 母猪完成配种后，根据配种时间的先后按周次在妊娠定位栏排列好。

② 每天上班到猪舍先进行巡栏，观察猪舍环境控制及猪群健康状况，及时调整舍内温度、湿度及空气质量。发现病猪进行标记，急性病例立即上报组长。

③ 喂料：分阶段按标准饲喂。喂料前先将料槽内的水放干或扫干，每次投料确保料投放到料槽正确位置内，速度要快、料量要准，先喂妊娠前期母猪。三排及以上怀孕猪舍提倡两人或三人同时喂料，减少喂料应激。使用自动料线的要经常检查下料的准确性，定期校正料量、清理料线。

④ 妊娠母猪料量参考公司标准料量饲喂，对膘情偏肥或偏瘦母猪在标准料量的基础上适当减少或增加料量，以达到合理膘情。对偏瘦猪要喂回头料。

⑤ 喂料后要给每头猪足够的时间吃料，饲料吃尽再放水，个别母猪饲料吃不完时应及时将饲料扫到两边，让其他猪尽快吃完。要保证饮水质量，当饮水中出现异色、杂质或沉淀时应清洁水管。

⑥ 不喂发霉变质饲料，防止中毒。

⑦ 妊娠期间料量标准分段不宜过多，方便员工操作。

⑧ 成立膘情评估小组对母猪膘情定期评估，对偏肥偏瘦猪用不同记号加以标识。对初胎母猪应注意怀孕中后期适当控料以防难产。膘情评估标准：

瘦：明显露出臀部和背部骨。

适中：不用力压很容易摸到臀部骨和背部骨。

良好：用力压才能摸到臀部骨和背部骨。

稍肥：摸不到臀部骨和背部骨。

过肥：臀部骨和背部骨深深地被覆盖。

⑨ 及时清理猪粪，定期清洗料槽。清洗时专人负责看猪，防止猪只吃入污物。

⑩ 做好配种后18～65天内的复发情检查工作。每月做一次妊娠诊断，可使用B超对妊娠猪进行空怀诊断。妊娠诊断：在正常情况下，配种后21天左右不再发情的母猪即可确定妊娠，其表现为贪睡、食欲旺、易上膘、皮毛光、性温驯、行动稳、阴门下裂缝向上缩成一条线等。

⑪ 减少应激，防流保胎。夏天防暑，冬天防寒，减少剧烈响声刺激。

⑫ 严格控制怀孕舍湿度和空气质量。

⑬ 重点关注怀孕前期的饲养管理与护理，减少剧烈运动；喂料要快、减少应激，必要时适当补充青饲料或使用小苏打防止便秘。

⑭ 必要时在妊娠前期14～21天使用金霉素（每头每天10克）等药物保健。前期猪不使用太寒性的中药。

⑮ 怀孕85～92天阶段适当进行健胃、保健，可选用大黄苏打散、穿心莲、清肺散等药物。

⑯ 做好各种疫苗的免疫接种工作，免疫前后注意防应激。免疫注射在喂料后

或天气凉爽时进行，执行本场免疫程序并做好记录工作。

⑰ 妊娠母猪临产前2~7天转入产房，转猪前彻底做好体内外驱虫工作，同时要彻底消毒猪身，注意双腿下方和腹部等角落，赶猪过程要有耐心，不得粗暴对待母猪。妊娠母猪转出后，原栏要彻底消毒。

⑱ 对妊娠母猪定期进行评估，按妊娠阶段分三段区进行饲喂和管理，详见表2-1。产前一周开始喂哺乳料，并适当减料。

表2-1 妊娠母猪推荐饲喂量

妊娠阶段	喂料量［千克／（头·天）］
妊娠一个月内	1.8 ~ 2.5
妊娠中期	2.0 ~ 2.6
妊娠最后一个月	2.8 ~ 3.5

⑲ 预防烈性传染病的发生，预防中暑，防止机械性流产。

⑳ 按免疫程序做好各种疫苗的免疫接种工作。

第四节 猪的人工授精

一、人工授精的优点

① 有利于预防传染病。

② 提高公猪利用率。

③ 有利于优良品种及优良父系的推广。

④ 可以适时给发情母猪输精配种。

⑤ 可以克服因公、母猪体型差距过大而不宜本交的困难。

⑥ 可提高配种成绩。

⑦ 可降低生产成本。

二、采精公猪的调教

① 先调教性欲旺盛的公猪，下一头隔栏观察、学习。

② 清洗公猪的腹部及包皮部，挤出包皮积尿，并用0.1%高锰酸钾溶液消毒腹部及包皮部，按摩公猪的包皮部。

③ 诱发爬跨：用发情母猪的尿或阴道分泌物涂在假台畜上，同时模仿母猪叫声，也可以用其他公猪的尿或口水涂在假母猪上，目的都是诱发公猪的爬跨欲。

④ 上述方法都不奏效时，可赶来一头发情母猪，让公猪空爬几次，在公猪很兴奋时赶走发情母猪。

⑤ 公猪爬上假台畜后即可进行采精。

> **注意**
>
> 在公猪很兴奋时，要注意公猪和采精员自己的安全，采精栏必须设有安全角。无论哪种调教方法，公猪爬跨后一定要进行采精，不然，公猪很容易对爬跨母猪台失去兴趣。调教时，不能让两头或以上公猪同时在一起，以免引起公猪打架等，影响调教的进行和造成不必要的经济损失。

⑥ 调教成功的公猪在一周内每隔一天采一次，巩固其记忆，以形成条件反射。对于难以调教的公猪，可实行多次短暂训练，每周4～5次，每次至多15～20分钟。如果公猪表现厌烦、受挫或失去兴趣，应该立即停止调教训练。后备公猪一般在8月龄开始采精调教。

三、采精

① 采精杯的制备：在保温杯内衬一只一次性保鲜袋，并在杯口覆盖一层过滤纸，使其能沉入2厘米左右，用橡皮筋固定。然后将采精杯放在37℃恒温箱备用。为了保证采精杯内的实际温度，采精杯与杯盖需要分开放在恒温箱内。

② 将待采精公猪赶至采精栏，采精之前先剪去公猪包皮上的被毛，防止干扰采精及污染精液。

③ 挤出包皮积尿，用0.1%高锰酸钾溶液清洗腹部及包皮部，再用清水洗净，抹干。按摩公猪的包皮部，待公猪爬上假母猪后，用温暖清洁的手（有无手套皆可）握紧伸出的龟头，顺公猪前冲时将阴茎的"S"状弯曲拉直，握紧阴茎螺旋部的第一和第二摺，在公猪前冲时允许阴茎自然伸展，不必强拉。充分伸展后，阴茎将停止推进，达到强直、"锁定"状态，开始射精。射精过程中不要松手，否则压力减轻将导致射精中断。注意在采精时不要碰阴茎体，否则阴茎将迅速缩回。

④ 最初射出的少量（5毫升左右）精液不收集，有浓份精液出现时开始收集，直至公猪射精完毕（阴茎变软）时才放手。注意在收集精液过程中防止包皮部液体等进入采精杯。

⑤ 采精完毕立即填写公猪采精登记表。

⑥ 公猪射精完毕立即将采精杯送到实验室进行精液品质检查，下班之前彻底清洗采精栏。

⑦ 采精频率：后备公猪调教合格后到12月龄，采精间隔天数为7天；后备公猪调教出来如果密度低于1亿/毫升，采精间隔可以安排为8～10天，直至密度达到1亿/毫升以上。然后每3个月对供精份数在平均份数以上公猪的采精间隔减少1天，成年公猪采精频率正常为2周3次；夏季因热应激会降低供精，所以夏季慎重调整采精间隔。

⑧ 采精与喂料间隔：保持采精后间隔1小时以上，下班前45～60分钟开始喂料。

四、精液品质检查

整个检查过程要迅速、准确，一般在5～10分钟内完成，以免时间过长影响精子的活力。精液质量检查的主要指标有：精液量、颜色、气味、精子密度、精子活力、精子畸形率等。检查结束后应立即填写公猪精液品质检查记录表，每头公猪应有完善的公猪精检档案。

1. **精液量** 后备公猪的射精量一般为150～200毫升，成年公猪为200～600毫升，称重量算体积，1克计为1毫升。

2. **颜色** 正常精液的颜色为乳白色或灰白色。如果精液颜色有异常，则说明精液不纯或公猪有生殖道病变，凡发现颜色有异常的精液，均应弃去不用。同时对公猪进行检查，然后对症处理、治疗。

3. **气味** 正常的公猪精液具有其特有的微腥味，无腐败恶臭气味。有特殊臭味的精液一般混有尿液或其他异物，一旦发现，不应留用。并检查采精时是否有失误，以便下次纠正做法。

4. **密度** 指每毫升精液中含有的精子数，它是用来确定精液稀释倍数的重要依据。正常公猪的精子密度为2.0亿～3.0亿/毫升，有的高达5.0亿/毫升。为了提高公猪精液稀释后的活力，精子密度需通过采精间隔的调整，控制在 2.5亿～3.5亿/毫升。

检查精子密度的方法常用以下两种：①精子密度仪测量法。该法极为方便，检查时间短，准确率高。若用国产分光度计改装，也较为适用。该法有一缺点，就是会将精液中的异物按精子来计算，应予以重视。②红细胞计数法。该法最准确，但速度慢，具体操作步骤为：用微量取样器分别取具有代表性的原精100微升和3%氯化钾溶液900微升，在试管中上下缓慢地搅拌，使之混匀，搅拌时试管中不能出现气泡。然后在计数板的计数室上放一盖玻片，用移液枪吸取试管中部搅匀的精液200微升，从盖玻片的下边缘滴入一小滴（不宜过多），让精液利用液体的表面张力充满计数室，计数室内不能产生气泡。然后放置一旁晾干（或放恒温板上烘干1~2分钟），待精子全部沉降到计数室底部，可以清晰地看清精子的形状时，将计数板置于载物台上夹稳，先在10倍的低倍物镜下找到计数室后，再转换成40倍的高倍显微镜下计数5个中方格内精子的总数，将该数乘以50万即得原精液的精子密度。

5. **精子活力**　每次采精后及精液使用前，都要进行精子活力的检查，检查前必须使用37℃左右的保温板预热：一般先将载玻片放在38℃保温板上预热2~3分钟，用玻璃棒轻轻搅匀精液然后用移液枪从精液杯中部取样100微升滴于预热好的载玻片上，盖上同样预热好的盖玻片，放置在显微镜（目镜16×，物镜10×）下查看精液活力。为了避免一次取样不均匀造成误差，一般要求按相同的方法取样两次查看活力，最后取两次平均值记录该头公猪的活力，并且做好记录。如果两次取样活力差异较大，则需进行第三次取样。保存后的精液在精检时要先在载玻片预热2分钟。精子活力一般采用10级制，即在显微镜下观察一个视野内做直线运动的精子数，若有90%的精子呈直线运动则其活力为0.9；有80%呈直线运动，则活力为0.8；依次类推。活力等级只需精确到0.05即可。新鲜精液的精子活力以高于0.7为正常，当活力低于0.65时，则弃去不用。

6. **畸形精子率**　畸形精子包括巨型、短小、断尾、断头、顶体脱落、有原生质滴、大头、双头、双尾、折尾等精子。它们一般不能做直线运动，受精能力差，但不影响精子的密度。每份经过检查的公猪精液，都要填写公猪精液品质检查记录表，以备对比和总结。

7. **等级评价**　各项指标检查完毕后，要及时对公猪精液的等级进行评价，各项条件均符合才能即评为某个等级，当活力低于0.65或畸形率大于18%或体积小于100毫升的精液，弃去不用。详见表2-2。

表2-2　公猪精液品质评价

等级	采精量	精子活力	畸形率	精子密度
优	≥250毫升	≥0.8	≤5%	≥3亿
良	≥150毫升	≥0.7	≤10%	≥2亿
合格	≥100毫升	≥0.65	≤18%	≥0.8亿

8. 不合格公猪或精液的处理

① 公猪站发现不合格的精液一律作废，不得用于生产。

② 精检不合格的公猪绝对不可以用于配种或精液制作。

③ 对不合格公猪进行"五周四次精检法"复检：首次精检不合格的公猪，7天后采精检查；复检不合格的公猪，10天后采精、作废，间隔4天后采精检查；仍不合格的公猪，10天后再采精、作废，再间隔4天后采精检查；一直不合格公猪，建议作淘汰处理，若中途检查合格，视精液品质状况酌情使用。

五、精液稀释液的配制

1. 精液稀释液的配制

（1）稀释剂配方　保存天数3天，类型BTS，见表2-3。

表 2-3　猪精液常用稀释剂配方

药品名称	用量（克）	药品名称	用量（克）
葡萄糖	3.715	氯化钾	0.075
柠檬酸钠	0.60	青霉素	0.06
碳酸氢钠	0.125	链霉素	0.1
EDTA 钠	0.125		
蒸馏水	加至 100 毫升		

配制稀释剂要用精密电子天平，不得更改稀释液的配方或将不同的稀释液随意混合。配制好后应先放置1小时以上才用于稀释精液，液态稀释液在4℃冰箱中保存不超过24小时，超过贮存期的稀释液应废弃。抗生素应在稀释精液前加入稀释液里，太早易失去效果。

（2）稀释液配制的具体操作步骤

① 所用药品要求选用分析纯，对含有结晶水的试剂按摩尔浓度进行换算。

② 按稀释液配方，用称量纸和电子天平按1 000毫升和2 000毫升剂量准确称取所需药品，称好后装入密闭袋。

③ 使用1小时前将称好的稀释剂溶于定量的双蒸水中，用磁力搅拌器加速其溶解。

④ 如有杂质需要用滤纸过滤。

⑤ 稀释液配好后及时贴上标签，标明品名、配制时间和操作人等。

⑥ 放在水浴锅内进行预热，以备使用，水浴锅温度设置不能超过39℃。

⑦ 认真检查配好的稀释液，发现问题及时纠正。

2. **精液稀释**　处理精液必须在恒温环境中进行，品质检查后的精液和稀释液都要在37℃恒温下预热，稀释处理时，严禁阳光直射精液。稀释液应在采精前准备好，并预热好。精液采集后要尽快稀释，未经精液品质检查或精子活力在0.65下的精液不得用于稀释。稀释处理每一步结束时应及时填写稀释精液质量记录表。

① 精液稀释头份的确定：人工授精的正常剂量一般为每头份40亿个精子、体积为80毫升。假如有一份公猪的原精液密度为2亿/毫升，采精量为150毫升，稀释后密度要求为每头份40亿、80毫升。则此公猪精液可稀释150×2/40＝7.5头份，需加稀释液量为80×7.50－150＝450（毫升）。

② 测量精液和稀释液的温度，调节稀释液的温度与精液一致（两者相差1℃以内，稀释液温度稍高）。

③ 将精液移至2 000毫升大塑料杯中，稀释液沿杯壁缓缓加入精液中，轻轻搅匀或摇匀。

―――― 注意 ――――

必须以精液的温度为标准来调节稀释液的温度，不可逆操作。

④ 如需高倍稀释，先进行1∶1低倍稀释，1分钟后再将余下的稀释液缓慢分步加入。因精子需要一个适应过程，不能将稀释液直接倒入精液。

⑤ 精液稀释的每一步操作均要检查活力，稀释后要求静置片刻再做活力检查。活力下降必须查明原因并加以改进。

⑥ 混精的制作：两头或两头以上公猪的精液1∶1稀释或完全稀释以后可以做混精。做混精之前需各倒一少部分混合起来，检查活力是否有下降，如有下降则不能做混精。把温度较高的精液倒入温度较低的精液内。每一步都需检查活力。精液分等级使用后（具体见《公猪饲养管理》章节），做混精的原则为：一级精液同一级精液混，二级精液同二级精液混，三级精液尽量不用。制作混精时，不能跨级混合。

⑦ 用具的洗涤：精液稀释的成败，与所用仪器的清洁卫生有很大关系。所有使用过的烧杯、玻璃棒及温度计，都要及时用蒸馏水洗涤，并进行高温消毒，以保证稀释后的精液能适期保存和利用。

⑧ 精液的分装：对于以前没使用过的精液瓶（袋）和输精管（包括与精液直接接触的所有物资，如稀释液、过滤纸、一次性食品袋、蒸馏水等），应先检查其对精子的毒害作用。检查无害才能使用在生产中。稀释好精液后，先检查精子的活力，活力无明显下降（0.05之内）则可进行分装。按每头份60~80毫升进行分装，

在用瓶子分装时，尽量减少精液与空气的接触，应排掉瓶子里的空气（将输精瓶捏扁后加盖密封），以减少运输中震荡对精子的应激。分装后的精液，将精液瓶加盖密封，贴上标签，清楚标明公猪站号、公猪品种、精液等级、采精日期及精液编号。

⑨ 精液活力的检查：精液生产出来以后，需保存 1～2 份精液，持续 1 天的活力检查，并做好记录，定期总结。

⑩ 记录：做好精液稀释记录。

六、精液的保存

① 需保存的精液应先在 22℃ 左右室温下放置 1～2 小时后，放入 17℃（变动范围 16～18℃）冰箱中，或用几层干毛巾包好直接放在 17℃ 冰箱中。冰箱中必须放有灵敏温度计，随时检查其温度。分装精液放入冰箱时，不同品种精液应分开放置，以免拿错精液。精液应平放，可叠放。

② 查看：从放入冰箱开始，每隔 12 小时，要小心摇匀精液一次（上下颠倒），防止精子沉淀聚集造成精子死亡。一般可在早上上班、下午下班时各摇匀一次，记录好摇匀时间和操作人员。夜间超过 12 小时应安排夜班于凌晨摇匀一次。

③ 冰箱应一直处于通电状态，尽量减少冰箱门的开关次数，防止频繁升降温对精子的打击。保存过程中，一定要随时观察冰箱内温度的变化，出现温度异常或停电，必须普查贮存精液的品质。

④ 精液一般可成功保存 1～3 天。

七、输精

1. 输精操作程序

① 准备好输精栏、0.1% 高锰酸钾溶液、清水、抹布、精液、剪刀、针头、干燥清洁毛巾等。

② 先用消毒水清洁母猪外阴周围、尾根，再用温和清水洗去消毒水，抹干外阴。

③ 将试情公猪赶至待配母猪栏前（注：发情鉴定后，公母猪不再见面，直至输精），使母猪在输精时与公猪有口鼻接触，输完几头母猪更换一头公猪以提高公母猪的兴奋度。

④ 从密封袋中取出无污染的一次性输精管（手不准触其前 2/3 部），在前端涂上对精子无毒的润滑油。

⑤ 将输精管斜向上插入母猪生殖道内，当感觉到有阻力时再稍用力，直到感

觉其前端被子宫颈锁定为止（轻轻回拉不动）。

⑥ 从贮存箱中取出精液，确认标签正确。

⑦ 小心混匀精液，剪去瓶嘴，将精液瓶接上输精管，开始输精。

⑧ 轻压输精瓶，确认精液能流出，用针头在瓶底扎一小孔，按摩母猪乳房、外阴或压背，使子宫产生负压将精液吸纳，绝不允许将精液挤入母猪的生殖道内。

⑨ 通过调节输精瓶的高低来控制输精时间，一般3～5分钟输完，最快不要低于3分钟，防止吸得快，倒流得也快。

⑩ 输完后在防止空气进入母猪生殖道的情况下，将输精管后端折起塞入输精瓶中，让其留在生殖道内，慢慢滑落。于下班前集好输精管，冲洗输精栏。

⑪ 输完一头母猪后，立即登记配种记录，如实评分。

2. 输精操作注意事项

① 精液从17℃冰箱取出后不需升温，直接用于输精。

② 输精管的选择：经产母猪用海绵头输精管，后备母猪用尖头输精管，输精前需检查海绵头是否松动。

③ 两次输精之间的时间间隔为8～12小时。

④ 输精过程中出现拉尿情况要及时更换一条输精管，拉粪后不准再向生殖道内推进输精管。

⑤ 三次输精后12小时仍出现稳定发情的个别母猪可再加一次人工授精。

⑥ 全人工授精的做法：母猪出现"站立反应"后8～12小时，用催产素20国际单位一次肌内注射，在3～5分钟后实施第一次输精，间隔8～12小时进行第二和第三次输精。

3. 输精操作的跟踪分析　输精评分是对输精操作的跟踪分析，其目的在于如实记录输精时具体情况，便于以后在返情失配或产仔少时查找原因，制定相应的对策，在以后的工作中作出改进的措施。为了使输精评分可以比较，所有输精员应按照相同的标准进行评分，且单个输精员应做完一头母猪的全部几次输精，实事求是地填报评分。

（1）评分等级　输精评分有三个等级。

① 站立发情：1分（差），2分（一些移动），3分（几乎没有移动）。

② 锁住程度：1分（没有锁住），2分（松散锁住），3分（持续牢固紧锁）。

③ 倒流程度：1分（严重倒流），2分（一些倒流），3分（几乎没有倒流）。

（2）评分方法　比如一头母猪站立反射明显，几乎没有移动，持续牢固紧锁，一些倒流，则此次配种的输精评分为333，不需求和。评分表可参考表2-4。

表 2-4 输精评分表

与配母猪	日期	首配公猪	评分	二配公猪	评分	三配公猪	评分	输精员	备注

　　通过报表我们可以统计分析出：适时配种所占比例，各头公猪的生产成绩如何，各位输精员的技术操作水平如何，返情与输精评分的关系如何。

第五节 分娩舍饲养管理操作规程

一、工作目标

分娩舍哺乳期成绩目标　见表2-5。

表 2-5 分娩舍哺乳期成绩目标

哺乳仔猪	泌乳母猪
成活率≥99%	断奶后7天内发情利用率≥90%
合格转栏率≥98%	断奶合格率≥99%
断奶仔猪采食率≥95%	体重净损失<10千克
3周龄断奶平均体重≥6.5千克	全程平均采食量：经产≥7千克，一胎≥6.5千克

注：①仔猪成活率=某一哺乳单元仔猪断奶数/该单元母猪分娩总的健仔数×100%。
　　②仔猪合格转栏率=某一哺乳单元仔猪合格断奶数/该单元母猪分娩的总健仔数×100%。
　　③母猪发情率=某一哺乳单元断奶母猪数7天内发情数目/总的断奶母猪数×100%。

二、分娩前准备

　　1. **转舍**　母猪从怀孕舍赶至分娩舍。

　　（1）母猪在临产前2～7天上产房（分娩舍）。上猪前，产房准备好清洁的饮水，修好赶猪道，堵好单元门和赶猪道的栅栏。

　　（2）赶猪过程中不允许使用暴力，赶猪要慢，防止母猪因应激造成的早产和死胎。

　　（3）上猪后怀孕舍饲养员要将对应的母猪档案卡转交给产房饲养员，产房饲养员逐头进行核对。

（4）产房饲养员将耳号与栏位号一一确定后，于上猪当天晚上录入生产管理系统。

2. 环境控制

（1）猪舍温度控制 环境温度控制对仔猪初期的成活至关重要（图2-5）。仔猪保温箱采取局部控温，用红外线灯控制，灯下温度30～32℃。见表2-6。

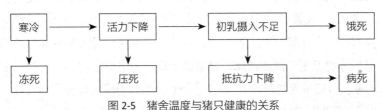

图2-5 猪舍温度与猪只健康的关系

表2-6 分娩猪舍温度控制

阶段	分娩前	分娩时	分娩后 4～7天	分娩后 7～14天	分娩14天 以后
舍内温度	18～20℃	23～24℃	22～23℃	21～22℃	20～21℃

（2）猪舍湿度控制 哺乳舍（分娩舍）一定要严格控制单元环境湿度，以55%～65%为宜。潮湿的环境有利于细菌的大量滋生繁衍，诱发腹泻等疾病。如果猪只身体潮湿，或者地面潮湿，猪只的体感温度下降2～6℃。

在靠近门口、水帘及中间位置，高度在产床接近仔猪活动部位悬挂干湿温度计，每天早、中、晚3次监控猪舍内温度湿度变化，记录在日报表上。

增湿：洒水。太过干燥容易诱发咳嗽和呼吸道疾病。

除湿：地面撒上少量石灰。

（3）通风 通过通风保证空气质量，降低单元内病原含量，保证温度适宜，不同猪群通风量需求见表2-7。

表2-7 不同猪群通风需求量

猪群类型	最高 [米³/（头·小时）]	最低 [升/（头·秒）]
母猪	850	236.1
仔猪	34	9.44

母猪对热应激非常敏感，热应激后容易造成分娩时死胎的增多，夏季应做好通风、降温，减少母猪应激。在炎热的夏季通过启动负压通风水帘降温系统配合滴水

管喷雾降温，每周清理水帘、风机，保证通风量和降温效果。个别常规降温无效的母猪，用水浇在母猪颈肩部（此部位血管丰富，血流量大，蒸发散热快），使用单独小风扇降温。

冬季不能有贼风，贼风吹在仔猪身上相当于体感温度下降4℃。贼风可诱发腹泻，通过烟囱效应检查是否存在贼风，并做好防护。在仔猪站立的高度能吹动一张纸的风力一般大于0.3米/秒，产房风速夏季不能超过0.3米/秒、冬季不能超过0.1米/秒，且不能直接吹在仔猪身上。若门口产床不是水泥的，需加塑料薄膜抵挡贼风。

（4）做好环境卫生　保证产床、料道等干净。产房中的饲料、药物、工具要摆放整齐、有序。料道每天打扫2次，不能有饲料撒落和霉变，保证母猪食欲。走道、产床保持干净，及时清理粪便，减少网床病原含量，为母猪、仔猪提供干净的环境。

三、母猪饲养管理

（一）母猪分娩前的管理

1. 刷洗母猪　母猪进入产房后，用温和的清水或肥皂逐头清洗外阴、腹部和后躯，保证母猪身体干净，减少病原含量。

2. 检查母猪健康状况

（1）查伤残　查母猪有无跛行、后肢无力等；查母猪膘情、胎次等；重点关注疾病状态，发现疾病及时治疗。

（2）查乳房　检查有无乳房损坏、乳头内翻的情况；确定每头母猪可以带仔的数量，对8对乳头以上的母猪做好记录。

（二）母猪饲喂方案

1. 母猪分娩前的饲喂

根据产前母猪的胎次、膘情、食欲等情况，遵循逐渐减少喂量的原则调整饲喂水平，分娩前3天逐渐减料，不能减料太早或太多。一般经产母猪的维持需要比较高，喂料量多一点；而初产母猪所需的维持量较少一点，喂料量少一点。

① 分娩是一个强烈的应激，母猪产前如果不减料，产后暂时性的胃肠道功能紊乱会导致饲料在母猪胃肠道中停留时间过长，最终导致便秘的发生。

② 粪便压迫产道，影响胎儿的产出，延长产程。

③ 便秘发生后会导致母猪发生低热、食欲不佳，从而影响泌乳。

④ 减料不能过多，逐渐减到妊娠后期水平的1/2或1/3。要给母猪产仔蓄积能量，否则易造成分娩无力和死胎增多。

⑤ 分娩中母猪只要有食欲，就应少量饲喂，不能禁食。

2. 母猪分娩后的饲喂

（1）饲喂原则

① 哺乳母猪应坚持最大限度地提高采食量的饲喂原则。

② 母猪分娩后每天4顿饲喂，每顿加料2次。

③ 母猪分娩后采取自由采食的饲喂模式，保证母猪料槽始终有5%的饲料剩余，母猪能吃多少就吃多少，严禁限饲，力求在最短的时间达到最大采食量。

（2）参考饲喂方案　饲养员必须每天监控母猪的采食量，母猪的饲喂要结合温度、胎次、膘情、食欲、带仔数量合理增加饲喂量。下列饲喂方案仅代表母猪采食量在此饲喂标准基础上可以维持需求，不会有太大的体况损失，但不限定母猪的采食量，若母猪采食量可以更高，继续增加饲喂量。

① 一胎母猪饲喂方案：详见表2-8，模拟采食量见图2-6。

- 分娩前至分娩：母猪上产房后饲喂量3.2千克，在分娩前一天适当降低饲喂量到2.0千克。
- 分娩当天至分娩后7天：分娩当天根据母猪食欲情况，日饲喂量1.5千克左右，之后饲喂量每天适当提高，到分娩后第五天时，达到最大采食量，之后自由采食。母猪平均采食量4.2千克。
- 分娩后7~14天：母猪自由采食，日饲喂量不低于5.5千克。
- 分娩后14天至断奶：母猪自由采食，日饲喂量不低于5.7千克。

表2-8　一胎哺乳母猪日饲喂量　（千克/天）

阶段	分娩前	0~7天	7~14天	14~21天	0~21天
日均饲喂量	3.2~2.0	4.2	5.5	5.7	5.1

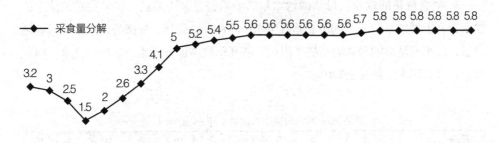

图2-6　一胎哺乳母猪模拟采食量

② 经产母猪饲喂方案：见表2-9和图2-7。

● 分娩前至分娩：母猪上产房后饲喂量3.2千克，在分娩前一天适当降低饲喂量到2.0千克。

● 分娩当天至分娩后7天：分娩当天根据母猪食欲情况，日饲喂量1.5千克左右，之后饲喂量每天适当提高，到分娩后第六天时，饲喂量接近最大采食量，之后自由采食。母猪日均采食量4.8千克。

● 分娩后7～14天：母猪自由采食，日饲喂量不低于6.7千克。

● 分娩后14天至断奶：母猪自由采食，日饲喂量不低于6.9千克。

表2-9 经产母猪日饲喂量 （千克/天）

阶段	分娩前	分娩后			
		0～7天	7～4天	14～21天	0～21天
日均采食量	3.5～2	4.8	6.7	6.9	6.1

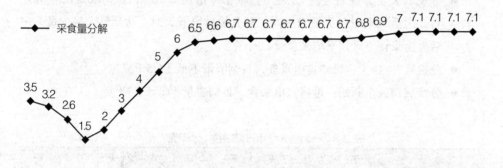

图 2-7 经产哺乳母猪模拟采食量

3. 哺乳母猪的饮水 母猪的饮水量影响采食量，干净的、10℃左右的清凉的饮水有利于增加采食量。同时，猪乳中水分占80%的成分，母猪的饮水量也影响泌乳量，饮水不足影响母猪的产奶。因此，哺乳母猪应保证充足、洁净的饮水。哺乳母猪饮水和用水定额见表2-10。

表2-10 哺乳母猪用水定额 [升/（头·天）]

月份	1	2	3	4	5	6	7	8	9	10	11	12
定额	30	30	30	32	32	40	60	65	40	32	30	30

注：上述用水定额包括饮水、冲洗、降温等所需全部用水。

（三）哺乳母猪的护理

1. **观察** 每天两次观察母猪的状态，及时发现异常母猪并治疗。详见表2-11。

表 2-11 哺乳母猪观察和护理

序号	观察部位和项目	检查、护理内容
1	肢蹄及形态	母猪站立、躺卧姿势、灵活程度、瘫痪，跛行，总体印象、体况评分
2	体温	正常的体温在 38.5 ~ 39.0℃ 之间，超过 39.5℃ 就意味着发热
3	呼吸频率	正常：12 ~ 30 次 / 分钟；通风不良、发热或热应激时呼吸频率明显加快
4	采食	料槽是否有料，每顿餐后母猪饱感，饲喂次数、时间，饲料质量，实际采食量
5	饮水	饮水器出水情况，饮水量，水质是否干净
6	外阴	产后 5 天是否有恶露不止
7	粪便	正常：表面有光泽，形状规则、质地松软；鉴别腹泻、便秘（尤其是产仔前后）
8	乳房	泌乳量、局部温度、柔软度、坚硬 / 松软、有无肿块和乳房炎，乳头是否损伤
9	皮肤及毛发	皮肤颜色，有无外伤（栏舍划伤还是膘情过瘦磨伤），毛发颜色，皮屑等

（1）分娩前后7天的药物预防保健

① 饲料加药保健：泰妙菌素+强力霉素等。

② 预混料手工投药保健：利高霉素或10%氟苯尼考，每天2次，每次50克。

（2）分娩后保健 母猪哺乳期要完成哺乳仔猪和恢复自身的双重任务，分娩时体力消耗大，抵抗力下降；子宫收缩乏力，产程拉长，引起不同程度的产道损伤，尤其是难产时用手伸进去助产，往往会损伤子宫内膜，引起内出血，甚至发炎化脓；外界环境中的各种病原菌（如大肠杆菌、变形杆菌、链球菌株、葡萄球菌等），繁殖非常迅速，容易污染受损的产道，从而引起发炎；由于粪便未能及时清除，母猪躺下去，粪便也会污染开放的产道而引起发炎。因此，应加强母猪分娩后的保健。

① 对产仔后的母猪进行消炎以及能量补充，以便使母猪及早恢复体力、食欲和预防子宫炎、乳房炎的发生。

② 抗生素肌内注射保健：盐酸林可霉素等。

> —— 注意 ——
>
> 保健方案可根据猪群状况酌情调整。

③ 产程后期静脉输液保健：青霉素800万单位+生理盐水500毫升；或其他注射用敏感抗生素+生理盐水250毫升。

四、分娩管理

（一）分娩识别

1. **临产行为** 母猪狂躁不安、时起时卧，啃咬护仔箱，乱拔网床，有时会做放奶时的噜叫声，频繁排尿或排便。

2. **临产外观表现** 眼观外阴出现皱褶、内壁红润，乳房涨大饱满。

3. **乳汁判断**

（1）如果能从第一对乳头中挤出乳汁则说明还有24～48小时产仔。

（2）如果从中间挤出奶汁则说明离产仔有12～24小时。

（3）如果能从最后一对乳头挤出乳汁，则说明再有4～6小时将要产仔。

（4）如果发现从阴道中流出羊水或者灰褐色带有黏性的稀液，中间混有小粒状胎便，或者流出带血的液体时，即表示母猪产仔开始。

（二）接产

（1）接产是降低死胎率最有效的方法，接产员每次离开时间不超过20分钟。

（2）对于即将分娩的母猪，逐头用宝维碘清洗母猪外阴及周围后，再用清水刷洗乳房、外阴、臀部，保证外阴的干净。

（3）在对应护仔箱中撒上密斯托，架好红外线灯，保证护仔箱内温度30～32℃。

（4）仔猪出生后立即用产布掏干口鼻中的黏液，如果有胎膜或胎衣包裹，要立即把仔猪从胎衣中取出，把胎膜从仔猪的鼻子和嘴上拿开，擦干全身，保证呼吸通畅。

（5）**假死仔猪的急救措施** 仔猪出生后不能挣扎，但脐带脉搏仍在跳动，即定义为假死猪。对假死猪必须采取急救措施：

① 用手指掏净口鼻中的黏液。

② 实施人工呼吸：双手握住仔猪的头部和腰部，往中间屈伸，反复操作到仔猪叫出声为止。

③ 拍打：倒提仔猪，用手拍打仔猪臀部、腹部。

（6）断脐

① 将脐带的血液往脐根部反复捋几次，然后用手指夹住脐带，再用手指捻断脐带，用细线结扎。

② 离脐带根2～3厘米处结扎，在长度4厘米处捻断，用4%碘酒对脐带消毒，

并用甲紫标上出生顺序。

（7）仔猪编号　编号方法有耳标法（钉耳）和耳刻法（剪刻）两种。耳刻法是用耳号钳在猪耳上剪出缺刻，如图2-8。

如图2-9示例的耳号为：271011，窝号：2710，窝内序号：11。

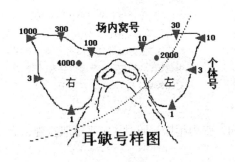

图 2-8　耳刻法编号　　　　　　　　图 2-9　仔猪耳号示例

（8）仔猪称重

（9）记录　做好产仔记录，如实填写产仔记录表，登记性别、初生重、出生日期、死胎（含黑胎、白胎、木乃伊、畸形等）等。

（10）喂好初乳　尤其要照顾弱小仔猪。

（三）难产

母猪正常的分娩时间为2~6小时，平均4小时，产仔间隔5~20分钟。分娩过程中结合母猪膘情、体型、分娩间隔、胎次、有难产或死胎记录、是否有推力和努责，判断是否难产。若遇难产，需要及时人工助产。

1. 难产的发生和识别

①分娩紧张的母猪容易发生难产。

②膘情过肥的母猪容易发生难产。

③高胎次的母猪容易发生产力不足性难产。

④体型小，产道、骨盆窄的容易发生难产，一胎母猪倾向于长的分娩间隔。

⑤有羊水排出、强烈努责后1~2小时仍无仔猪产出或产仔间隔超过20分钟，即视为难产。

2. 助产　在母猪难产时优先选择助产。

（1）助产操作

①按摩乳房，促进分娩和催产素的释放。

② 母猪侧卧时，在乳房边缘上部一掌处从腹部开始顺着产道方向往后捋，促使仔猪进入产道。

③ 体重较轻的接产员站在母猪身上顺着产道方向缓慢往后轻踩母猪腹部鼓起的地方，以母猪肚子在被踩的情况下还能往上慢慢鼓起为准，把握好力度，促使仔猪进入产道。

（2）注射催产素助产　催产素能选择性地直接兴奋子宫平滑肌，加强收缩，小剂量能使子宫有节律地收缩加强，频率增加，张力稍增。同时子宫平滑肌松弛，有利于胎儿娩出。

───── 使用催产素应注意 ─────

① 一胎母猪不允许用催产素。

② 子宫口完全开张时在外阴注射催产素10～20国际单位，一般在母猪分娩6头小猪之后使用。在没开产前禁止使用催产素。

③ 母猪过了预产期仍不分娩，可注射氯前列烯醇诱导分娩。

④ 做好每批分娩母猪的缩宫素使用登记，特别是经产老母猪和有难产史的母猪。

（3）掏产　助产无效时进行掏产。掏产的操作方法：

① 指甲必须剪短，剪平。

② 用碘溶液清洗母猪外阴后，再用清水清洗干净。

③ 清洗双手、手臂，并用碘溶液消毒。

④ 戴上一次性助产手套，涂上润滑剂。

⑤ 手臂和母猪之间不要有其他障碍（如隔栏、设施等）。

⑥ 产手掌心向上，五指并拢，随着子宫收缩规律慢慢伸入阴道内，手臂进入道时要循序渐进，不能强行进入。

⑦ 根据胎位抓猪仔猪的两后腿或下颌部。若胎位不正，不要硬拉，需要往回送至子宫，调整好分娩的胎位。

⑧ 母猪子宫扩张时，开始向外拉仔猪，努责收缩时停下，动作要轻，均衡用力拉出仔猪，拉出仔猪后应帮助仔猪呼吸。

（4）剖腹产　超过预产期2天，氯前列烯醇处理无效的分娩母猪，因病或其他因素急性发作即将死亡的母猪，应施行剖腹产。

（5）助产后的护理

① 产仔结束用清水清洗母猪外阴、臀部，并及时清理走胎衣、死胎等，接产用具要求每天消毒，保证接产操作台的干净、整洁。

② 助产后在母猪外阴撒少量密斯托，连续使用3天。

③ 放在护仔箱内的仔猪应随时观察，以防失血。若有出血，在首次结扎靠近脐带根的部位再次结扎。注意结扎力度，结扎太紧，容易造成脐带断裂，结扎太松

造成结扎无效。

④ 必须对脐带断端消毒，如果忽略，则有可能造成脐部被细菌感染。

⑤ 在断脐、擦拭仔猪时，注意不能过分牵拉脐带，避免脐部收缩不好或出现脐疝。

（6）助产记录　对掏产母猪应在母猪档案卡上做好标记，并注明难产原因，并对饲养员做好交接。

五、仔猪的饲养管理

（一）仔猪的生理特点

（1）生长发育快、代谢机能旺盛，利用养分能力强。

（2）仔猪消化器官不发达、容积小、机能不完善。

（3）缺乏先天的免疫力，容易得病。

（4）调节体温的能力差、怕冷。

（二）吃好初乳，过好出生关

1. 初乳的重要性

（1）初乳是出生仔猪摄取能量的唯一来源；摄入初乳不够容易造成新生仔猪低血糖综合征。

（2）仔猪出生10日龄以后才开始产生自身抗体，直到30～35日龄前数量还很少。因此，3周龄以内是免疫球蛋白青黄不接的阶段，此时胃液内又缺乏游离盐酸，对随饲料、饮水等进入胃内的病原微生物没有消灭和抑制作用，因而造成仔猪容易患消化道疾病。

（3）分娩后立即使仔猪吃到初乳，保证仔猪最初的免疫力是提高成活率的关键。初乳中免疫球蛋白（IgA、IgB和IgG）的含量与作用如表2-12。

表2-12　初乳中免疫球蛋白的种类、含量与作用

免疫球蛋白	IgA	IgB	IgG
含量（毫克/毫升）	58.7	10.7	3.2
作用	保护身体，经血液循环抵抗细菌	保护仔猪身体内肺脏、咽喉和肠连结免受细菌的侵害	抗病毒，引起对卫生区的免疫反应

（4）分娩后初乳中免疫球蛋白含量的变化

① 母猪分娩时初乳中免疫抗体含量最高，在分娩后4～6小时后，抗体浓度大

幅度下降，分娩后立即使仔猪吃到初乳是提高成活率的关键。

② 小肠大分子通道只在出生后12～24小时开放，此时初乳中的免疫球蛋白可以通过肠壁直接进入血液循环。24小时以后，这种吸收和运输过程就会显著降低，免疫球蛋白则必须通过肠道的消化吸收才能进入血液循环，这即是"肠道屏障"。所以仔猪一定要尽早吃上初乳。

2. 保证吃足初乳

（1）对出生当天仔猪不做任何处理，照顾仔猪吃好初乳。

（2）用记号笔标识正在吃初乳的仔猪。

（3）半个小时后，把吃上初乳的仔猪放在保温箱内，让剩下的仔猪吃饱，然后再让所有仔猪回到母猪身边。

（4）对于虚弱不会开口的仔猪可以灌服初乳，每个乳头收集的奶不应超过5毫升。

① 研究表明：仔猪出生后6小时，仅有70%得到充足的初乳，出生后12小时，这个数字增加了95%，这就是为什么要12小时后才能寄养的原因。

② 如果一切正常，在这12小时里，每头仔猪应该吃到15次初乳，每次15毫升。

（三）固定乳头

（1）仔猪有专门吃固定奶头的习性。

（2）仔猪生后2～3天内，进行人工辅助固定乳头，使全窝仔猪生长发育均匀健壮，提高成活率。

（3）固定奶头的方法

① 让仔猪自选为主，人工控制为辅。

② 稍弱的仔猪应在产奶量高的前3对乳头吃奶。不同部位乳头的泌乳量不同，一般前部多于中部，中部多于后部，7对乳房的泌乳量不完全相同，前几对乳房的乳腺及乳管数量比后面几对多，所以排出的乳量就多，尤其第3～5对乳房的泌乳量最高。

③ 要控制个别好抢乳头的强壮仔猪。一般可把它放在一边，待其他仔猪都已找好乳头，母猪放奶时再立即把它放在指定的奶头上吃奶，坚持人工辅助固定，经过2～3天即可建立起吃奶的位次。

（4）分娩期仔猪可以不断得到初乳

① 在出生后6～8小时，定期分泌初乳。

② 母猪每日哺乳20～24次，每次持续15～30秒。

（四）寄养

1. 寄养目的　减少寒冷危险，提高对主要疾病的抵抗力，减少营养不良的风险，提高仔猪成活率和转栏率，提高断奶时体重。

2. 是否寄养的判断

① 仔猪很难竞争到乳头时。

② 窝仔数大于母猪乳头数时。

③ 母猪有效乳头数不足或乳头暴露不良。

④ 窝仔猪整齐度不均匀，弱小仔猪（发育不良者）与强壮仔猪在同一窝时寄养。

⑤ 哺乳中后期掉队仔猪寄养。

3. 提高寄养效果的措施

（1）奶妈母猪的选择

① 健康，泌乳量高，母性良好，不易压死或咬仔猪。

② 乳头的长度、直径和构造。小猪用小乳头的母猪，大猪用稍大乳头的母猪。

③ 出生重小的仔猪用母猪前面的乳头，出生重大的仔猪用母猪后面的乳头，依次排列。

④ 母猪档案卡上母猪的哺育能力，相应的有效乳头数。

⑤ 以前产仔情况（出生、寄养、断奶）。

⑥ 优先选择一胎、二胎母猪做奶妈猪，一胎母猪根据乳头数带仔，7对乳头的带仔至少12头，8对乳头以上的带仔至少14头。

⑦ 不要使母猪带仔数超过所拥有的乳头数。

（2）寄养仔猪的选择

① 出生16～24小时内寄养，保证吃好初乳。

② 将寄入的仔猪与原窝的仔猪在护仔箱混合30分钟后，再把整窝仔猪放到母猪跟前，可以用密斯托撒在寄养仔猪身上，防止母猪闻出气味差别。

③ 疾病状态（腹泻等）的仔猪保留原窝，不能寄养，防止疾病的传播和扩散。

④ 顺寄：先出生的仔猪寄养到后出生的窝内。

⑤ 哺乳中后期寄养时，母猪产期应尽量接近，最好不超过4天。

⑥ 后产的仔猪向先产的窝里寄养时，要挑体重大的寄养；而先产的仔猪向后产的窝里寄养时，则要挑体重小的寄养。以避免仔猪体重相差较大，影响小体重仔猪的发育。

⑦ 合理考虑整齐度。按从大到小顺序并栏寄养（大+大、大+中、中+中、中+小等并栏）。

（五）断尾

① 把断尾钳放在离尾根2厘米的部位，钳口平滑面背对尾根。

② 稍施力轻轻压一下，再往尾根稍移动2毫米，用力轧下，切断尾巴。

③ 用碘酒对尾巴断端进行消毒。

④ 若断尾出血，可以用烧烙法止血，也可以在出血端涂密斯托止血。

（六）仔猪补铁

1. 仔猪补铁的原因

① 铁是形成血红蛋白和肌红蛋白所必需的微量元素，同时又是细胞色素酶类和多种氧化酶的成分。

② 初生仔猪体内铁的贮存量很少，约50毫克（个体间变异很大），每天需要约7毫克铁，但母乳中含铁量很少，仔猪每天从母乳中最多可获得1毫克铁。

③ 缺铁将影响仔猪的生长，抗病能力减弱，容易得病。

2. 仔猪缺铁症状　皮肤和黏膜苍白、被毛粗乱、食欲减退、轻度腹泻、精神萎靡、生长停滞，严重者死亡。

3. 补铁方法　仔猪3日龄补铁，在仔猪颈部肌内注射。根据仔猪体重，肌内注射铁制剂1毫升，含铁剂150～200毫克。

4. 补铁注意事项

① 补铁注射时，要对注射部位仔细消毒。

② 轻轻摇动铁制剂，保证铁含量的均匀，防止因铁含量不匀而造成中毒。

③ 注射时，一猪一针头，防止药剂外溢，应缓慢拔出针头，否则就起不到补铁效果。

④ 不要将铁剂和青霉素一起使用，即使注射在不同部位也会产生毒性反应。

⑤ 特殊猪群，征求兽医意见后可进行第二次注射。

六、去势和疝气手术

（一）去势

1. 去势日龄　5～7日龄。

2. 去势手术

（1）仔猪保定　采用倒提仔猪保定法或栏杆辅助保定法，将仔猪放于一个便于去势的位置保定好，使公猪睾丸可良好暴露。

（2）检查　检查仔猪是否有会阴疝、单睾或阴囊疝、腹股沟疝、腹壁疝和脐疝等病患，对患疝气的仔猪做好标记、集中，以便进行手术处理。疝气检查方法：

① 仔猪睾丸一侧或双侧明显大于正常状态。

② 腹股沟阴囊疝：倒提仔猪，正常仔猪睾丸在臀部偏下位置不下移，阴囊疝仔猪睾丸下掉至腹股沟或腹部倒数第2～3对乳头处，腹腔倒数第2～3对乳头处一侧或两侧鼓起，或捂住猪嘴后，腹部柔软状的鼓起明显。

③ 腹壁疝：仔猪腹部有鼓起，明显突于腹部，成一多余的下垂物，柔软可回缩，则为腹壁疝。

④ 脐疝：观察仔猪脐部，若脐部大于正常状态，且内容物柔软可回缩，即为脐疝。

（3）消毒　双手进行清洗、消毒，仔猪阴囊部位进行2%碘酊消毒。

（4）手术　使用无菌手术刀竖切口，且切口靠下方，有利于液体的排出；切口要小，能挤出睾丸即可，在睾丸下端0.5～1厘米处切断精索。

（5）消炎　伤口里面投阿莫西林或青霉素（或肌内注射抗生素消炎），做好标记。

（6）术后护理　尽快、轻柔地将去势后的仔猪放回栏内，并注意检查是否有肠脱出症状，若有肠脱出及时进行手术，防止肠管损伤或坏死而导致死亡。

（7）去势手术结束后，清洗所有去势工具并消毒。

（二）疝的手术操作

1. 适应证　会阴疝及阴囊疝、脐疝、腹疝等。

2. 手术用品准备　见表2-13。

表2-13　疝手术操作的物品准备

消毒液	药品	器械及用品
2% 碘酊、75% 酒精、新洁而灭溶液	青霉素、阿莫西林	无菌手术刀、止血钳、耳缺钳、缝合线、缝合针、保定绳、无菌手套

3. 手术操作流程

（1）仔猪保定

① 仔猪倒提，保定两后腿至产床铁栏上，在胸部用绳固定。

② 注意仔猪身体的保定不能偏，且两腿同等高度。

③ 保定绳的强度要适宜，太松仔猪容易挣扎，太紧则影响仔猪血液循环。

（2）手术部位消毒　例如脐疝：

① 确定疝的类型。

② 在腹部倒数第2～3对乳头左侧（或右侧）鼓起部位及周围3厘米用2%～5%碘酊消毒。

③ 5分钟后用75%酒精对碘酊消毒的部位进行脱碘。

④ 用新洁尔灭溶液洗手，戴一次性无菌手套，准备手术刀、缝合针、缝合线。

（3）阴囊疝手术方法

① 单侧或双侧腹股沟阴囊疝，选择髂部（倒数第2～3对乳头外侧血管少的部位）锐性切开皮肤，钝性切开腹腔肌肉。

② 小心切开腹膜和肠系大网膜，若发现仔猪疝气未阉割，则不用切开腹膜，直接将睾丸、肠管经疝孔显露在腹腔外。

③ 结扎睾丸和精索。牵拉睾丸和精索，并螺旋扭转至体外最大限度（注意不能过力，以防拉断），在最靠近腹腔疝孔处2次结扎。

④ 切断结扎线（线头不能超过3mm，以免在腹腔形成刺激，不利恢复）和精索，移出睾丸。

⑤ 若有肠管脱出，食指深入腹腔的疝孔处（即肠管脱出处）按照肠管顺序缓慢轻轻将脱出的肠管还纳腹腔。注意在暴露肠管至体外的过程中，后脱出的肠管先还纳。还纳过程中仔猪挣扎时食指按住疝孔不动，防止已还纳腹腔的部分肠管因仔猪挣扎再次脱出。

⑥ 肠管还纳完毕之后，用双层缝合线缝合疝孔和肌肉，一定要把两侧的腹膜缝合紧闭。根据疝孔大小，一般需要1～2针。缝合后捏住仔猪嘴巴检查仔猪臌气时是否还有开孔；若没有开口，则证明疝孔缝合紧密。

⑦ 用单线缝合皮肤，不要缝合太紧，以利于炎症液体的排除。在靠近仔猪臀部1.5厘米时停止，用手术刀柄取青霉素80万单位伤口投药，在伤口0.5厘米处再次缝合。

⑧ 手术部位再次用碘酊消毒，并在仔猪双耳上耳尖部位消毒后打上U形耳缺，表示为有手术线的肉猪。

（4）脐疝手术方法

① 倒提保定仔猪，同上述操作。

② 用手触摸脐部，将突出肠管还纳腹腔。

③ 用止血钳卡住还纳部位固定。

④ 用缝线在止血钳远离腹腔的一侧紧密缝合，针脚要密集，确定缝合脐疝孔，剪切多余部分。公猪注意避开阴茎。

七、仔猪补料

1. 仔猪补料的原因

（1）训练并促进仔猪认料　哺乳仔猪提早认料可促进消化器官的发育和消化机能的完善，锻炼仔猪咀嚼和消化能力，并促进胃内盐酸的分泌，避免仔猪啃食异物，防止下痢，为断奶后的饲养打下良好的基础。

（2）随着仔猪日龄的增加，其体重和所需要的营养物质与日俱增，仔猪单靠母乳不能满足其快速生长发育的需要，补料能够增加仔猪营养，减轻母猪的泌乳负担。

2. 补料的方法

（1）补料时间　在仔猪7～10日龄开始补料，补料前要提前准备好干净且经过消毒的补料槽。

（2）补料类型　开口料。

（3）补料原则　应坚持少量多次、勤补的原则，每天至少观察6次，保持随时有料并保证其干净、新鲜。

（4）仔猪补料推荐量　见表2-14。

表2-14　仔猪补料推荐量　[克/（头·天）]

日龄	10	10～14	14～21
推荐补料量	5～10	10～15	20～30

八、仔猪检查要点

（一）全群检查

1. 对1～3日龄仔猪的检查和护理

① 仔猪出生的头3天是最关键的时期，在此期间要照顾仔猪吃好初乳，并注意观察和护理。

② 在平时要勤巡视圈舍，发现异常或被压仔猪及时转移、解救。

③ 寒冷扎堆的仔猪要辅助进入护仔箱保暖。

④ 根据仔猪声音判断，被压的仔猪叫声长而尖，听见异常叫声，要迅速查找声音来源，及时救助。

2. 健康检查

① 检查仔猪大小、毛色、光泽、胃肠填充情况、体格坚实度以及皮肤、蹄的

健康情况。

② 掉队猪要及时护理或寄养。

③ 八字腿仔猪可用布条捆绑至正常行走的腿间距，3天后解开，一般可矫正。

3. **躺卧行为** 查看所有的仔猪是否有寻找热源的行为或寻找冷源的行为。

① 寒冷的仔猪蜷缩身体，并向其他仔猪或者母猪的乳房之类热源靠近。

② 做好保暖，冬季要训练仔猪进护仔箱。

4. **习性** 健康、正常仔猪表现为很安静或警惕，好嬉戏，无攻击行为。

（二）逐头检查

仔猪灵活程度与总体印象见表2-15。

表2-15　仔猪总体印象和灵活程度检查项目

检查项目	正常情况	异常情况
姿势	侧卧或正常行走	发冷、害怕、弓背、跛行
皮肤	光亮的粉红色，没有外伤	发红、黄染、发绀、出血、皮炎等
毛发	抒顺、有光泽，没有毛茸	毛苍、发黄
腹部	饱满、充盈，无突出块	干瘪
肢蹄	正常行走	外伤、关节肿大、跛行
粪便	松软	腹泻、便秘
补料	干净无霉变	有粪便、尿液等污染
饮水	干净、清亮、无异物	有粪便、尿液等污染

第六节　保育舍饲养管理操作规程

一、工作目标

规范商品保育猪的饲养操作，确保保育猪健康成长。

按人均饲养量500头计算。

（1）保育期成活率　97%以上。

（2）7周龄转出体重　15千克以上。

（3）9周龄转出体重　20千克以上。

二、工作日程

6：00～7：30	巡栏、治疗
7：30～8：30	清理料槽、喂饲
8：30～11：00	清理卫生、其他工作
14：00～15：00	巡栏、治疗
15：00～17：00	清理卫生、其他工作
17：00～17：30	报表
20：00～20：30	巡栏、处置

三、操作规程

（1）转入猪前，空栏要经过彻底冲洗、干后用消毒水消毒，晾干后用福尔马林（或其他可熏蒸消毒药）进行熏蒸消毒，保证消毒后空栏超过3天，进猪前一天做好准备工作。

（2）检查猪栏设备及饮水器是否正常，不能正常运作的设备及时通知维修人员进行维修。

（3）按批次化生产规程，每周或每三周转入、转出猪群一批次，猪栏的猪群批次清楚明了，大小、强弱分群，如果有条件，做到公母分群。

（4）猪群转入前，要将舍内温度提高，比分娩舍温度提高2℃。提前准备好保温板和加铁条塑料大盘料槽。

（5）猪群转入后立即进行调整，按大小和强弱分栏，保持每栏14～18头，猪群的分布注意特殊照顾弱小猪（冬天注意保温，远离主要进出门口）。残次猪及时隔离饲养，病猪栏位于下风向。无治疗价值的病猪及时淘汰。刚转入小猪栏要用木屑或棉花将饮水器撑开，使其有小量流水，诱导仔猪饮水，并经常检查饮水器。

（6）在猪群转入后，在料槽附近撒上少量饲料，诱导仔猪吃料。头两天注意限料，同时，猪群转入前后饲料品种一致，以防消化不良引起下痢。之后勤添少添，逐渐过渡到自由采食。

（7）按季节温度的变化，做好通风换气、防暑降温及防寒保温工作，注意舍内有害气体浓度，保持合理的密度、温度、湿度和通风。保育舍大环境最适宜温度为22～26℃，小环境温度在24～28℃。

（8）保持圈舍卫生，加强猪群调教，训练猪群吃料、睡觉、排便"三定位"。尽可能不用水冲洗有猪的猪栏（特别炎热季节除外）。

（9）第一周，饲料中添加电解多维等抗应激药物和替米考星、泰万菌素、支原净、强力霉素等抗生素，预防链球菌病、副猪嗜血杆菌病等疾病。一周后开展体内外和环境三位一体驱虫工作。按免疫程序进行疫苗预防接种，每猪一个针头，做好消毒工作。

（10）清理卫生时注意观察猪群排粪情况，喂料时观察食欲情况，休息时检查呼吸情况，发现异常情况及时检查、隔离、治疗甚至淘汰，并做好问题分析、预防保健。

（11）根据需要用有机酸或复合益生菌开展带猪消毒，维持猪舍和猪群微生态平衡。原则上不用化学消毒药带猪消毒，特殊情况下可以用过硫酸氢钾等化学消毒药带猪消毒，但要注意猪舍的湿度和化学消毒药对猪黏膜的损伤。

（12）饲养人员尽量不要进入猪栏内开展生产活动，进入猪舍前注意换鞋、更衣、洗手、消毒。

（13）清除猪舍周围杂草，猪舍内外阴沟、阳沟不能有积水，每周对猪舍周围环境1~2次有效消毒。

第七节　生长育肥舍饲养管理操作规程

一、工作目标

（1）育成阶段成活率≥99%。

（2）饲料转化率（15~90千克阶段）≤2.7:1。

（3）日增重（15~90千克阶段）≥650克。

（4）生长育肥阶段（15~95千克）饲养日龄≤112天（全期饲养日龄≤161天）。生长育肥阶段（7~120千克）饲养日龄≤147天（全期饲养日龄≤175天）。

二、工作日程

7:30~8:30　　　喂饲

8:30~9:30　　　观察猪群、治疗

9：30～11：30	清理卫生、其他工作
14：30～15：30	清理卫生、其他工作
15：30～16：30	喂饲
16：30～17：30	观察猪群、治疗、其他工作

三、操作规程

（1）转入猪前，空栏要彻底冲洗消毒，空栏时间不少于7天。

（2）转入、转出猪群每周一批次，猪栏的猪群批次清楚明了。

（3）及时调整猪群，强弱、大小、公母分群，保持合理的密度，病猪及时隔离饲养。

（4）转入第一周饲料添加土霉素钙预混剂、泰乐菌素等抗生素，预防及控制呼吸道病。

（5）保持圈舍卫生，加强猪群调教，训练猪群吃料、睡觉、排便"三定位"。

（6）干粪便要用车拉到化粪池，然后再用水冲洗栏舍，冬季每隔一天冲洗一次，夏季每天冲洗一次。

（7）清理卫生时注意观察猪群排粪情况，喂料时观察食欲情况，休息时检查呼吸情况，发现病猪，对症治疗。严重病猪隔离饲养，统一用药。

（8）按季节温度的变化，调整好通风降温设备，经常检查饮水器，做好防暑降温等工作。

（9）分群合群（并圈）时，为了减少相互咬架而产生应激，应遵守"留弱不留强""拆多不拆少""夜并昼不并"的原则，可对并圈的猪喷洒药液（如来苏儿），清除气味差异，并后饲养人员要多加观察。此条也适合于其他猪群。

（10）每周消毒1次，每周消毒药更换1次。

（11）出栏猪要事先鉴定合格后才能出场，残次猪特殊处理出售。

四、育肥猪的日常管理

（1）入栏后空料半天，先通过饮水供应电解多维，以减轻转群应激；平时要提供干净、充足的饮水，经常检查饮水器是否漏水或阻塞。

（2）定位　进猪后前3天需要进行定位调教，尽量让猪睡在靠走道的一边，大小便在靠墙的一边。进猪时在定点排粪处撒些水，其他地方是干燥的，多数猪会主动到有水的地方排粪。定时轰赶，猪晚上睡觉前或早晨睡醒后先赶到排粪处拉尿，再赶到躺卧区休息，上栏有粪及时清扫，如此操作3天，多数会定位成功。

（3）饲喂

① 仔猪进育肥舍后前3天限料，以后逐渐增加，7天后转为正常采食。更换料号时严格按换料程序进行，以减少换料应激。

② 49~77日龄喂小猪料，78~119日龄喂中猪料，120~168日龄喂大猪料，自由采食，喂料时参考喂料标准，以每餐不剩料或少剩料为原则。

③ 提高饲料利用率，高温季节采取降温措施，加大通风量，减小饲养密度，保持饲料新鲜，以提高采食量。冬天提高舍内温度，减少维持需要的能量。

④ 夏季每天清一次槽，其他季节每周清槽1~2次，保证饲料质量新鲜无霉变，无污染。

⑤ 减少饲料浪费：适口性差，猪容易把饲料拱到一边，慢慢变质；输料管破损，饲料掉到地上或从料槽溢出；输料量调节不当，造成饲料从料槽溢出，时间久了饲料潮湿、霉变；饲料管的绞龙安装不牢固，造成移位，以上情况应注意检查维护。

（4）环境调控

① 卫生：每天喂完料后打扫舍内卫生，包括走道、栏墙、圈内，做到无灰尘、无蛛网、无杂物。干粪便要用车拉到化粪池，然后再用水冲洗栏舍，冬季每隔一天冲洗一次，夏季每天冲洗一次。

② 温湿度：舍内温度控制在18~22℃，临界高温27℃，生长猪临界低温13℃，育肥猪临界低温10℃，昼夜温差不要超过5℃。相对湿度在60%~80%。

③ 通风换气：设置好自动变频风机，合理通风换气，保持空气新鲜。人工通风要结合舍内有害气体含量及温度情况进行。

（5）猪群巡视 对打架、咬耳、咬尾、脱肛的猪要及时发现，必要时调栏隔离。注意观察每一头猪的食欲、精神、步态、粪便等情况，结合测量体温，识别病猪。

（6）健康管理

① 免疫：按免疫程序进行疫苗预防接种，每栏一个针头，注射器一筒药一个针头，保证注射剂量。

② 保健：按保健程序进行，饮水给药需提前2小时控水。在可能发病的阶段提前进行预防。

③ 消毒：按消毒操作规程进行。每天收集注射器、针头，高压蒸煮消毒后备用，其他杂物进行无害化处理，每天更换脚踏消毒盆。

④ 治疗：清理卫生时注意观察猪群排粪情况；喂料时观察食欲情况；休息时

检查呼吸情况，饲养员随时将病弱猪挑出，放在隔离栏内治疗和护理。根据情况对病猪采用拌料、饮水加药或注射治疗，用药时注意上市前的休药期。病重无治疗价值的猪应果断淘汰。

（7）设备使用　每天检查料槽、饮水器、栏门、电器电路，如有异常及时处理。

（8）饲养员要每天做好记录，如填写猪只存栏变动表、死淘记录表、饲料消耗表、饲养日志、消毒记录等，猪只销售后饲养日志要上交存档备查。

五、育肥结束临出栏的注意事项

（1）卖猪前尽量让猪把槽内的料吃光，准备好赶猪通道和挡板，要善待出栏猪只，不得粗暴打猪、伤猪，夏季装猪时可适当喷水以防中暑。

（2）猪只调走后2天内清刷、检修完毕，消毒备用。

第八节　猪场防寒保暖技术措施

一、目的

规范猪场防寒保暖工作，确保猪群有一个温度和湿度适宜、空气适量的环境，保证防寒保暖工作规范有序的开展，以保证大生产稳定。

二、范围

适用于所有猪场。

三、职责

（1）猪场场长全面负责猪场防寒保暖工作。

（2）各组负责人组织落实防寒保暖工作。

（3）猪场全体员工参与防寒保暖具体工作的落实。

四、工作程序

1. 转季准备工作

（1）检查现有设备及物资

① 检查现有的防寒保暖设施、设备是否可用。对有损坏的防寒保暖设备、设施及时进行维修和更换。

② 清查去年剩余防寒保暖物资，能用的清洗干净消毒备用，不能用的做废品出售或销毁。

（2）逐步拆除防暑降温设施。需根据天气情况，逐步拆除防暑降温设施，并将能重复利用的物资妥善保存。

（3）保证物资供应，确保生产稳定

① 供水：重新评估水源和水量是否充足的问题，保证在旱灾或冰灾、雪灾时有水的供应。

② 供电：安排电工重新评估场内的发电机、电线、变压器等设备是否符合猪场的需求，对于一些不符合要求的硬件设施及时整改，缺少的设施应及时采购，以备急用，另外要库存一定量的发电机用柴油。

③ 物资的准备：各场保证有适量的煤炭、生石灰、保温灯、电缆线、插头、保温板、保温箱、麻包袋、柴油、米糠、不透风的彩条布、塑料膜等防寒保暖物资的储备，做到随时需要随时能用。

2. 完善各项硬件设施

（1）完成对各环节猪舍的门、窗、墙上漏洞及各个贼风进风口的检修，封好窗、门的缝隙，封好水帘口、猪粪沟的进出口。

（2）按要求搭建好屋中屋。要求既有良好的保温效果，又方便打开通风和氨气排放。

3. 猪场防寒保暖工作要求　组建各场防寒保暖工作小组。各单位根据防寒保暖工作要求，结合本单位特点制定适当的防寒保暖细则，在规定时间内上传到技术中心备案；确定相关工作的完成时间、责任人及跟踪人，确保每项工作都落实到位。制定相应的紧急情况预案以应对严寒或霜冻等极端恶劣天气。

4. 防寒保暖培训及检查

（1）加强宣传、动员和培训，提高员工意识。猪场要在指定时间内完成防寒保暖的理论培训，由场长和场长助理（或技术中心人员）组织人员对冬季养猪生产相关事宜进行宣传、动员和培训，按不同岗位组织员工培训学习，做到各岗位员工理解到位，明确工作重点，上下高度重视，操作规范，积极配合。

（2）成立检查小组，确保工作落实到位。猪场成立场长、区长为主的检查小组，主要工作是组织和落实场内各项防寒保暖设施的落实与安装，在冬季不定期对员工下班期间的工作进行检查，促使各单位及时查漏补缺，增强执行力度，技术中心计划在指定时间内对各分公司的防寒保暖准备工作进行检查，检查不合格的进行通报批评。确保冬春季大生产的稳定。

5. 疾病防控注意事项

（1）冬季寒冷，入冬前需对种猪群进行体内、体外驱虫消毒。进入冬春季节，消毒应突出季节特点，尽量减少带猪消毒，加强空栏消毒，消毒多用熏蒸消毒。注意消毒药的温度，大多数消毒药都有温度要求，同等浓度下温度越高消毒效果越好，在空栏消毒时可考虑提高消毒药稀释液的温度，或提高空猪舍的温度，或提高消毒药浓度，延长作用时间，确保消毒效果。

（2）冬春季节是猪瘟、口蹄疫、伪狂犬病、蓝耳病、病毒性腹泻、呼吸道病的多发季节，过道、门口、出猪台等敏感区域消毒工作不容忽视，出入口消毒机、消毒池、消毒盆、洗手盆应配备齐全，消毒药物保证浓度，消毒水真正做到定期更换，消毒药品种应齐全，并做好定期轮换计划。重视冬春季节"封场"工作，做好进出场的冲洗消毒工作，员工休假后回到场内需隔离2夜1天，确保病原的隔离。

（3）受冬春季节性特征影响，猪瘟、伪狂犬病、口蹄疫、病毒性腹泻等疾病更容易发生，因此尤其要注意疫苗的免疫质量，确保免疫到位。

（4）做好防疫物资的准备工作，按免疫程序采购存储疫苗，做好各类消毒药、石灰的采购。

（5）抗体和免疫效果的监测：定期采血送检，对免疫状况进行监测，以便及时进行补注或强化免疫。对疾病的发生做到心中有数；平时发现异常情况，最好也抽血送检，借助实验室的力量提高疾病诊断的准确程度；实验室检测结果收集起来，结合临床分析，逐渐形成疾病资料库，便于疾病的预警分析，及时发现不稳定因素。

6. 生产管理注意事项

（1）饲养管理方面

① 调整猪群料量标准：根据区域特点制定本公司种猪群的指导性料量标准，并给出各阶段喂料量的浮动范围，猪场根据本场实际情况制定出各个阶段的喂料量。料量的制定不仅仅根据母猪的实际膘情，还需根据母猪的品种与胎龄，结合环境温度灵活进行料量加减。员工在喂料过程采取"看猪投料"方法，调膘提倡喂回头料的方法，先统一喂，喂完后再回头根据膘情添加料量，同时将不同膘情的母猪相对集中在一起，喂料方便，容易监控。一般说来需在怀孕后的前70天将膘情调整到最佳状态，85天以后供料主要考虑的是胎儿快速增重的需要。料量的准确性需要通过及时的、准确的报表记录来体现。

② 做好猪群驱虫、保健和抗应激工作，确保种猪的健康度和膘情良好，保证

种猪度过严寒的冬季。

③ 环境控制保温与通风：产房与保育舍的保温与通风是冬春季节工作的重点和难点，做好保温与通风工作可以达到控制药费与饲料成本的目的。保温与通风遵循"大环境通风与小环境保温"原则，具体体现在主要观察仔猪、母猪的行为表现与舍内温度来决定是否需要保温，或根据气味与人体感受决定是否需通风。保温需要注意关键阶段仔猪的保温，如产后7天内、断奶后3天内、转保育舍的5天内。已采用密闭式猪舍的猪场，需摸索具体的开风机时间与抽风方式，可灵活交替使用一、两个风机，也可以通过变频器来减小风力；如果没有使用风机，注意从门窗开与关程度，数量多少，打开多少，挡风袋的高度等控制好温度。保温最好选择好的加热源，对于天花板较高的产房与保育舍，可以再拉一层彩条布降低天花高度，增加保温效果。对于小猪保温，还有个原则是栏舍进猪前或断奶赶走母猪前进行预升温，以缓解猪群冷应激。怀孕母猪的保温要注意帐幕的合理使用。最好在靠近墙根处设一个小帐幕，与大帐幕形成数十厘米的重叠，这样可减少冷空气从墙根进来，帐幕顶上也可增加一个重叠小帐幕。大帐幕最好是上下分两块，固定下端，从上往下卷放帐幕，这样可兼顾保温与通风，角落处使用彩条布进行修补，防止帐布与墙体不密合而漏风；个别较寒冷的地区可考虑在妊娠舍增加"天花"，拉彩条布或薄膜，或用彩条布或薄膜将妊娠舍分隔缩小成几个区，猪少的时候此方法更见成效。

冬天低温高湿，湿度控制相当重要。湿度控制不好种猪易发生裂蹄与关节炎，甚至风湿；仔猪抵抗力下降，易诱发呼吸道病、被毛粗乱，低温高湿还使得猪只的维持量需要大增，生长速度下降。目前控制湿度的常用措施有：

- 减少不必要的冲水。冬天里产房、保育舍、配种、妊娠舍的粪便必须采用清扫或铲刮的方式，斜坡采用推板推的方式，禁止用水冲。
- 产房与保育舍带猪消毒，空舍可采用熏蒸消毒方式进行消毒。针对拉稀的仔猪粪便地面、床面采用拖把拖干净，再撒些吸湿干燥的消毒粉剂。
- 必要时可在主要过道与猪舍内走道、斜坡铺撒生石灰或放置石灰包吸湿。
- 湿度大的单元在温度合理的条件下增大通风量来控制湿度。

（2）安全生产

① 重视用电安全：保证线路按照标准牵拉，禁止电线乱拉乱接现象；保证线路安装漏电开关，保险丝符合用电要求，不超负荷使用；定时检查线路是否老化，若老化应及时更换；检查闸刀、开关、插头、插座，损坏的及时修检。

② 强化防火意识：猪舍需配备消防栓、灭火器等防火物资，定时检查灭火

性能，过期灭火器及时更换；易燃物品分堆摆放，远离火源、电源；物料需堆放整齐，减少物料与电线、开关直接接触；煤气、电器使用完毕或人离开时，关闭阀门、电源；保温灯与保温箱需定时检查，防止两者接触导致火灾。

③ 工作过程的操作安全：猪场特殊工种人员应持证上岗，并按照流程规范操作，烈性消毒水、烧碱存放管理规范，使用时员工需要做好防护；污水处理系统的检修和维护应安排专业人员（多人）进行操作，做好防护措施；搞卫生、转猪、采精操作需注意安全，防止意外伤害。

④ 加强硬件设施检修，定时检查猪舍墙壁是否有开裂、围墙是否下沉倒坍。

五、其他

1. 防寒保暖

（1）防寒保暖物资：灯泡瓦数和数量、电线、煤炉、煤、碳、石灰、醋酸、柴油、保温板、彩条布、薄膜、帐幕、麻袋物资。

（2）防寒保暖检修：指保温灯头，插头，插座、线路、发电机等，检修是否存在漏洞。各项填写按10分制进行评定，6分以下不合格，6分合格，7~8分良，9分以上优。

（3）猪场防寒保暖工作细则

总体原则：首先根据各类猪群的适宜温度，再结合母猪、仔猪的行为表现，最后结合人的自身感受来综合判断如何进行灵活的通风保温。

① 开窗及升帐幕原则：由南到北，从上到下，由小到大；刮北风开南面窗，刮南风开北面窗，先开阳面再开阴面；在冬春季的正常情况下决不允许一次性将窗户或帐幕全部开完。

② 关窗及降帐幕原则：根据舍内温度可以分批次关窗，与开窗原则刚好相反，也可以一次性将窗户全部关完，在窗户全部关闭的情况下公猪站和分娩保育舍要定时开风机抽出舍内的混浊空气。

③ 开保温灯原则：先开弱小或打堆的仔猪栏，再开正常的仔猪栏，先开在产和断奶单元的，再开其他单元的。

④ 分娩保育舍的通风与保温原则：大环境通风，小环境保温。安装定时器，定时抽风。

2. 各猪群舍内的最佳温度和最低温度

（1）公猪站和配种舍　舍内温度（以下简称温度，T）适宜范围为18~25℃，最低15℃，低于15℃要采取保温措施，确保舍内温度10℃以上。

①T≤13℃时，封闭所有门窗及猪舍漏风地方，间隔3~4小时进行通风换气

②13℃≤T≤15℃时，关闭所有窗户，仅打开背风面气窗换气。

③15℃<T<18℃时，根据是否出太阳、刮风和猪群的表现来开关窗户。

④18℃≤T<25℃时，一般情况下不关窗户。

⑤25℃≤T≤30℃时，开两台风机，同时打开靠近水帘口南北两面的各两个大窗。

⑥T≥30℃时，根据猪舍的防暑降温设施情况，打开风机、水帘等，尽量使猪舍保持在30℃以下。

（2）妊娠舍、隔离舍和育肥舍　适宜温度为18~25℃，最低15℃，低于15℃要采取保温措施，确保室内温度10℃以上。

①T≤10℃时，降落南北两面所有帐幕，舍内搭建"屋中屋"保温。

②T≤13℃时，降落南北两面所有帐幕，南面两部分帐幕的中间可以留20~30厘米以上的缝隙来换气。

③T≤16℃时，降落南北两面下半部分帐幕，如果刮北风可以连北面上半部分帐幕也降下来，但北面两部分帐幕中间可以留20厘米缝隙来换气，南面上半部分帐幕可以不降落，或者南面两部分帐幕中间可以留30~40厘米以上缝隙来换气。

④水帘口的彩条布一般在18℃以下时不用考虑掀开。

⑤风机使用：T≥25℃时开一台风机或一排风机，T≥28℃时开全部风机或风机；具体还可以根据舍内种猪日龄、环境是否感觉闷、有无风吹、是否阴雨阴凉天气来灵活调节。

⑥控制湿度：扫料槽前后放1/3的料槽水即可，下班前放1/2的料槽水即可，配置自动饮水器的，不需放料槽水，注意扫料槽时切忌动作过大或放水过多，以免弄湿定位栏的地面，粪道湿要及时铺撒生石灰，否则湿度大容易导致母猪毛松消瘦、流产、跛行、胚胎死亡、产弱仔、死胎、木乃伊等。

（3）分娩舍和保育舍　由于猪群的特殊性，各阶段的温度需求不一样，具体各阶段的保温措施如下：

①临产母猪分娩舍舍内最佳温度18~25℃，低于15℃要通过关窗户进行调节。

②产后1~3天内，分娩舍舍内最佳温度为25~30℃，低于25℃需要关窗，保温箱的温度低于25℃需要开保温灯，舍内温度低于18℃时要烧煤炉。

③产后4~7天，分娩舍内最佳温度为24~29℃，低于24℃需要关窗，保温箱的温度低于24℃需要开保温灯。

④产后8天至断奶，分娩舍内最佳温度为20~25℃，低于20℃需要关窗，保温箱低于18℃需要开保温灯。

⑤ 分娩舍断奶仔猪、保育舍刚转入的仔猪和保育舍并栏仔猪的最佳生活温度为25～28℃，舍内温度低于25℃时关窗，低于22℃时开保温灯，低于15℃时烧暖风炉。

⑥ 保育舍33天至上市的仔猪最佳温度为20～24℃，舍内低于22℃时关窗，低于18℃时开保温灯。

⑦ 分娩舍吊针的药水要先预热，洗母猪乳房要用热水。

⑧ 分娩保育舍仔猪喂水料或补液盐要用温水。

3．管理要求

（1）场部领导班子成员要加强查夜工作，查缺补漏，及时发现和纠正在防寒保暖方面存在的问题。

（2）加强培训工作，提高员工熟练操作程度。

（3）做好人员的防寒保暖工作，主要是做好冲栏人员的防湿身以及夜班人员的保暖，配备相关的劳保用品，厨房多煲姜糖水预防感冒。

（4）落实好冬季主要疾病的防治措施：加强免疫注射和药物保健，按照公司制定的免疫程序和各场制定的药物保健程序进行免疫和保健，全场员工发现疑似猪瘟、疑似病毒性腹泻、疑似圆环病毒病的症状时要第一时间向上级汇报并原地待命，同时还要做好呼吸道病、流感的防治工作。

（5）加强防火工作和其他安全隐患的检查和整改，确保生产安全稳定。

第九节 猪场防暑降温技术措施

一、目的

规范猪场各环节的防暑降温操作，确保猪群温度、湿度、空气质量均适宜，减少猪群热应激，维护猪场生产稳定。

二、范围

适用于公司所有猪场。

三、职责

（1）猪场场长负责统筹猪场防暑降温工作的培训和落实。

（2）猪场各组干部组织实施猪场防暑降温工作。

（3）猪场全体员工参与防暑降温具体操作。

四、工作程序

1. 防暑降温工作原则

（1）根据猪场实际情况与天气变化灵活调整防暑降温措施。

（2）将风与水相结合　如果只是喷雾不通风，则湿度很快达到100%，水分挥发缓慢，从而不表现降温效果，此时整个猪舍表现为闷热难耐。

（3）注重湿度控制　夏天如果湿度控制不好，在高温高湿的情况下容易滋生病原，也容易导致繁殖障碍，影响发情等。

（4）喂料前后降温　猪只会在吃料后一定时间内表现体增热，引起热应激，导致健康度下降乃至死亡，此外还会影响怀孕母猪胎儿的正常发育。喂料前降温可以明显提高采食量，喂料后降温可减少热应激，在怀孕后期母猪中需要注意。

（5）观察猪只的临床表现　降温与否主要依赖温度与猪只临床表现，其中临床表现最为重要，当猪只出现张口呼吸、强烈的腹式呼吸、烦躁不安或精神沉郁、严重减料时，应该及时通风降温。

2. 防暑降温物资准备

（1）现有设备及物资检查

① 每年4月份（不同地区天气情况不同，可做适当的调整）要完成防暑降温硬件的准备和检修工作。

② 检查风机、水帘、喷雾系统是否完好，窗户和天花、冲水器的密封性是否完好，检修防晒网、假水帘、滴水是否能正常使用。对有损坏的防暑降温设备、设施及时维修和更换。

③ 清查去年剩余防暑降温物资，能用的清洗干净消毒备用，不能再次使用的做废品出售或销毁。

④ 妥善处理好影响舍内通风的杂物，如屋中屋、吊帘等，清除舍外垃圾、杂草和积水。

（2）防寒保暖设施拆除　各猪场需根据天气情况，逐步拆除防寒保暖设施，并将能重复利用的物资妥善保存。

（3）防暑降温物资购置　各个猪场要购买好所需的柴油、防晒网、木头、铁线、扎带等，同时购买好防暑与灭蚊的药物。

3. **防暑降温组织工作**

（1）组建防暑降温工作小组 夏季场部制定好值班时间，安排好值班人员的工作，配置1名值班领导（组长、区长、助理和场长），检查、监督防暑降温工作的落实情况，重点保证猪群饮水；值班领导在冲凉房门口黑板上提醒检查中发现的问题，要求第一时间整改。

（2）猪场根据防暑降温工作要求，结合本猪场特点制定适当的防暑降温细则，在规定时间内上传至技术中心，技术中心审核通过后再汇总备案；确定相关工作的完成时间、责任人及跟踪人，确保每项工作都落实到位。

（3）防暑降温工作培训及检查

① 场部要制定本场的防暑降温工作实施细则以及各岗位操作实施细则。

② 场部要在规定时间内完成对全场员工夏季防暑降温的理论培训，生产线各个操作环节的培训在开始安排值班之前要完成。保证员工能熟练掌握各种防暑降温硬件设施，如风机、水帘、喷雾系统、滴水的合理运用，掌握一般中西药物进行防暑降温的方法。

③ 做好猪场防暑降温工作计划完成情况跟踪表的制定及填写工作。

④ 技术中心在指定时间内对各分公司的防暑降温准备工作进行检查，对检查不合格的进行通报批评。

4. **防暑降温注意事项**

① 各栋猪舍内要有温度记录表，员工如实填写，以监控防暑降温工作的效果。场部要定期检查防暑降温的效果，及时改进。

② 夏季气温高于30℃时要安排员工中午值班。

③ 关注夜班的防暑降温操作，定期查夜，防止温度控制不当造成猪群应激。

④ 防暑降温的效果评估：猪只发热、喘气、减料、死亡等。

⑤ 关注员工的防暑降温工作，场部发放冷饮与防暑降温药品，防止员工出现中暑现象。

5. **防暑降温辅助措施**

① 种植足够的青饲料，如南瓜、红薯藤、甜象草，气温高时喂给猪只减小热应激。

② 种植遮阳树，遮阳树可以根据区域特点选择合适的树种，南方区域可选择种植桉树、苦楝树等。

③ 每月定期给猪群饮用一次凉茶或清热解毒的中草药，进行防暑降温。

④ 夏季来临前要对种猪群进行一次预防夏季流行性疾病的西药保健，如弓形

虫、衣原体、附红细胞体等。

母猪发热的处理方法详见附件2-1；猪场各环节防暑降温具体操作，按照《猪场防暑降温操作细则》执行，详见附件2-2。

五、安全生产

（1）重视用电安全　保证线路按照标准牵拉，禁止电线乱拉乱接现象；保证线路安装漏电开关保险丝，符合用电要求，不超负荷使用；定时检查线路，查看线路是否老化，老化的及时更换；检查闸刀、开关、插头、插座，损坏的及时检修。

（2）强化防火意识　猪舍需配备消防栓、灭火器等防火物资，定时检查灭火器性能，过期灭火器及时更换；易燃物品分堆摆放，远离火源、电源；物料需堆放整齐，减少物料与电线、开关直接接触；煤气、电器使用完毕或人离开时，关闭阀门、电源；保温灯与保温箱需定时检查，防止两者接触导致火灾。

（3）重视工作过程的操作安全　猪场特殊工种人员应持证上岗，并按照流程规范操作；防暑设备风机等需设有防护；烈性消毒水、烧碱存放管理规范，使用过程员工需要做好防护；污水处理系统检修、维护安排专业人员（多人）进行操作，做好防护措施；搞卫生、转猪、采精操作需注意母猪动态，防止意外伤害。

（4）加强硬件设施检修　定时检查猪舍墙壁是否有开裂、围墙是否下沉倒坍；雷电多发区，需配有防雷措施。

附件 2-1　母猪发热的处理方法

1. 一般发热的处理

（1）当母猪体温在40.5℃以下时，可以用退热药加适当抗生素，而不需退热针。

（2）当母猪体温在40.5～41.5℃时，要用退热针进行退热。使用退热针的原则是：怀孕母猪退热使用退热药，适当加些抗生素，并且肌内注射黄体酮保胎；哺乳母猪退热可以使用退热药，加适当的抗生素。如果母猪体温恢复正常并吃料，仍要连续肌内注射抗生素2天，以防其复发。

（3）如果母猪高热41.5℃以上，并且喘气严重，先要用水滴母猪头部，再肌内注射氨基比林2～3支或维生素C，并用退热针和抗生素。严重者要采取耳尖、尾根放血100～150毫升；静脉推注磺胺60～100毫升，待母猪稳定后可以静脉滴注葡萄糖液1～2瓶，最后静脉滴注碳酸氢钠溶液1瓶（250毫升），防止酸中毒。

（4）如果母猪体温恢复正常但不吃料，可以采用：

① 怀孕猪可转大栏，使母猪有一个良好的通风环境。

② 适当饲喂青饲料、小猪料。

③ 肌内注射新斯的明20毫升（只用一次），或容大胆素20毫升。

④ 静脉滴注和灌服。

● 静脉滴注：补充能量，抗炎。第一瓶，柴胡50毫升+阿莫西林6支；第二瓶，维生素B$_1$20毫升+50%浓度葡萄糖20毫升；第三瓶，维生素C 20毫升，最后静脉滴注一瓶5%碳酸氢钠溶液。

● 灌服：通便，补充能量。每头每天灌服预混剂，大黄苏打100g +小猪料500g +奶粉100g +食用盐250g+适量水，总重量达每头每天2千克；另加维生素C粉剂每头每天30克。

2. 常规免疫或普免后出现发热、不食母猪的处理

（1）如果疫苗免疫后发热在40.5℃以下的，当餐不食可以不用处理，但要提供充足饮水；到第2～3餐仍不吃的就要做适当护理，肌内注射抗生素或新斯的明或容大胆素。

（2）如果疫苗免疫后发热到40.5℃以上时，要做适当的退热处理，并肌注抗生素。

3. 其他常见病引起的发热母猪的处理　针对一些个体常见病引起母猪的发热、不食，如中暑、急性子宫内膜炎、乳房炎、难产、产后残留、便秘、胃肠炎、血痢等病，防治原则就是要首先把原发病治疗好，再加上相应的退热和护理措施来处理。

4. 非疾病因素发热母猪的处理　如果排除急性疾病因素，采用以下对症处理的常用方法。

（1）加强个体滴水（或冲水）降温与通风。

（2）使用盐类泻剂通便（硫酸钠每头猪50克以内，或等量的硫酸镁）。

（3）采用半干湿料或湿拌料，饲喂小猪料。

（4）料中加入酸化剂与甜味剂、香味剂，添加多维。

（5）喂青饲料，一般多用几次，会提高采食量。

（6）肌内注射抗生素、樟脑磺酸钠、新斯的明、容大胆素、地塞米松。

（7）灌服小猪料与健胃中药煎剂等。

5. 反复或顽固性发热母猪的处理　对反复发热或发热、顽固性不食的母猪，治疗1～2个疗程无效者坚决淘汰。

总体来讲，母猪表现发热、不食是母猪不健康的一种明显症状。但在母猪出现发热不食症状时，首先我们应该查找出真正病因，按照以上的处理规则对症下药及护理，特别要分清楚是个体现象还是种猪群群体出现问题（是否是有规律的发热、不食），一旦有疾病的苗头，及时反映给上级进行整体评估，并制定出相应的综合防治方案，以减少疾病给猪场带来的损失。

附件 2-2　猪场防暑降温操作细则

（一）配种妊娠舍

1. 巡栏　值班人员到生产线后，首先应较快速地将猪舍巡查一遍，查看舍内温度、料槽水量、防暑降温设备的运转情况及猪群有无异常情况等，发现猪群有异常情况应立即处理，并根据各栋猪舍的具体情况来决定是否要降温及降温的先后顺序。

2. 操作要点

（1）舍内温度25～30℃时　在无风较闷的情况下，一般使用风机加强通风即可，可根据具体情况考虑风机全开或只开一半。

（2）舍内温度30～32℃时　使用风机通风，一般中午值班时间除开喷雾降温时暂停外，其他时间均需开启，白班在上班时间根据实际情况可间歇性或两半风机交替开启使用，凌晨1：00～5：00不必使用风机，若舍内空气实在太闷等可分半使用。不主张使用雾化降温系统，在天气变化等异常情况下可调节喷雾降温的开启频率来弥补。

（3）舍内温度32℃以上时

① 按舍内温度30～32℃时的方法使用风机。

② 使用雾化系统：当阳光较强时，怀孕后期母猪可以使用雾化系统，5～10分钟的间隔时间，每次喷雾40秒至1分钟。使用时段可分为1～10个时段，具体喷雾时间需根据实际需要调整，原则上在晚上12：00至早上7：00之间不主张使用。为控制湿度，建议增加喷雾频率、缩短喷雾时间进行控制。

③ 冲栏：在夏季可以适当增加冲栏次数，但不宜过多，可选择合适的时间段冲栏，大原则是不能因过多冲栏而长期使猪舍潮湿。当温度高于34℃时应考虑给妊娠后期母猪冲湿地板降温，关键是要冲凉地板，水压不能太大，贴着猪身冲，尽量保证在12：00～15：00之间冲地板2～3次，能明显减少死胎弱仔；对输精栏母猪进行冲水，以减少高温对输精栏母猪的影响，并保持配种母猪较好的发情状态。达到33℃或以上时，视情况要给大栏的猪只以及防晒网冲水，减少热应激及对发情的影响，但不能在配种前或查情前冲猪身，以免影响发情状态。

④ 有风机、水帘设备的，灵活使用风机与水帘个数进行调温。

3. 注意事项

（1）保持母猪足够的饮水及水质的清洁度，要求经常性检查料槽水位及水质情况。

（2）以上操作细则原则上仅供参考，具体操作还要根据实际情况（如天气、风力、饲养密度、猪群的呼吸情况等）灵活把握和调节，讲求灵活性和责任心。

（二）分娩舍

1. **巡栏** 值班人员进入生产线后首先快速地将各栋猪舍观察一遍，观察室内温度、通风情况、防暑降温设备运转情况、猪群呼吸情况等，发现异常情况立即处理，巡完栏后根据各单元的具体情况而决定是否要降温及降温的先后顺序。一般要求先进临产单元，并适当要求夜班人员配合做好各单元的巡栏和降温工作。

2. 操作要点

（1）临产单元

① 舍内温度在27～30℃时要开风机。

② 舍内温度在30～32℃时或哺乳母猪喂料前后开风机的同时要打开滴水降温，开滴水降温时要注意滴水的量（最好是每秒钟2～3滴），注意室内湿度的控制，下午下班前结合天气情况把滴水关掉。

③ 舍内温度在32℃以上，开风机、水帘或滴水降温，滴水量可以加大，根据具体情况每半小时或1小时冲走道、栏底及猪身一次。

④ 胶管冲走道：当中午气温高于30℃时，可以用胶管冲湿走道中间和两边，甚至是墙面，炎热时每天冲3～4次，但注意要保持下午下班时地面干爽，以防湿度过大。

⑤ 高温时可以打开风机和水帘进行降温。

⑥ 时刻关注母猪呼吸情况，发现发热等异常情况及时处理。

（2）在产单元

① 临近分娩的母猪要加强降温，降温要单独处理，如单独开滴水降温，单独冲猪身等。

② 刚分娩母猪尽量控制湿度，保持栏面干燥，注意仔猪保温。

③ 对整个单元的降温可采用风机、滴水及用水冲栏底、走道等。

（3）高峰期单元

① 舍内温度28～30℃以上时，舍内空气较闷时要开风机。

② 舍内温度30～32℃时，除开风机和水帘外，要求每半小时或1小时用水冲走道及栏底。如果母猪采食情况不理想，在喂料前可适当开滴水降温，但滴水时间不

宜过长。

③ 舍内温度32℃以上要加上滴水降温，滴水降温的量可考虑每秒钟2滴，根据猪群情况每半小时或1小时冲走道和栏底一次。

④ 关注母猪呼吸情况，发现异常及时处理。

另外，断奶单元舍内温度30℃以上时根据实际情况适当开1～2台风机，但需防止风力过大，开启的窗必须拉好半截窗，防止风直接吹猪身。一般空气流量较好的情况下，全部断完奶的单元不主张开风机，只用水冲走道和栏底即可。

3. 注意事项

（1）注意风机使用时开窗的合理性，保证无死角，保障风力的均匀。

（2）特别留意滴水的流速，哺乳母猪的滴水严禁呈流水状。

（3）及时修理好坏掉的滴水装置，防止将水到处喷射。

（4）滴水降温的使用要灵活把握，应间歇性使用，防止开启时间过长对母猪造成的负面影响。强调责任心、灵活性。

（三）保育舍

1. 防暑降温原则　保育仔猪最适宜温度为22～26℃。夏天的高温应激会影响采食量，甚至激发仔猪呼吸道病。突出重点时间段及重点猪群的防暑降温，比如，注意早上气温骤升时段，12∶00～15∶00气温最高时段，晚上至后半夜天气多变时段；注意呼吸道问题严重的单元，40日龄以上仔猪群等。降温同时注意湿度控制和合理的饲养密度。

2. 操作要点

（1）仔猪35日龄之前

① 舍内温度28～30℃或者舍内比较闷的情况下适当开风机，注意控制时间。刚转栏仔猪当天尽量不用风机。

② 舍内温度30～32℃时，开一台风机。31日龄前开风机需挂饲料袋，避免风直吹仔猪。

③ 舍内温度达到33℃以上时，开两台风机且洒水降温。

（2）仔猪35日龄以上

① 舍内温度28～30℃时，开1台风机。

② 舍内温度31℃时，开两台风机。

③ 舍内温度达到32℃以上时，开两台风机且洒水降温。

④ 舍内温度达到33℃以上时，对舍内走道和栏底冲水降温。上午，35日龄以下的猪只需关好窗开好风机。40日龄以上的仔猪上午下班前需冲水，下午冲水在

4：30后停止。

（3）当舍内温度达到35℃时，需对舍内走道和舍内外墙壁冲水。一般中午值班，先到各个单元快速巡栏一遍，观察舍内温度、通风情况，发现异常情况及时处理。并根据具体情况决定降温的顺序。一般先冲上市前猪只。要求35日龄左右冲两次，40日龄以上的需冲够3次。

（4）饮水降温

① 30～35日龄时，如采食量较低可以添加柠檬酸3天，剂量为0.1%。

② 40日龄以上，如打喷嚏和流鼻水则可以每天添加氯化氨饮水300克，连用3天。视情况不需要每个单元都添加。

（5）药物降温

① 仔猪上市前饲料中添加抗应激药（如维生素C等），减少应激。

② 使用清凉性药物降温（如风油精、薄荷水等）喷雾。

（6）注意天花板的密封性，及时封补老鼠洞。

（7）转猪后第四天开冲水器，35日龄后一周冲水两次。

（四）公猪站

公猪站一般都安装风机、水帘，灵活使用风机和水帘，达到降温通风的目的。

（1）舍内温度23℃以下，自然通风，天气较闷或喂料时可以打开风机进行通风；23～25℃时开两台风机抽风，水帘、间歇喷雾。

（2）舍内温度29～32℃以上时，喷雾降温、屋顶淋水、外墙淋水，有条件的水帘池放冰块。

（3）舍内温度达32℃以上时，冲栏、冲猪身。

（4）每天给公猪补充适量的青饲料，如番薯苗、木瓜等，补充维生素，增强公猪食欲。

（五）隔离舍

（1）舍内温度高于25℃或者舍内比较闷没风的情况下要把风机打开，为了延长风机的使用寿命，灵活进行开关操作。

（2）舍内温度高于30℃或者预计中午温度会高于30℃时，下班前要把瓦面自动喷水装置打开，下班前或者根据温度情况去关喷水装置。

（3）室外大栏或者中午阳光能射入的大栏，边上遮阳网需拉高些。遮阳网最好两层以上。

（4）夏季高温天气可以增加后备母猪的冲栏次数（栏舍和猪身），冲栏时间定于每天上午下班前，气温不是很高时，下午高温炎热天气不宜冲猪身，但可以冲走道、栏面、遮光网、水沟，不过如果湿度比较大、又闷的天气不宜冲水。

（5）为了减少红皮病的发生，在冲完栏之后，严格消毒，并利用晚上加班用灭虫菊酯进行灭蚊、蝇工作，每周两次。

■ 本章总结摘要

- 精细化管理、标准化操作、流程化管理是规模猪场饲养管理的重点。
- 配种妊娠舍、产房及保育舍的饲养管理是重点。
- 在所有被采用的管理技术中，排在第一位的可增加利润的策略是早期断奶和全进全出制相结合的方法。
- 早期断奶：21天为宜 + 高水平的乳猪保育猪饲料配方 + 高水平的管理。
- 后备猪的隔离饲养对疫病防控至关重要。后备猪的限饲优饲对其发情配种至关重要。要重视后备猪引进第一周及配种前的管理。
- 尽量细分配种程序。精检最重要。配种员的实践经验至关重要，一个猪场的生产成绩配种员决定了一半。
- 饲养管理也是疫病防控的基础。仔猪重点预防黄白痢病，中大猪重点预防与控制呼吸道病。
- 产房与保育舍的生物安全管理是重中之重。分单元分批次全进全出，猪群、人员、工具物品等单元之间不交叉，进出每个单元严格消毒。
- 各猪舍内的温度控制、湿度控制、通风换气控制等环境控制设备要保持先进、智能高效。

第三章

猪病防制

第一节　猪场生物安全及防疫制度

一、猪场生物安全

猪场生物安全指采取疾病防制措施以预防新的传染病传入猪场并防止其进一步传播。规模猪场必须实施非常严格的生物安全措施，才能有效预防疾病的传入并能最大限度降低猪场内的病原微生物，从而能提高猪群的整体健康水平，最终得以体现经济效益的增加。

对于生物安全，首先我们必须明确"脏区"和"净区"的概念。这两个概念是相对的，比如生活区相对于生产区是脏区，但是生活区相对于猪场外围是净区。每一次从脏区进入净区，人员都要进行相应的处理，如洗澡淋浴，更换专用衣服和鞋子等；猪场生物安全金字塔中，公猪舍、母猪舍、保育舍、育肥舍和出猪台的生物安全是依次降低的。猪只和人员都是单向流动，从生物安全级别高的地方，往生物安全级别低的地方走，严禁反方向流动，尤其是猪只到达出猪台的位置，严禁逆向回到生产区。这些基本概念是设计和执行生物安全的原则，任何时候都必须遵守。对于猪场内的活动很难规范得面面俱到，如果没有明确规定，或者判断目前规定是否正确和合理的时候，也需要回归到这些基本概念上来思考和判断。

（一）猪场选址与生物安全

对于猪场生物安全，首先需要考虑的就是选址，这也是最重要的一环。场址选择主要是考虑以被评估猪场为圆心、10千米为半径的圆内猪只的数量，以及猪场的数量、类型和规模；不同因素对生物安全的影响也不一样，表3-1为不同因素对猪场选址的重要性。

对于猪场地点的生物安全评估，不仅仅是选址时做，更是在猪场建成后，每年都要进行1~2次的评估，虽然无法改变猪场的位置，但是却可以让我们了解猪场周围的生物安全风险点是什么，要采取相应的措施以降低风险。

（二）猪场功能布局与生物安全

猪场布局及功能区细节设计的合理性决定员工的执行力，以下为猪场布局设计及管理的要点。

1. **边界围墙**　高筑墙、深挖沟。猪场需要有围墙将猪场与外界分隔开，围栏的效果不如围墙有效，因为围栏有较大空隙，外来野猫和野狗有可能进入；要定期巡检围栏和围墙的完整性，保证无损坏和缺口；猪场大门最好不要选用镂空的伸缩

表 3-1　猪场选址参考因素及其重要性

指　　标	重要性
被评估猪场周围 10 千米范围猪只的数量	****
被评估猪场周围 5 千米范围猪只的密度	***
被评估猪场与最近的规模猪场的距离及其规模	**
被评估猪场的地势 / 地形	**
被评估猪场周围 20 千米或 50 千米区域猪只密度	**
猪场与最近道路的距离和每天拉猪车经过的数量	**
被评估猪场的规模	*
猪场周围 5 千米范围猪场的数量	*
其他动物的影响	*

门，因为有较大的孔。

2．**门卫管理**　门卫是生物安全环节中非常重要的环节，人员进出登记，物资进出管理，入场员工衣服和鞋的管理，接触猪场外来车辆的清洗消毒和卖猪管理，都是由门卫来主导或者参与完成；门卫外面必须有"限制进入"的标识，以防止外来人员误闯；所有外出回来的人员都要将外面的鞋存放在门卫的鞋柜里；门卫管理区域要设洗澡间，回场员工都要洗澡、换衣服和拖鞋才能进入生活区。

3．**物资消毒间**　所有物资都要进入消毒间消毒后才可以进入猪场，消毒方式可以是臭氧消毒或者雾化消毒，建议针对不同的物资，不同的消毒方式结合使用，以保证所有物资经过消毒后才能进入猪场。消毒间需要设有脏区和净区，用多层镂空架子隔开，并且消毒间需要密闭的空间，每天保持消毒间的清洁。入场人员洗澡前从脏区将物品放入物资消毒间，进入消毒间前换拖鞋，消毒完成后，从生活区一侧将物资取回生活区。每个猪场都要制定物品消毒程序和制度；另外还建议兽医对物品的来源进行审查和管控，从源头上降低生物安全风险是最重要的。

4．**洗澡间**　要有足够的空间，并且要充分考虑保暖的问题。从生活区进入洗澡间再到生产区要换鞋，并且要设定物理障碍，将脏区和净区分隔开，要给员工提供专用浴巾，放在净区。净区洗澡间旁边还要设洗衣房，生产区所有的衣物都必须在此处清洗、消毒和晾干。

5．**车辆消毒池**　车辆消毒池是每个猪场必备的设施。消毒池里面若长期存放消毒液，消毒液的浓度会逐渐降低甚至失效；消毒的前提是车轮要清洗干净，单纯浸泡是无法达到彻底消毒的效果；车辆只是在消毒池清洗、干燥和消毒，用完的脏水立即排掉。

6. 饲料进场方式　禁止饲料车进入猪场，可沿猪场围墙外围将饲料打入料塔；还可以利用中转料塔，在外部将饲料转入中转料塔，通过猪场内部的中转料车将饲料从中转料塔运到各生产单元的料塔里；部分小规模的猪场不具备料塔，短期内又无法改造的，可以考虑使用中转饲料房，延长饲料的储存时间，并配合多种消毒方式。

7. 防鼠防鸟　对于传统猪场，最好是在两栋猪舍的连接走道上加棚子和防鸟网，这样减少转猪时鸟飞进猪舍的可能性。猪舍内防鼠需要定期做，可以选择专业公司制定防鼠方案并进行培训。长期来讲，是由猪场内部人员做好防鼠的工作，因为专业公司进入猪场的频率高，也会增加生物安全风险。另外猪舍旁边可以铺碎石防鼠，碎石的大小可以参考铁路铺设用的就行。

8. 出猪台、赶猪道、磅房围墙外延　出猪台要有脏区和净区的划分，同时需要有物理设施（如栏位）把脏区和净区分隔开。在不同的区域需要有不同的人工作，严禁随意跨过脏区和净区的分界线。如果是种猪场和集团化猪场，可以用场外中转车把场内需要卖的猪只转出去，中转车把猪拉到离猪场3千米之外的中转点与客户车辆进行对接转猪，随后中转车辆回到车辆洗消点进行清洗、干燥、消毒、隔离1个晚上，然后再进行下一次的运输，这样最大化保障母猪场的生物安全。

9. 隔离舍　隔离舍是猪场的标配，标准是距生产区至少350米。但是基于土地资源的限制，很难达标，只有两个解决方案，一个是在现有土地资源的情况下，尽可能远离生产区，并且隔离舍有人员居住的条件，每次引种后第一个月，都需要工作人员居住在隔离舍，直至猪群经过四周隔离，健康鉴定没有问题后，可以解除人员的隔离；另外一种方案就是把引种来的后备猪放到生物安全条件比较好的育肥场，待隔离解除后，再运输到母猪场。

10. 猪场附属外部设施　如猪只中转点、车辆洗消间和烘干房等，这些都是保障运输的生物安全，建在猪场3千米外。仔猪和肥猪销售中转点离其他猪场要有一定的距离，至少1千米以上，与其他车辆公共道路的交叉越少越好，否则运输途中交叉污染的可能性会加大。中转车辆是从猪场将猪转运到中转点，最多一天转运一次，每两天转运一次比较理想。转猪结束后就要到专用洗车点进行洗车、干燥、消毒和烘干。中转出猪台和洗车点都要设专人管理，并且兽医需要定期评估员工的执行力，关键地方要安装摄像头，以便于监督员工执行，以及后续回放审查。

二、猪场防疫制度

猪场选址和设计完成后，最重要的就是猪生物安全管理制度的制定和监督。核心场生物安全管理指南详见附件3-1。

每个猪场都要规范物资采购点审核，包括食品类、疫苗药品类和一般劳保类物资等，要从源头开始管理。制定和严格执行一系列生物安全制度，如物资进场之前的消毒制度、人员进出的洗澡和隔离制度、死猪的无害化处理制度、转猪台出猪操作流程（附件3-2）、运输车辆管理制度、饲料生产加工和运输流程、种猪隔离和适应制度等，在此不一一列举。猪场建立的规章制度要既不违反生物安全原则，又有利于员工执行。附件3-3提供生物安全检查清单，为猪场兽医做生物安全审查提供参考。

附件 3-1　核心场生物安全管理指南

生物安全是在全球范围内共同遵守和执行的重要健康保证措施之一，任何实际行为上的不遵守或不作为，都将视为违反规定并将面对非常严肃的处理。基于日常工作管理的需要，特设定如下简略准则：

1. 人员

（1）来访者一般不允许进入核心猪场。

（2）来访者和场区内其他工作人员、维修人员未经负责人或者兽医的许可，不许进入生活区，更不允许进入生产区。

（3）在场停留人员不得在猪场生活区以内的范围内接待其他非场区停留人员。

（4）不允许儿童进入场区。

（5）所有进入猪场者必须登记，包括姓名、工作单位、来访因由、最近一次接触包括活猪在内污染敏感区域的地点以及具体日期。

（6）休假或者离开生活区的本场员工再次进入生产区之前，必须在猪场所在地，完成24～48小时场外隔离和猪场生活区48小时隔离期。

（7）休假或者离开生活区的本场员工再次进入生产区之前尽可能避免接触包括活猪在内的敏感污染物，若发生过接触，则应该执行自接触之时起计的96小时隔离期。

（8）搭乘包括本猪场/公司自有的24小时以内受过污染的运载工具并准备进入猪场生活区的人员必须遵从96小时的隔离期。

（9）任何非本场工作人员在进入猪场生产区以前必须完成负责人或兽医认可的96小时隔离期。

（10）任何进入猪场生活区的个人携带物品，都必须接受猪场门卫的检查，经许可后方可携带进入生活区。

（11）访问者、维修人员未经负责人或兽医许可，不允许进入猪舍。

（12）本公司运载种猪/商品猪的司机在进入猪场大门以后，应尽快穿上猪场提供干净的工作服和鞋子并尽可能减少活动区域，司机不允许进入生活区。

（13）种猪/商品猪运载期间，司机不得进入"交界区"。

（14）运输饲料的司机在饲料卸载期间尽可能停留在车内，不得在工作区域内随意活动。

（15）任何未经彻底淋浴、彻底更衣、换鞋的人员不得进入生产区。

（16）未经负责人或兽医许可，生产区任何人员禁止离开本工作/活动区域进入其他圈舍/赶猪道。

（17）任何进入生产区的人员进出不同圈舍和赶猪道前，必须更换圈舍和赶猪道专用外衣和胶鞋。

（18）猪场管理人员/来访者在生产区内必须遵守访问次序。

公猪舍→配种舍→妊娠舍→产仔舍→保育舍→育肥舍。

（19）任何进入生活区以内的人员必须遵守和执行场区内的其他相关防疫制度。

2. 物资/动物

（1）源自场区大门以外的任何动物源性畜产品/物资（养猪生产物资除外，如：疫苗、奶粉性质的饲料等）不得进入生活区更不允许进入生产区。

（2）进入生活区的禽产品必须是经过高温处理过的。

（3）水产品不允许进入生产区。

（4）食堂剩饭尤其是肉及肉制品和生活垃圾必须由专人无害化处理。

（5）场区自用猪只的副产品，包括头、蹄、内脏、毛皮等不得返回生产区并不得随意丢弃于场外，由专人集中无害化处理。

（6）任何进入生产区的生产性资料/耗材（疫苗、生物制品除外）都必须进行恰当的脱毒处理，包括：卤化（水）-喷雾消毒、熏蒸、空置、剥离外包装等。

（7）只允许猪场专用饲料进入猪场，并且使用专车送达料塔，任何未经处理的饲料内外包装，禁止进入生产区。

（8）饲料的卸载和转运应由员工完成。

（9）非猪场专用的饲料/饲料类营养辅料进入猪场前需得到负责人/兽医的认可。

（10）撒落的饲料/饲料类营养辅料必须在同一个工作日内收集起来并妥善处理，不得进入生产单元。

（11）禁止任何兽药、疫苗的包装物进入生产区。

（12）车辆上禁止搭载或者存放任何动物源性畜产品/物资。

（13）种猪/商品猪运载期间所使用的猪场的衣物和靴子，不得携带离开猪场的大门。

（14）除眼镜、助听器以外的任何个人物品不得携带进入生产区。

（15）猪只的流动是单向的（准备进群的后备猪除外），即：

配种→妊娠→产仔→保育→肥育→出售；

净区→交界区→脏区；

离开净区的猪只禁止返回净区。

（16）生产区内死亡猪只/安乐死的尸体，应于同一个工作日妥善弃置于指定的区域内，由专人处理。

（17）猪场内化学药品、消毒剂和生物制品的使用或者改变需得到兽医的认可。

（18）任何进入猪场的遗传物质（精液或者种猪），需得到负责人/兽医的认可。

（19）禁止一切非本猪场拥有的活体，如畜、禽、野生动物和家养宠物进入或存在于猪场内。

3. 运输/运载工具

（1）尽可能降低运载工具（包括轿车）靠近猪场的机会。

（2）一切接近/进入猪场大门的车辆应该实施严格的清洗消毒。

（3）运输饲料的车辆尽可能固定并符合卫生要求。

（4）所有拉屠宰猪/淘汰猪/种猪/仔猪等的车辆在进入场区以前必须经过两次严格清洗、消毒、干燥，最后一次清洗、消毒、干燥完成后与到达猪场的间隔期至少24小时。

（5）上述车辆的间隔期必须是有效隔离期：即在此期间，车辆的内外部避免一切可能发生的动物源性污染，否则，隔离期自重新清洗、消毒、干燥完成后起计。

（6）每次运输完毕后，装猪台的脏区/交界区/净区，应该尽快冲洗、消毒并将门关闭。

（7）场区内转猪的车辆应专用：断奶和保育-肥育转猪车、淘汰猪车、死猪转运车和饲料车，前三种车每天使用完毕后应该清洗、消毒、干燥，饲料车每周清洗、消毒一次。

（8）断奶、保育-肥育转猪车和饲料车消毒、冲洗完毕后应放置在指定的地点，淘汰猪车、死猪转运车和转粪车应放置在最后运输的起始地。

（9）断奶和保育-肥育转猪车以及饲料车门窗应该时刻关闭，以防止鸟、鼠侵入。

（10）打料完毕后及时关闭料塔顶盖，以防止鸟、鼠以及雨、雪进入塔内。

（11）种猪/商品猪运输途中尽可能避免和动物性污染源接触。

（12）种猪/商品猪运载期间除本车司机以外，其他任何人员不得进入车体内。

（13）卸载种猪时，司机必须穿着专用工作服及靴子。

（14）卸载种猪时，司机不得进入客户/扩繁场的围墙内，其他任何人员也不得进入卡车内。

（15）每次运输完成后应尽快将车辆冲洗、消毒和干燥。

（16）每次运输完成后，司机的工作服、靴子也应尽快清洗、消毒。

（17）公司自有/租用的停车场的大门应时常锁闭，尽可能阻止无关人员/动物进入。

附件 3-2　装猪台生物安全程序

装猪台生物安全程序见附图3-1。

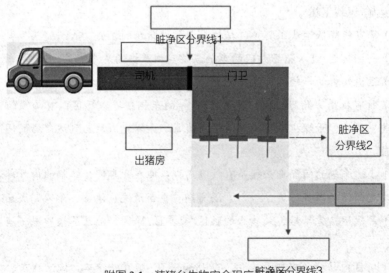

附图 3-1　装猪台生物安全程序示意图

（1）中转车司机在不同的运输之间应该更换提供的衣服和鞋子，最好能有2个晚上的隔离时间并且洗澡。

（2）车辆完成一次运输以后，必须在指定洗车点经过清洗、消毒后并隔离干燥2个晚上。

（3）如果种猪车辆运输过问题猪只或者低健康猪场的猪只，则此车辆需要在指定洗车点清洗、消毒后至少隔离3个晚上，并且得到兽医的认可，才能接近高健康猪场。

（4）出发前对车况进行检查，如果需要进入车厢，需更换一次性隔离服和戴上鞋套。确保与副产品客户对接时，需要使用的干净衣服、鞋子、手套在驾驶室内和干净的器械/工具在工具箱内。

（5）司机在进入驾驶室前，应穿上猪场提供的干净衣服和鞋子。不要让干净的鞋子接触地面，也不要让脏鞋接触驾驶室。

（6）任何食品或者有潜在污染风险的物品均不得带到中转车的驾驶室内。任何猪肉产品不得带入种猪车驾驶室，除非是由猪场提供的。

（7）车辆必须直接开往猪场，不得有任何停留。车辆行走路线必须按照运输部的要求并得到健康保障部的同意。

（8）门卫应该根据车辆检查表检查车辆。只有干净和干燥的车辆被允许靠近出猪台。

（9）如车辆符合要求，门卫应该对个整车辆表面包括车轮和驾驶室内地面进行消毒并且等待30分钟。

（10）车辆停到转猪点后，司机下车时应将鞋子留在驾驶室，踩在门卫提供的塑料板上，脚不要接触地面，然后换上门卫提供的干净衣服和鞋子。司机在进入转猪台斜坡时使用1%卫可消毒双手并换上转猪台专用鞋。

（11）门卫需要在司机进入转猪斜坡前进入装猪台红色区域，并在进入时使用1%卫可消毒双手并换上专用鞋子和衣服。

（12）装猪过程中所使用的手套和赶猪工具，应该是由猪场自己配备并提前放置在装猪台上，严格禁止在猪场装猪台上使用从洗车点带来的工具。

（13）司机只能在车辆和深红色区域活动，不能跨越净脏区分界线1，猪只能按从深红区域向卡车的方向转运，不允许回头。

（14）设备和器械同样不允许跨越任何脏净区线。

（15）门卫只能在红色区域活动，不能跨越净脏区分界线1和2，猪只能按从红色区域向深红色区域转运，不允许回头。

（16）员工跨越净脏区分界线3时必须更换鞋子，不允许跨越分界线2，否则需要穿出转猪台，在门卫沐浴更衣并在生活区隔离两个晚上后方可回到猪场生产区。猪只能按照从绿区到黄区，再从黄区至红区的顺序进行移动，不允许回头。

（17）猪只转运完后，员工应立即清洗和消毒黄色区域。

（18）转运种猪前装猪台应清洗、消毒并空置两晚。

（19）猪只全部转入车内后，司机应在跨出转猪台斜坡时换鞋，然后在回驾驶室前脱下衣服和鞋子。

（20）完成猪只转运后，门卫应该先清洗和消毒红色区域，注意不要在冲洗时将有机物冲到黄色区域，然后再冲洗和消毒深红色的吊桥区域。鞋子和机器需要经过清洗和消毒后方可从深红区域放回红色区域。

（21）运输完成后不要忘记清洗和消毒装猪台下方的地面，如果地面难以清洗或者在冬季，需要清理粪便再铺撒石灰。

（22）每次运输完成后，门卫都要清洗和消毒猪只转运时用的衣服、鞋子、手套、赶猪板。

（23）跛腿和不合格的种猪不允许在转猪台过夜，可以安乐死或者卖给其他客户。转猪台的死猪不允许返回猪场。

附件3-3　猪场生物安全检查清单

生物安全是保障猪只健康最为重要的屏障，同时，生物安全是一种理念和心态，不仅仅需要科学、完善的管理制度，更需要不断查缺补漏，发现问题，解决问题，让每一位员工将遵守生物安全制度作为一种责任和习惯，从而使生物安全管理真正落在实处，并不断获得改善。结合多年的生物安全管理经验与自身的认知，制作下列生物安全检查清单，希望大家可以将其作为一种工具，去查找自身猪场存在的问题，并以期获得解决，从而在目前国内如此严峻的非洲猪瘟防控形势下，为猪只健康提供更为坚实的保障。

1. 生物安全规划

（1）围墙

猪场是否有围栏或者围墙？围栏/围墙是否可以防止动物（鸟类除外）和人进入猪场？是否有定期检查的机制，如果有，频率是什么？围墙是否包含猪舍墙壁？

（2）入口和标识

尽量少的入口，是否在不使用时处于关闭和紧锁状态，并设置禁止随意进入的标识？入口是否张贴联系方式，供访客与场内员工沟通？

（3）脏区和净区的界限

场外区、隔离区、生活区和生产区之间是否有明确的界限（最好是物理性的隔断）？

（4）人员入场

是否有外部人员入场申请和批准流程？是否对本场员工家庭养猪情况进行调查？

是否有入场人员登记（尤其是最近一次接触活猪、农贸市场和猪肉的时间和地点，另外可能被污染的区域还包括屠宰场、活畜交易市场、饲养猪的游乐场和动物园，以及猪病诊断实验室等）？

入场人员是否清楚进场流程，并有可视化的流程张贴在入场显眼的位置？

入场人员是否乘坐有污染风险的车辆？

每一步脏区进入净区是否设置了洗澡通道？洗澡通道的设置是否能有效避免脏和净的交叉？

洗澡通道内是否清洁？是否确保洗澡后的脏水没有流向净区？

每一个人是否必须经过洗澡才能进入？洗澡通道能否满足任何季节都有舒适的洗澡温度？

外部穿的鞋子是否禁止带入场区？每一步洗澡后是不是彻底更换了鞋子和干净衣物（包括内衣）？不同区域穿着的鞋子和衣物是否用颜色做了区分？外部衣服是否允许带入生活区？如果允许，是否进行了充分的清洗和消毒？

隔离时间是不是严格执行（尤其是在外部接触了猪只或者进入了可能受污染区域的人员）？

（5）物资入场

是否设计场外物资中转仓库（物资在外部中转库消毒和隔离至少7天后才可以进入猪场消毒间）？

是否有入场登记？是否检查有无违禁物品？最近一个月是否有违禁物品被带入？

每一步脏区进入净区是否设置了物品消毒通道？

物品消毒通道设置是否合理，并记录在案？

消毒过程中是否拆除了外包装？进入消毒间的设备和物资是否有有机物残留？物品是否有序叠放？

消毒完毕后是否将物资及时取走？是否有专人负责取物品并做好记录？

是否禁止将手机、手表和饰品等带入猪舍（可在生产区配备对讲机或者只具备通话功能的手机）？眼镜是否经过消毒后进入生活区和生产区？钱包和人民币是否允许带入生活区？

如果使用外源精液，供精方是否能出具不含特定病原的证明材料？是否了解来源场的包装步骤？是否有外源精液进入猪场的可视化流程？

是否允许访客将测孕设备，猪只剖检工具，维修工具等带入猪场？

（6）食堂管理

食堂位于哪个区域？

食材是否经清洗和消毒后进入？消毒效果是否定期进行评估？

是否禁止采购偶蹄动物肉类及其制品？

员工取餐过程中是否存在饭菜或者餐具被污染的风险？

是否关注可反复使用的物品？

餐厨垃圾是否进行了有效的处理？以何种方式处理？是否得到兽医的认可？

（7）饲料管理

是否对原料进行了管控（不含动物源成分，特定病原检测，高温处理或延长储存时间）？

是否定期对所有的饲料供应商进行审计，如果有，频率是多少？

饲料制粒温度和时间是否合理？制粒后是否有二次污染的风险？

每批饲料是否留样保存？

是否可以避免饲料车进入猪场？如果无法避免，将入场方式列出来，由兽医进行审计。审计后是否有报告，以及后续整改情况如何？

是否时常对料塔盖的关闭情况进行检查？料塔下洒落的饲料是否及时进行了清理？

饲料车是否猪场专用？如果不是，运输时是否遵循生物安全金字塔（从生物安全等级高的地方到低的地方）？

是否禁止袋装料进场？如果必须使用袋装料，是否有兽医确定合适的入场流程？

（8）饮水管理

是否制定了水源保护规程？

储水池是否有覆盖，并进行例行的清空和清理？

是否定期对饮水进行特定病原的检测？

是否对饮水采取了消毒措施？

（9）出猪台管理

位置是否在猪场外围？距离猪场围墙是否大于50米？

是否同时作为引入猪只时的卸猪台使用（建议分开）？

是否有屋顶？

是否有专人进行管理？

是否能确保猪只的单向流动？

脏区与净区是否有明确的标识和界限？

外部赶猪人员衣服和鞋子是否与生产区人员有明显颜色和样式的区分？

地面是否硬化，每次出猪完毕后是否进行彻底的清洗和消毒，并做好记录？是否能确保污水不会流到生产区？

是否有可见的冲洗消毒流程，并严格监督执行？

是否待出猪台干燥后再进行下次的出猪？

冬季结冰区域是否配备了热水冲洗机？

是否有监控摄像头？以及兽医定期检查的频率是多少？是否发现问题？

（10）转猪通道管理

不同栋舍之间是否设置有转猪通道？

转猪通道是否密闭？是否覆盖有防鸟网？

转猪通道地面是否硬化，便于清洗和消毒？

（11）车辆管理

是否建立了自己的物流体系？

猪只运输车辆在使用后是否在车辆洗消中心进行了有效的清洗–干燥–消毒–隔离流程后才能再次靠近猪场？

是否禁止一切车辆进入生产区？场外是否有停车场供员工和访客停放车辆？

所有靠近猪场的车辆是否在猪场清洗消毒点再次进行了冲洗消毒？是否由专人负责？冬季寒冷结冰区域是否配备热水冲洗机？是否有可视化的操作流程，并严格监督执行？

猪场内部用车是否禁止外出，并有可视化的清洗消毒流程？

兽医是否对驾驶员和洗消人员进行了培训，频率如何？

兽医是否对车辆定期进行了检查？频率如何？最近一个月是否有检查出来问题？是否在规定期限内解决？

（12）车辆洗消中心管理

洗消中心与猪场之间的距离是否合适？

规划是否合理？

水源是否清洁（特定病原检测）？

是否配备供洗消中心员工及司机使用的洗澡间、洗衣间、宿舍、厨房等（食材的管控）？

冬季结冰区域是否配备了热水冲洗机和干燥房？

是否有可视化的洗消中心管理流程？

如果进行高温烘干，温度和时间分别是多少？是否能确保高温烘干房内温度的均匀？

是否定期对洗消中心员工和司机进行了有效的培训？是否对车辆清洗过程和结果进行监督审计？

是否安装有摄像头（确保随时的监控和后期的审查)？

（13）猪只中转管理

中转区与猪场之间的距离是否合理？

是否能保证双方车辆行走道路不交叉？中转区域地面是否硬化？

有否有可视的中转猪只流程？

是否定期对参与中转人员进行了有效的培训和对中转过程监督审计？

是否安装有摄像头（确保随时的监控和后期的审查)？兽医审查的频率如何？最近一个月是否发现问题？如发现问题，是否在规定时间内进行整改？

（14）无害化处理

尽量避免运输到外部进行无害化处理，如果无法避免，是否有专人负责？猪场内部是否有合适的暂时存放点（密闭，具备低温条件等)？是否采取了中转措施，并配备了专用的中转车？中转过程中是否能避免中转车辆与外部车辆接触？中转车是否经过清洗消毒后再放回固定的位置？

如果是内部进行无害化处理，是否有配套的无害化处理设施（焚烧炉、堆肥等)？

是否有特定的无害化处理路线（尽量避免与员工平时行走路线交叉)？

无害化处理通道脏区和净区之间是否有高度差（避免脏区和净区的交叉)？

是否选择在一天工作的结束前进行？运输过程中是否包住了死亡猪只的头部和尾部？

运输工具是否专用？使用完毕后是否冲洗消毒并放回固定位置？

处理胎衣、死胎等是否也采取了中转措施？

是否严禁猪只保险办理人员进入场内？

（15）粪污处理

猪场是否配备粪污存放场？存放场是否在围墙外？

处理设备和工具是否本猪场专用？

是否具有运输粪污的专有路线？

运输过程是否可避免与外部运输粪污车辆接触？

污水处理人员是否与猪场人一起居住，如没有，则是否监控其居住处的生物安全？

（16）防鸟、鼠、蚊蝇、软蜱等

是否设置了防鸟网、纱窗、挡鼠板等装置，并定期对其破损情况进行了检查和修补？频率如何？

是否有效设置了灭鼠诱饵站，并定期喷洒或放置灭蚊蝇和软蜱的药物？频率？

是否有驱赶猫狗等动物的措施？

猪舍周围是否用碎石进行了硬化？是否对杂草进行了清理或修剪？

水泡粪工艺猪场是否时常检查粪沟水位漫过粪便？

（17）后备猪隔离

是否有独立于主生产区之外的隔离舍？

隔离舍是否具备满足员工封闭生活的条件？猪只隔离期间，隔离舍员工是否仅仅在隔离舍工作？

隔离舍是否与主生产区共用设备和工具等？

隔离舍是否具备独立的粪污处理系统？

隔离舍在设计和建设时是否考虑到了易于冲洗和消毒？并且在各隔离批次之间是否真正严格执行了彻底的冲洗和消毒？

隔离期是否满足至少6周？

是否遵守了猪只全进全出的原则？

在引种前，针对关心的疾病，供种方是否提供了有疾病检测资质的实验室出具的检测报告？

引种后隔离解除前再次取样检测，确定关心的疾病为阴性？

隔离猪只转入主生产区前是否再次进行了疾病检测，确保猪只健康后才进行转移？

2. 生物安全培训

新员工入职是否安排了生物安全培训，并组织了相关考试（考试合格方可入场）？

是否定期对老员工进行生物安全培训，并考试？

3. 生物安全审计

是否制订了定期进行生物安全审计的计划？

是否每周/月针对生物安全审查，以及对员工进行每周/月的会议进行通报和培训？

是否鼓励全体员工一起参与生物安全漏洞的检查？

4. 生物安全检查

生物安全检查是通过对进入猪场的人流、物流和车流的检查和检测，及时发现携带如非洲猪瘟病毒的媒介，并反馈整改，降低猪场内部与之接触环节的风险。

（1）针对人流的检测及样本回溯

对归场人员的体表裸露的部分进行采样，可用棉签蘸取生理盐水对人员的头发、面颊和手等裸露部位和鞋子衣物等进行采样；采样后应及时检测，并在隔离期结束前出具结果。如不方便检测，采样后的样本编号后需冻存于冰箱中，可储存一个月。一旦出现问题后，这些样本即可以回溯，以便在复产前确定发病的主要原因，避免重蹈覆辙。

（2）车辆的洗消检查

车辆检测除需检测非洲猪瘟病毒外，还需检测蓝耳病病毒和猪流行性腹泻病毒（PEDV）等病原，清洗和消毒后的车辆可用干净的拖把和毛巾对洗消后的车辆进行采样，并立即检测。如检出蓝耳病病毒和PEDV时，就表明在洗消时存在操作或流程漏洞。

外部日常生物安全检查的采样方法和检测价值，详见附表3-1。

附表3-1　外部日常生物安全检测采样方法和检测价值

样品来源	采样方法	检测价值
外来车辆及人员	车轮、栏杆、底板、驾驶室、司机衣物鞋底等多点棉签采样，现场快速检测（司机尽量不下车）	对外来车辆人员于洗消中心进行第一道检测，检出阳性则不予放行
内部运输车辆	车轮、挡泥板、栏杆多点棉签采样	洗消检测，监督内部洗消程序的落实
出猪台	栏杆、工具及附近土壤采样	监测出猪环节中除车辆洗消以外的漏洞
中转站	土壤采样	预警风险，查找是否存在漏洞
出猪人员	头发、面颊、手指尖等裸露部位、衣物	监督参与出猪的人员洗消程序的执行情况
水	饮用水收集、周边河水收集	监测水源污染的问题
外购精液	精液使用前对每瓶取精液检测	监测外购精液的传播风险
物资	饲料、物品表面	避免物资带毒传入风险

（3）猪舍洗消检查

猪舍洗消检查是为了评估洗消的效果，避免洗消不到位的情况。猪舍进行活细菌检测，可以用ATP检测仪进行检测，也可用棉签采样后送实验室进行菌落计数。

5. 生物安全漏洞监察与预警

除生物安全检查外，检测还可用于发现的生物安全漏洞，可通过回溯找到猪场生物安全的薄弱环节，从而能及时弥补。

生物安全漏洞筛查与预警需每月检测一次，针对非洲猪瘟发病潜伏期7天内的特点，在周边压力大时，可一周采样一次，这样可对猪场进行及时的预警。对猪场外围、污区、灰区和净区进行环境采样并检测非洲猪瘟病毒的核酸。在生物安全漏洞监测上其采样点和采样数量详见附表3-2。

附表3-2 生物安全漏洞监测采样点和采样数量

区域	项目	采样点和采样方法	样本数
猪场外围	洗消中心	浅层土壤采样和用毛巾等擦拭地面	不少于3个点
	洗消点	浅层土壤采样、工作人员鞋底	不少于5个点
	中转站	浅层土壤采样、中转台栏杆擦拭	不少于5个点
猪场门口	门卫	地面擦拭	不少于5个点
	人员消毒间	地面和墙壁擦拭	不少于3个点
	物品消毒间	地面和墙壁擦拭	不少于3个点
	饲料消毒间	地面和墙壁擦拭	不少于5个点
	饲料车	擦拭车辆	不少于10个点
	装猪台	浅层土壤采样、中转台栏杆擦拭	不少于5个点
	人员衣物	棉签采样	抽检30%
	污水清水池	取水采样	1个样本
灰区	食堂	用拖布拖地面，毛巾擦拭墙壁和案板	不少于3个点
	办公室	用拖布拖地面，毛巾擦拭墙壁	不少于3个点
	宿舍	用拖布拖地面，毛巾擦拭墙壁	不少于3个点
	场区地面	拖布拖地面	不少于3个点
	淋浴间	拖布拖地面	不少于3个点
白区	饲料库	拖布拖地面	不少于3个点
	猪场办公室	拖布拖地面	不少于3个点
	靴子	棉签擦拭	取样比例30%
	猪舍内部	拖布拖地面，毛巾擦拭栏杆	不少于10个点

6. 针对猪场洗消效果的评估

防重于治，消毒是成本最低廉的预防措施，但猪场很难了解消毒剂的效果，对消毒的执行情况大多浮于表面。杀灭非洲猪瘟病毒的效果除了有效的消毒剂外，影响更大的还有应用的环境和操作的流程。影响猪场洗消效果的因素，详见附表3-3。

附表 3-3　影响猪场洗消效果的因素

序号	常见的原因	结果
1	① 未清理杂物；②不洗涤或未充分洗涤油脂等有机物，导致消毒剂不能充分渗透；③清洗后未干燥，消毒剂不能附着；④漏缝地板下等角落处，消毒不到位	消毒剂与病原未有效接触
2	① 清洗后未充分干燥，导致消毒剂被上一步清洗用水所稀释；②对作用物体体积估算错误，导致添加的消毒剂不足，常见于对粪水和污水的消毒过程；③消毒剂有效剂量不足，如火碱含量不足或吸潮后与空气中 CO_2 发生反应，导致稀释后的浓度不足	消毒剂的工作浓度不足
3	① 未按规定时间作用；②空间密闭性不够	作用时间不足
4	① 操作时温度过低；②水质硬度过大；③消毒剂的 pH 被稀释剂中和；④残留的洗涤剂与消毒剂发生化学反应	消毒剂工作条件或受到环境影响

由于外界环境的影响和操作人员执行上可能存在的偏差，需要对消毒程序进行评估和检查；可以采用伪狂犬病疫苗示踪检测法对洗消后的结果进行评价，以猪舍洗消检查为例，基本步骤如下：

（1）以20头份的伪狂犬病疫苗制备成稀释液2000毫升。

（2）用刷子将稀释液刷到栏杆上或墙面上，对缝隙或角落用喷雾进行污染面制备，静置2小时干燥。

（3）按猪场的洗消操作程序对猪舍进行全面的洗消。

（4）用湿的棉条对栏杆和墙面进行多点擦拭采样，用拖布对地面和漏缝地板进行采样。

（5）所采样本用荧光定量PCR检测方法，检测伪狂犬病疫苗毒。

如在多点检测出核酸阳性，表明消毒程序存在问题，需要寻找在消毒剂选择、消毒液配制用水、消毒操作程序上存在的问题；评估清洗效果，可用BAC指示剂评估洗涤后油脂的残存量；水质可用pH计检测；所有流程评估后需规定标准的作业程序（SOP），并通过洗消检查发现因不同季节时的差异，制定不同的操作流程。

第二节　兽医临床技术操作规程

为确保猪场正常生产，更有效地降低猪群的发病率、死亡率，减少疾病造成的损失，不断促进猪场疫病防治工作规范化和科学化，特制定本规程细则，请猪场生产线员工参照执行。

1. 认真做好生物安全工作，严格执行《猪场生物安全及防疫制度》。

2. 认真做好疾病监测工作，严格执行《猪病监测计划》。

3. 认真做好消毒工作，严格执行《消毒制度》。

4. 认真做好免疫工作，严格执行《免疫程序》。

5. 认真做好驱虫工作，严格执行《驱虫程序》。

6. 加强饲养管理，严格按《饲养管理技术操作规程》进行日常工作。

7. 注意了解和调查本省/市/县/乡镇的疫情，掌握流行病的发生发展等有关信息，及时提出相应的综合防控措施。一旦猪场周围发生疫情，猪场要紧急封场，针对人员流动、物资和车辆运输采取最严格的消毒措施。

8. 猪场兽医每年要对饲料供应商进行生物安全审计，确保饲料厂不使用猪源性动物蛋白，同时饲料厂也要有生物安全措施降低外来原料车污染饲料厂。

9. 兽医要定期对运输猪只的车辆进行检查，如果车辆清洗不干净，则严禁靠近猪场。有中转出猪点或者中转车的猪场，兽医要严格监控中转车的清洗质量以及中转出猪的过程。

10. 种猪引种要从健康度高的种猪场引种，引种前需要了解种源场的健康状况。如对方提供检测报告或者自己送样到规定实验室确定猪场健康状况；引入种猪要至少在隔离舍隔离42天，引种后1周内对种猪进行所关注疾病的检测，引种隔离结束前对种猪进行再次检测，确保解除隔离时，种猪健康状态符合要求。有条件的猪场可以在隔离舍对新引入后备猪进行驯化，驯化结束后进行病原检测，确认种猪不再排毒后，再并入生产猪群。

11. 定期进行关注疾病的抗原和抗体监测工作，由兽医来评估检测的频率以及采样分布和数量，兽医需要定期总结检测结果，以掌握猪群健康状态；也要定期做免疫评估，以及时调整猪群的疫苗免疫程序。

12. 饲养员要勤巡栏，以观察猪群健康情况，及时发现病猪，及时采取治疗措施，严重疫情，及时将猪群疫病情况反映给猪场生产技术部/兽医部，以便早发现、早隔离、早诊断、早治疗，为后续采取控制措施提供时间保障。

13. 兽医对病猪必须做临床检查，如体温、食欲、精神、粪便等全身症状的检查，然后做出初步的诊断，如需确诊，建议跟专业实验室联系，明确送样要求和时间，按要求送样检测；诊断后及时对因、对症用药，有并发症、继发症的要采取综合措施。

14. 及时隔离病猪，处理无饲养价值的病猪，污染过的栏位、猪舍以及走道要彻底消毒；保育育肥区猪舍要设5%~10%的病弱猪栏，保育的病弱猪栏要有加温设备。

15. 死猪由专人和专车运到堆肥处理/无害化处理点；解剖病猪在特定区域进行，且必须得到兽医的许可，每次解剖都需要写剖检报告，必要时拍照存档，采集病料后，要及时送到专业实验室检测；解剖人员当天不许再进入生产区。

16. 饲养员要熟练掌握肌内注射、静脉注射、腹腔补液、去势手术、难产手术等简单的兽医操作技术。大猪治疗时采取相应保定措施。

17. 饲养员需要做好病猪治疗记录、剖检记录、死亡记录等。

18. 兽医按时提出药品、疫苗的采购计划，并评估疫苗和药物的使用效果，同时要关注新药品/疫苗、新技术。

19. 药房要专人管理，备齐常用药；正确保管和使用疫苗和兽药，有质量问题或过期失效的药一律禁用。接近失效的药品要先用或调配使用，各部门取药量不得超过1周。

20. 注射疫苗时，小猪一栏换一个针头，种猪一针筒换一个针头。病猪不能注射，病愈后及时补注。

21. 接种活菌苗前后1周停用各种抗生素。

22. 发生过敏反应的需肌注肾上腺素；为预防过敏反应及加强免疫效果，可在注射疫苗前饮水添加抗应激药物或免疫增强剂。

23. 严格按说明书或遵兽医嘱托用药，给药途径、剂量、用法要准确无误。

24. 用药后，观察猪群反应，出现异常不良反应时要及时采取补救措施。

25. 有毒副作用的药品要慎用，注意配伍禁忌。

26. 免疫和治疗器械用后消毒，不同猪舍不得共用注射器等器械。

27. 对猪场有关疫情、防治新措施等技术性资料、信息，要严格保密，不准外泄。

第三节　猪病检测与猪病净化

在非洲猪瘟阴云笼罩下，检测与监测非洲猪瘟是猪场的核心工作。随着非典型非洲猪瘟的案例逐渐增多，通过临床症状区分疾病的难度越来越大。这就需要猪场时时保持警惕，不存侥幸心理，并利用监测手段对可疑猪只进行排查，在排除非洲猪瘟后可再进行其他疾病的诊断，并通过疾病的长期监测作为猪场免疫程序调整和用药的依据。

经过非洲猪瘟的洗礼，国内猪场的生物安全意识显著提升，国家层面的区域防控力度也逐步升级，生猪区域调运的政策也必将有所调整。这些因素都将为我国猪病净化提供有利的条件，在未来十年内我国必将在猪病净化上取得一定成效。

一、非洲猪瘟的检测与监测

（一）非洲猪瘟早期确诊的意义

总结非洲猪瘟感染后机体的反应及排毒的进程如表3-2所示，从表中可见非洲猪瘟感染猪体后，早期排毒剂量低，由于其严格接触传播的特性，传播缓慢，如能及时确诊，感染范围小，采取"拔牙"的成功概率高。随着感染的进行，病猪的排毒剂量、排毒时间和排毒方式都不同，特别是到了后期，当病猪出现吐血症状时，散毒的剂量和扩散的压力显著增大。因此早期发现和确诊，是猪场在现阶段需构建和整合的能力。

（二）临床指标

厌食和发热，切勿等到猪便血或吐血再上报。非洲猪瘟的潜伏期短，病程一般只有4～18天。在不同阶段有着不同的临床表现，详见图3-1。感染后2～3天最先出现厌食减料的症状，病毒在感染后3～5天进入血液循环，猪开始发热，体温不超过40.5℃。因此在非洲猪瘟背景下，猪场需重点监控并汇报厌食和发热猪的动态。在猪场确诊发生非洲猪瘟之后，筛淘厌食的猪也是猪场降低损失最经济的手段，因为早期厌食的猪排毒剂量是极低的，甚至在同舍猪之间都不会形成接触性感染。

非洲猪瘟病毒进入猪的血液后，可随巨噬细胞等到达各个脏器，并迅速且大量复制，5～7天后血液病毒载量即可达到峰值，其峰值时的病毒载量是口腔唾液中病毒载量的1万倍以上。伴随着病毒血症的出现，猪开始出现呼吸道症状和消化道问题，随后可出现吐血和便血等症状，此时的散毒剂量最高，如随粪便进入污水系统，其扩散的风险也是最大的。

表 3-2　非洲猪瘟感染后机体反应与排毒进程

感染时间	事件 / 体内反应	散毒途径	排毒剂量 / 病毒载量
感染后 48 小时	病毒在扁桃体中复制，厌食，低价量排毒（感染其他宿主概率低）	唾液 / 鼻腔	$<10^2 HAD_{50}$/ 毫升
感染后 3～5 天	出现临床症状，病毒进入血液和脏器；启动凝血机制	唾液 / 鼻腔，粪便和尿液中开始带毒	不超过 $10^2 HAD_{50}$/ 毫升
感染后 7 天	开始产生抗体，血液中病毒载量达到高峰，可达 $10^9 HAD_{50}$/ 毫升；出现凝血不良，伤口处血流不止	唾液 / 鼻腔，粪便和尿液中均带毒	口腔排毒剂量 $<10^4 HAD_{50}$/ 毫升
感染后 9 天	开始产生中和抗体，启动细胞免疫；猪开始便血	血便大量排毒	粪便排毒剂量可远超口腔排毒剂量的 100 倍
感染 14 天以后	中和抗体逐渐达到高峰；多脏器出血，大部分猪死亡，小部分猪耐过	唾液 / 鼻腔，粪便尿液、吐血等	排毒剂量远超早期 100～10 000 倍
感染后 36 天	耐过猪建立起对同源病毒的抵抗力；病毒有可能潜伏于扁桃体中	排毒逐渐减少，有可能检测不到病毒血症	可能不再水平散毒
感染后 3 个月	机体完全清除体内的病毒	不排毒	

注：HAD_{50} 是以血凝抑制试验计量病毒毒价的一个单位。

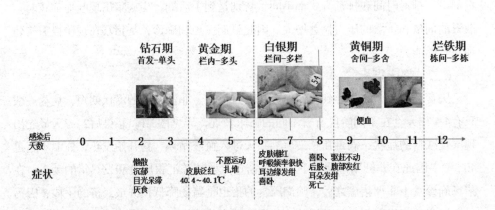

图 3-1　非洲猪瘟的临床表现进程

（三）非洲猪瘟的采样与监测

1. **阴性场以唾液作为早期监测的样本，全血是最为可靠的确诊样本**　非洲猪瘟最常见感染宿主的途径，是经过口鼻接触感染口腔和肠道等黏膜器官，然后再突破黏膜系统进入血液循环感染猪的脏器。因此感染后病毒会先出现在口腔及消化道内，并通过唾液、鼻腔或粪尿等途径散毒。

唾液中检出病毒的时间与出现厌食的时间点基本一致，而此时病毒还没有扩散至血液中（通过采血检测不到病毒）。在易获取性方面，唾液便于大群采样，采样过程无应激。因此为了实现疾病的早发现，唾液是早期猪群监测的理想样本。

但是唾液中的病毒载量相对比较低，仅为血液病毒载量的万分之一，对采样流程和检测方法的灵敏度要求很高。对于初次接触检测的猪场，建议对厌食后发热的猪同时进行采血检测（厌食症状出现2天后），因为血液中病毒载量高，保存相对容易，不易受到外界因素的影响。

（1）影响唾液采样的因素

① 唾液中存在DNA酶，可降解病毒的核酸，采集后需立即冷冻或加入DNA酶抑制剂。

② DNA酶低温下不失活，如在运输过程中解冻或解冻后不能立即提取核酸，都会导致病毒核酸被降解。（解冻后的唾液必须在1小时内检测，此外解冻后的样品不适合留样作追溯。）

③ 进食后口腔中可分泌蛋白酶，也会影响PCR检测的效果。

—— 注意 ——

在采样和运输中可能出现核酸降解的风险，唾液检测更适合具备现场快速诊断的猪场进行监测。

（2）唾液采集的关键标准

① 在进食前2小时或进食后2小时采样，避免口腔中蛋白酶的影响。

② 采集后速冻或加入核酸保护剂，如能在现场即时检测，结果最可靠。

③ 风干后的唾液样本中DNA酶失活，可保护核酸不被降解，用棉签采样后可高温干燥，也便于样本的保存和运输。

（3）唾液采集的两种方式、唾液的采集方法

① 大群采集：按栏为单位，通过自制或商品化的棉绳悬挂于栏中，采食前后2小时吸引猪群撕咬，采集时间1小时，将采集后的唾液挤到采集管或采集袋中速冻。

优势：群体采集、方便快捷、无应激，适合引种后对猪群的监测或早期监测。

劣势：不适合在发病场采样，采集过程中发病猪会通过唾液散毒，容易将整栏猪感染。

② 个体采集法：于采食前后2小时，工作人员戴一次性手套用不同的棉签采

取单头猪的唾液。采集后的棉签迅速放入自封袋中。每采一头猪后更换一副手套，避免采样过程中的交叉污染。适用于非洲猪瘟发病后对其他栋舍猪群的早期排查。

2. 采集血拭子确诊，不能前腔静脉采血更不能在猪场内解剖 全血中含有大量病毒，容易采集和处理，是确诊非洲猪瘟的可靠样本。由于非洲猪瘟感染后会导致血液凝固不良，对疑似病猪如通过前腔静脉采样可能会造成血流不止的问题。前文指出，1毫升猪的血液可最多感染50万头猪，因此不建议通过前腔静脉采血，更不能在猪场内剖检死猪、采集病料送检。建议采用出血量小、容易止血的血拭子进行采样。

（1）血拭子采样的步骤

① 准备好一次性手套、自封袋、采血针和棉签等用品。

② 使用一次性采血针在猪的耳缘静脉或尾根静脉针刺。

③ 立即用灭菌的棉签按压出血点 30秒，吸血并止血。

④ 成功止血后将棉签放入自封袋中，并做好标记送检。

⑤ 采血人员更换手套，采集工具进行无害化处理。

（2）血拭子的保存与运输 血拭子大多已经被风干，受环境影响较小，运输过程中可冷冻也可冷藏保存，如运输距离较短（可12小时内到达），也可常温运输。运输到实验室后，在检测前将棉签浸泡于生理盐水中，即可获得含有病毒的溶液，提取该溶液即可获得核酸样本。

3. 其他样本的获取方法及应用价值 除血拭子和唾液外，在采集母猪样本时，肛门拭子和鼻腔拭子也是容易获得并且可用于早期检测的样本，可用于对非洲猪瘟的排查和检测。对比其采样方法的适用范围和优劣势比较总结见于表3-3。

除猪源样本外，水源、人流、物流、车流等进行病原检测，以用于监测和监督生物安全工作，预警疾病传播的风险度。采样的方法和适用的范围见表3-4。

4. 鼻腔拭子的采样方法

（1）操作者需佩戴一次性手套。

（2）可将长度大于10厘米的长棉签用生理盐水浸泡，如果鼻腔液较多，棉签可不用浸泡。

（3）将三根棉签同时插入一头猪的鼻腔中，接触鼻腔液。

（4）采集后将棉签放入自封袋中，准确标号（采样时间、样本原始编号、样品类型），对应做好原始记录。

（5）采集下一头猪时需更换手套。

表 3-3 非洲猪瘟常见猪源样本优劣势分析

样本类型	优势	劣势	适用条件
唾液棉绳大群采样	早发现	病毒载量不高，采样过程容易造成猪与猪之间交叉感染；需要迅速冷冻	猪场及周边无疫情；引种回场后对群体的监测
唾液棉签单个采样	早发现	病毒载量不高，采样后需迅速冷冻	发病范围的确定；厌食猪早期排查
血拭子（非采血）	病毒载量高	发热后，病毒才会出现于血液，比唾液迟2天左右	发热猪只的检测排查
脏器	病毒载量高	剖检过程会大量散毒，且长时间污染剖检区域	屠宰场确诊
鼻腔拭子	早发现	病毒载量低，在采集过程中有可能接触不到鼻腔液	早期确诊
肛门拭子	早发现，发病后期病毒载量高；采样方便	前期病毒载量低，容易采到粪便干扰 PCR 反应	定位栏采样

表 3-4 非洲猪瘟源样本获取方式

样本	采样方式	适用范围
水、污水	取 0.5 毫升以上放置于 EP 管中，定期送检	水质检测，污染源及风险排查
灰尘、尘埃	用纱布在风机上采样或取风机上的灰尘	检测空气传播的风险
人流、物流、车流	用棉签在物体表面多点采样	适用于车辆驾驶室、栏杆、漏缝底边等小面积区域的采样
环境采样	将拖把或毛巾蘸水后对需检测的区域擦拭，采集拧下来的水 1~2 毫升或直接取布条送检	车底板、通道和猪舍地面检测，适用于复产检测

（6）样本需冷冻保存和运输。

5. 肛门拭子的采样方法

（1）操作者佩戴一次性手套。

（2）将长度大于10厘米的长棉签用生理盐水浸泡。

（3）用三根棉签插入猪的直肠，轻轻转动，刮取黏液，尽量不要接触到粪便。

（4）采集后的样本放入自封袋中，准确标号（采样时间、样本原始编号、样品类型），对应做好原始记录。

（5）采集下一头猪时需更换手套。

（6）样本需冷冻保存和运输。

6. 环境拭子的采样方法 对面积较大、平整的区域使用干净的抹布或拖布浸湿，对大面积的区域进行采样，采样后挤布条上的水于EP管中或截取布条送检；送检的样本用自封袋封存，对应进行编号，并做好原始记录。

用灭菌的棉签蘸取生理盐水，对不便采样的区域进行采样；采样后的样本如需检测菌落数需冷藏保存和运输；如需检测核酸可冷冻运输。

7. 核酸检测适用于感染期检测，抗体检测适合于后非洲猪瘟时代的净化或引种 抗体一般在感染后7~9天开始产生，感染后14天可被检测到，但大部分猪死于感染后10~14天，因此抗体检测不适于对非洲猪瘟的早期诊断，早期诊断推荐使用荧光定量PCR检测。

在后非洲猪瘟时代，该病的发病率和致死率会显著降低，耐过比例增高。耐过猪会呈现抗体阳性、核酸检测阴性的状况，耐过猪抗体维持时间至少1年以上，因此可通过血清学诊断，判断猪是否曾感染过非洲猪瘟，从而降低引种过程中的风险。基因缺失疫苗是最有可能使用的非洲猪瘟疫苗，因此血清学的鉴别诊断是后非洲猪瘟时代净化所必需的，在发病场中可用于区分耐过猪与幸运猪群体，用于后续猪场的净化工作。

需要注意的是，非洲猪瘟抗体可通过母乳传递给仔猪，但维持时间不超过3个月，其母源抗体的滴度也是不高的。

8. 针对场内疫点的监测流程 确定感染范围是猪场采取后续措施的依据，如在单栋多舍多头猪血液中检出非洲猪瘟病毒，则表明该栋疫情已扩散；如在周边多栋人员通道中检出非洲猪瘟病毒，则表明周边多栋是需要在未来7天内重点监控的区域。

（1）猪群非洲猪瘟潜伏期的监测

① 针对厌食猪的唾液监测：记录并汇报猪场内出现厌食症状的母猪和育肥猪，用棉签采集猪只的唾液，也可同时采集鼻腔拭子进行核酸检测。

② 发热猪的血拭子采样和确诊：当猪群在厌食后并出现体温超过40℃时，需采集血拭子进行核酸确诊。

（2）样本选择及检测方案

① 处理疫点猪栏中的猪，如为限位栏，同时处理两侧的猪只。

② 对发病栋中厌食的猪采集唾液检测，确定发病栏及其分布。

③ 对发病栋的通道和栏杆用棉签拭子或干净的布条擦拭采样。

④ 对周边栋舍通道和栏杆用棉签拭子或干净的布条擦拭采样。

9. "拔牙"过程中检测的应用 随着对非洲猪瘟传播关键点的认知和生物安全

意识的升级，"拔牙"的成功率越来越高。"拔牙"的基本要求：①精准确诊；②淘汰与感染猪接触的猪只，确定感染范围；③持续淘汰并监测感染率的变化；④评价"拔牙"效果；⑤耐过猪和隐性感染猪只的鉴别。在这些过程中检测均可以对决策的制定提供依据，基本步骤如下：

（1）精准确诊　确诊以准确性为第一指标，推荐选择有症状的猪（最好用发热的猪）的全血进行检测，血拭子采样即可保证结果的敏感性，又便于运输和储存。

（2）紧急淘汰，确定感染范围

① 紧急淘汰并无害化处理发病猪和与发病猪接触的猪只，需淘汰同栏猪或未做实心隔离的旁边两栏猪；态度需坚决果断，淘汰后可对发病栏舍有残留粪尿等紧急消毒。

② 确定感染和重点监测范围：对同栋舍的猪，可对大栏采集唾液迅速冻存送检，也可对发热厌食的猪进行单独的唾液采样；如多栋中检出核酸阳性，需淘汰同舍所有猪只；用毛巾或拖把采集周边栋舍人员通道和栏杆的样本，检测非洲猪瘟病毒核酸，从而确定重点监测范围；上述样本中若检测到核酸阳性，则证明检出区域为密切关注区域（未必全部感染），需持续对排查到的发热猪和厌食猪进行唾液检测或血拭子检测。

（3）持续检测和淘汰　将监测的重点区域中的厌食猪和发热猪立即隔离；采集厌食猪的唾液，发热猪则需采集血液，检测非洲猪瘟病毒的核酸，发现阳性的立即淘汰。

（4）评估"拔牙"的效果　在连续淘汰1周后，统计检出率和检出的病原载量变化，检出率如持续下降，则表明得到控制；持续2周检测不到病毒核酸阳性的猪只，表明疫情得到控制。

待1个月后，采集发病猪舍和周边栋舍走廊过道的环境样本，检测病毒阳性率，如为阴性，则证明病原没有扩散，在"拔牙"中措施得当。

（5）鉴别耐过猪和隐性感染猪　为避免耐过猪或存在隐性感染猪，可在发病猪舍中的猪全部检测抗体，抗体阳性不再有症状的猪则为耐过猪，可隔离饲养或淘汰。

10. **猪场复产前检测的应用**　复产前检测不仅仅是评价猪场的清理结果，也是对防控体系重新构建的评估。复产检测及评估的步骤、目的与流程如下：

（1）传播途径的回溯　疫情发生后，与相关人员进行复盘。确定首发的疫点，并根据发病前1周猪只、人员等活动和生产活动等因素，寻找可能的原因；可通过检测辅助判断，如对出猪台、人员衣物、工具和车辆等进行采样检测，推测传播的原因。该工作可追溯期为发病后1个月内。

（2）洗消程序的评估　污染猪舍和污染的车辆是评估对非洲猪瘟病毒有效洗消

程序最佳的实验环境。发生疫情后，需规范并记录洗消流程，在洗消完成前后，分别对完成洗消的区域或车辆等用棉签进行采样，并通过核酸检测确定洗消程序是否可有效清除病原。该工作可于清场后2~3周内完成。

（3）复产前猪场内部评估　待对猪场系统消毒后，可对猪场区域进行全面的检测，对外围、污区、灰区和净区全面采样，采样方式可参照表3-4对风险点采样评估；该项工作一般在全面清场后三个月后开展。

（4）猪场复产前周边传染途径的检测　可对猪场外围的公路、树木等进行检测，对周边猪场往来的运输车辆进行采样，尤其需对洗消中心等车辆密集区进行采样，评估传播的风险。

（5）哨兵猪引种检测　确定内外部感染压力降低，针对生物安全的漏洞整改到位后，可引进哨兵猪进行监测，基本步骤和检测流程如下：

① 哨兵猪引种前检测：可逐头采血并进行非洲猪瘟核酸检测，由于初始引进哨兵猪数量不多，建议逐头检测；如对引种场有充分的了解，此步骤也可省略，但必须延长回场隔离的时间，隔离期至少1个月，并在隔离期加强检测工作。

② 引种前车辆和隔离舍洗消和检测：需严格控制运输过程中风险，车辆需经过严格的洗消检查；并以PCR检测阴性为标准，采样方法见前文。

③ 运输后车辆的检测：猪只转入猪场隔离舍，立即对运输车辆进行采样，主要针对车轮等部位检测，如检测结果为阳性（未必形成感染）猪需在隔离期内加强监测工作。

④ 哨兵猪隔离期检测：进入隔离场后第四天，开始进行唾液检测，按栏为单位采集唾液。对于个别发热的猪可进行血拭子检测，连续监测14天后无疑似病例，证明在引种过程中没有感染；如一旦确诊阳性，全群都需要淘汰。

⑤ 哨兵猪饲养及检测：将哨兵猪放置于猪栏内（保育及育肥舍每栏1头，并按10%的比例放置于定位栏中），饲养30天以上，观察猪只临床表现。对于有发热厌食的猪需采集血液检测非洲猪瘟，饲养后1个月内没有感染，表明猪场内的病原处理干净。如至出栏猪群没有再次发生非洲猪瘟，证明针对生物安全的工作得当，具备复养的条件。

⑥ 复产引种：类似于哨兵猪引种、隔离的流程，做好定期的监测工作。

二、猪场其他病原的检测与监测

在排除非洲猪瘟感染之后，猪场可针对临床症状对其他病原进行筛查。应针对疾病的检测建立统计制度，每月对出现的各种病例进行归类，集中送检，送检后针对检出的病原、病毒载量、发病阶段等信息进行统计分析。

1. 病原检测的采样标准 由于抗体产生需要机体的免疫反应时间，所以在疾病感染初期抗体产生往往是滞后的。病原检测是通过对组织病料或其排泄物及体液的检测，对正在流行的疾病病因进行确诊。病原诊断受到以下几方面因素的影响：

（1）病原组织嗜性 不同病原有不同的组织嗜性，其在不同脏器或组织中的分布和病原载量是不同的。检测结果与病料选择直接相关。建议猪场可用病猪进行诊断，这样可以选择病原丰度最高的脏器进行病原确诊，保证检出结果的可靠性。如不得已需要用血清样本进行检测时，也需增加检测样本数量，从而保证检出率。

（2）样本的数量 在疾病感染的不同阶段，由于病毒在体内传播的规律，导致不同的样本检出结果也是不同的。因此在病原检测中，首先要满足样本数量，将具有典型症状的病料样本和非典型样本送检至少5份以上，满足统计学规律从而避免出现误诊。

（3）样本采集 不同病原对应推荐采集的组织或样本详见表3-5；反之，不同器官适宜检测的病原种类详见表3-6。

表3-5 不同病原对应的检测病料

病原	对应的组织或样本
猪瘟病毒	扁桃体、脾脏、淋巴结、肾脏、胃、膀胱
猪蓝耳病毒	肺脏、淋巴结、死胎、唾液或鼻腔拭子
伪狂犬病病毒	脑组织、肺脏、淋巴结、死胎或鼻腔拭子
猪圆环病毒	肺脏、腹股沟淋巴结、脾脏、肾脏
流行性腹泻病毒/传染性胃肠炎病毒/轮状病毒	肠道、肠淋巴结、粪便，直肠拭子
猪乙型脑炎病毒	脑组织、流产胎儿、死胎、淋巴结
猪细小病毒	流产胎儿、死胎、淋巴结
猪链球菌	肺脏（带气管）、脑、淋巴结、关节
副猪嗜血杆菌	肺脏（带气管）、心包液、关节、脑
胸膜肺炎放线杆菌（传染性胸膜肺炎）	肺脏（带气管）
多杀性巴氏杆菌（猪肺疫）	肺脏（带气管）、淋巴结
支气管败血波氏杆菌和多杀性巴氏杆菌（传染性萎缩性鼻炎）	肺脏（带气管）、深部鼻液
沙门氏菌	肺脏（带气管）、肝脏、肠内容物
猪附红细胞体	抗凝血液
猪弓形虫	抗凝血液、肺脏

注： 进行细菌分离的病料，不可破坏其完整性，完整脏器可冷冻保存。

表3-6 不同器官适宜检测的病原种类

组织	适宜检测的病原
肺脏	蓝耳病、伪狂犬病、猪流感、副猪嗜血杆菌病、传染性胸膜肺炎等呼吸道类疾病的病原
肝脏	猪瘟病毒及霉菌毒素等
肾脏	猪瘟病毒、猪圆环病毒等
脾脏	猪瘟病毒、猪圆环病毒、伪狂犬病病毒等
扁桃体	猪瘟病毒、伪狂犬病病毒和蓝耳病病毒等多种病原，检测敏感性高
淋巴结	多种病原，但不如扁桃体敏感；呼吸道问题多采集颌下淋巴结及肺门淋巴结；腹泻问题多采集肠系膜淋巴结和腹股沟淋巴结
脑组织	伪狂犬病病毒、蓝耳病病毒、猪乙型脑炎病毒及链球菌等
血液	多种病毒性病原，但检出率低
胎衣、流产胎儿、病仔血清、脐带血	蓝耳病病毒、伪狂犬病病毒、猪瘟病毒、圆环病毒、流行性腹泻病毒、细小病毒、猪乙型脑炎病毒、轮状病毒、传染性胃肠炎病毒
肠道组织	流行性腹泻病毒、传染性胃肠炎病毒、轮状病毒
乳头和蹄	口蹄疫病毒
关节积液	副猪嗜血杆菌及链球菌
胸腔积液	多杀性巴氏杆菌（猪肺疫）、支原体、链球菌
鼻腔拭子	呼吸道疾病相关病原
肛门拭子	腹泻相关病原

注: 如果死胎死亡时间过久，体内病毒出现降解，大大降低检出率；血液样本检测的前提是存在病毒血症，大多数病毒的病毒血症持续期＜4周，并且血液不是病原复制的场所，所以其检出率偏低，敏感性较差。

（4）样本采集注意事项

① 选择具有典型临床症状、能代表猪群发病特点的病猪2～3头解剖。

② 采取病变典型组织送检，如淋巴结、肺脏、扁桃体、脾脏、肾脏、肠道等，具体送检组织见表3-5不同病原对应的检测病料。

③ 细菌性疾病检测，送检前5～7天内待剖猪只应避免使用抗生素类药物（包括针剂注射和饲料、饮水给药），采集的组织样本不能被污染。

④ 组织取出后，需置于室温中进行降温，再放入冰箱或冰盒中储存，不能直接放入冷冻环境。

⑤ 血清样本：采集2～5毫升血液以上，静置平放10分钟左右，充分析出血清后冷藏保存。

⑥ 脐带血样本：常规监测时，随机选择生产母猪，按照当月生产计划的5%～10%采样。查找垂直传播病原时，选择产死胎、木乃伊胎、弱仔或低胎龄母猪生产时脐带血，每头仔猪采集1毫升，每窝仔猪的脐带血存放在一起，共采集5窝以上。使用抗凝血采集管进行收集，采集完后，立刻冷冻保存，等采集到足够样品，再送检。

⑦ 猪场临床发病需尽快进行病原检测，病原检测的结果受到样本、样本数量、样本保存和检测方法的影响。送检前需结合猪场的临床症状，采集合格的样本，实验室需对应临床信息采用正确的方法检测，需满足以下几方面要求：

● 具有典型症状的猪，根据不同病原的器官嗜性，采集对应的组织脏器。
● 样本数量满足统计学需求，勿以一份样本的结果判定整个猪场的问题。
● 样本正确保存，病原检测需冷冻运输，抗体检测和细菌分离需冷藏保存。

（5）检测方法 检测结果受到检测方法敏感性和特异性的影响，病原检测方法有胶体金检测、双抗夹心ELISA、基因芯片和核酸检测等，其中核酸检测PCR特别是荧光定量PCR具有敏感性高、特异性高、可定量及假阳性概率低的特点，是国内外公认的确诊病原的方法。

选择正确的检测方法，病原检测采用荧光定量PCR检测，定量的结果对于确诊发病状态和判定主要病因更为重要。

2. 各类常见病的采样与检测方案

（1）繁殖障碍类疾病采样方案的制定 详见表3-7。

表 3-7 繁殖障碍类疾病采样方案

样品	样本要求	检测项目	备注
饲料	检测饲料原料、配合饲料及料线中的饲料（不少于5份）	主要霉菌毒素的含量检测	如母猪只出现屡配不孕、假发情和返情率高等现象，需重点检测
血清	空怀、妊娠前期、中期和后期的母猪血清（冷藏保存，各15份以上）	蓝耳病、猪圆环病毒病及猪瘟抗体的滴度及离散度等指标	如为伪狂犬病野毒阴性场，观察到大量木乃伊胎出现，需重点检测伪狂犬病
血清	流产母猪的血清（冷藏保存，5份以上）	霉菌毒素及内毒素检测	母猪有发热症状而没有呼吸道症状时需检测
血清	流产母猪及发热的母猪（冷冻保存，5份以上）	血清中主要病原的病毒载量（蓝耳病、伪狂犬病和猪圆环病毒病等的病原）	必要时需进行毒株基因序列的测序分析

（续）

样品	样本要求	检测项目	备注
精液	冷冻保存，尽量采集全部	蓝耳病、猪圆环病毒病、猪细小病毒病、猪乙型脑炎、伪狂犬病和猪瘟等的病原	母猪有早期流产及不孕症状时，公猪出现抑郁及睾丸有表观病症时需重点检测
死胎及弱仔	主要脏器及淋巴结（冷冻保存），不少于来自3头母猪的5份样本	蓝耳病、猪圆环病、猪细小病毒病、猪乙型脑炎、伪狂犬病和猪瘟等的病原	鲜胎比干胎和黑胎病原检出概率高
胎衣及胎盘	不少于5份	主要病原和部分寄生虫病	胎盘和胎衣上有出血点和钙化点的必需检测寄生虫
阴道拭子	样品分别进行冷藏保存和冷冻保存，样本可以多采集混合检测	主要细菌病原检测和药敏试验	适用于子宫炎症病因的检测
鼻腔拭子	多样本采集，混合检测	病毒性病原及部分继发感染的细菌病原的检测，药敏试验	适用于有呼吸道症状的病毒如蓝耳病病毒和伪狂犬病毒的检测，药敏试验针对继发感染细菌的药物控制方案的制定
脐带血	不少于3头母猪的10份样本（包含弱仔和死胎）	猪瘟、蓝耳病、猪乙型脑炎和猪圆环病毒病等的病原检测、霉菌毒素及内毒素检测	适用于流产和死胎及弱仔病因的确诊

（2）腹泻问题采样方案的制定　详见表3-8。

表3-8　腹泻问题采样方案

样品	样本要求	检测项目	备注
肠道	整个肠道，十二指肠、小肠部分，避免采集空肠化的小肠（冷冻保存，不少于5份）	流行性腹泻、伪狂犬病、传染性胃肠炎、轮状病毒病等的病原	建议送检濒死猪或发病前期的病料
淋巴结	肠系膜淋巴结及腹股沟淋巴结	蓝耳病、伪狂犬病及流行性腹泻等的主要病原检测	发现淋巴结肿大及出血的需采集
主要脏器	剖检仔猪的脏器（冷冻保存，不少于3份）	猪瘟、伪狂犬病和蓝耳病等的主要病原	肾脏、脾脏、肺脏遇到有出血的必采；胃出血或溃疡时，需要采集胃和十二指肠
直肠拭子	取新鲜的母猪粪便（冷冻保存）	荧光定量确定粪便中的病毒载量	确定是否存在母猪散毒问题

（续）

样品	样本要求	检测项目	备注
仔猪粪便	腹泻仔猪的粪便（分别冷冻及冷藏保存）	病毒和细菌检测及药敏试验	适用于轻微腹泻，死亡率较低情况下的诊断
奶水	冷藏保存，不少于 5 份	霉菌毒素及内毒素检测	适用于轻微一过性腹泻，确诊是否由毒素类物质引起
初乳	冷藏保存	检测 IgA 抗体	适用于 PEDV 的保护效果监测
脐带血	冷冻保存	腹泻相关病原	确定是否存在病原的垂直传播
脐带血	冷藏保存	霉菌毒素及内毒素检测	确定是否存在毒素问题

（3）呼吸道问题采样方案的制定　详见表3-9。

表 3-9　呼吸道问题采样方案

样品	样本要求	检测项目	备注
鼻腔拭子和唾液	冷冻保存，不少于 10 份	主要病原检测	适用于早期出现呼吸道问题的确诊
主要脏器	不少于 5 份，冷冻保存	蓝耳病病毒、伪狂犬病病毒和猪圆环病毒等的检测及测序，检测胸膜肺炎放线杆菌、多杀性巴氏杆菌等细菌性因素，进行细菌分型鉴定	重点采集肺脏，采集病变和正常组织交界位置
淋巴结和扁桃体	冷冻保存，不少于 5 份	主要的病原检测	淋巴结肿大和出血的需重点采集，颌下淋巴结和肺门淋巴结重点采集
胸腔积液	用针管分别吸取 5 毫升积液，冷冻和冷藏各一份	细菌检测和细菌分离	病原检测重点检测细菌性病原
血清	选取发热猪群的血清	检测病毒血症	主要检测蓝耳病、猪瘟、圆环病毒等
血清	分群检测，按照仔猪日龄采血，母猪按产次采血	主要病原的抗体检测	母猪按空怀、妊娠前中后期采血，每阶段 10 头；商品猪 30、60、90、120 及 150 日龄采血
脐带血	产房发热母猪或呼吸道问题的母猪	病原检测	确诊是否存在病毒的垂直感染

三、重要猪病的净化

从鉴别诊断的疫苗研制进展和净化方案的可执行性分析，未来十年内最可能实现区域净化的疾病是经典猪瘟、伪狂犬病、蓝耳病和支原体病，其中伪狂犬病的净化和经典猪瘟的区域内净化可能会更早完成。

1. **猪伪狂犬病的净化** 猪伪狂犬病的净化核心在于生物安全的严格执行、免疫程序的正确制定和鉴别诊断技术的应用，伪狂犬病阳性场的净化可根据以下流程展开：

（1）猪群采样检测 母猪按胎次采集10%的样本、仔猪按月龄阶段采集总数量3%的样本，公猪全部采集血清样本，检测伪狂犬gB和gE抗体。

（2）免疫程序调整 结合免疫程序，分析gB和gE抗体的阳性率与抗体滴度是否同步、120日龄之后的生长育肥猪阴性的比例和是否再次出现阳转，以便判定是否出现猪群散毒感染的问题。如仍存在散毒和交叉感染的情况，需从免疫程序调整和生物安全角度加以改进。

（3）评估净化的条件 在调整免疫程序后三个月和半年内，再次对猪群进行伪狂犬gB和gE抗体监测。通过数据比较，评估调整的方案是否有效降低疾病的传播，当150日龄的生长育肥猪gE抗体阴性率超过90%后，即表明猪场具备净化的条件。

（4）净化工作启动 对自繁自养的猪场，可通过对自留后备母猪逐头检测的方式留种，不断补充种猪群。由于种猪群阳性群体不再散毒，可根据产次自然淘汰。

（5）集中净化 当母猪群伪狂犬野毒阳性率<30%时，可考虑对猪群进行集中净化，可对母猪群全部采血，淘汰gE抗体呈阳性的母猪；在21天后，可对母猪群二次采血检测gE抗体，留下两次均为阴性的母猪。

2. **经典猪瘟的净化** 通过扁桃体采样检测猪瘟野毒核酸净化经典猪瘟的方法在猪场并不容易实现。有两种可行的方案可应用于猪瘟的净化：

（1）E_2蛋白亚单位疫苗净化方法 对猪群调整免疫程序，对猪群免疫E_2亚单位疫苗，在猪群体内针对兔化猪瘟疫苗的抗体消失后，对猪群进行采血检测。由于E_2蛋白亚单位疫苗免疫后不会产生除针对E_2蛋白以外的抗体，因此可以用针对E_0蛋白的抗体检测试剂盒检测，如E_0蛋白抗体呈现阳性，表明对应地猪存在野毒感染的可能，需要淘汰；通过不断的检测淘汰，最终实现猪群中的经典猪瘟净化。

（2）哨兵猪监测法 对育肥猪群和后备种猪群设定一定比例（5%~10%）新生仔猪作为"哨兵猪"，这些猪不免疫猪瘟弱毒疫苗，在仔猪12周龄时（母源抗体消失）对"哨兵猪"进行猪瘟抗体监测，此时的抗体阳转即代表猪场存在猪瘟野毒感染。在商品猪出栏前1周左右、后备种猪配种前1周左右（即出生25周以后）再次对"哨兵猪"进行猪瘟抗体的检测。如在持续2年的周期内，猪场的哨兵猪监测均为猪瘟抗体阴性，可判断为猪场实现了猪瘟的净化。

3. **猪蓝耳病的净化**　利用封群的方法净化猪蓝耳病是成功率较高、经济可靠的净化方法。净化流程如下：

（1）一次引入足量的后备母猪，满足6～8个月的需求。

（2）同群免疫，暴露感染。对基础母猪群可以使用疫苗毒间隔30天两次免疫，也可用带毒血清进行免疫，对后备母猪可以用因蓝耳病而流产的母猪同居驯化。

（3）闭群期间降低仔猪寄养，加强产房生物安全管理，全进全出管理。闭群后12周开始，对弱仔和病仔进行PCR检测，检测全部为病原阴性后，可结合抗体检测确定猪群是否存在感染。

（4）持续监测：对仔猪群持续监测蓝耳病病毒抗体，至抗体全部阴性则证明净化成功。

4. **肺炎支原体的净化**　肺炎支原体的净化可用封群+疫苗+药物的模式，流程如下：

（1）根据更新率一次性引入8个月所需的后备母猪，后备母猪的日龄大小需满足封群结束时母猪均为10月龄以上。

（2）对后备母猪进行驯化，可采用与本场基本群自然接触或鼻腔接种的方式进行肺炎支原体驯化。

（3）对母猪群进行支原体疫苗免疫，每隔90天免疫一次；对仔猪在哺乳期免疫肺炎支原体疫苗。

（4）解除封群前7周，对母猪群通过饮水或拌料林可霉素或拌料替米考星，连续使用3周。

（5）引入支原体阴性的后备母猪与猪群接触，通过抗体检测和核酸检测评价净化效果。

第四节　免疫程序

猪场免疫程序需结合猪场内部及周边的防控压力科学地制定。病原监测（包括病原种类、基因型和血清型等）是选择疫苗种类和毒株的基础，并通过免疫监测调整免疫的频次和间隔时间。

1. **后备猪及公猪免疫程序监测** 详见表3-10。

表 3-10 后备猪及公猪免疫程序监测流程

样本分布	样本比例及频次	检测项目	监测目的
后备母猪	>30%，伪狂犬病和蓝耳病病毒阴性场需全群检测伪狂犬 gE 和蓝耳病毒抗体	蓝耳病病毒、伪狂犬 gE 和 gB、猪瘟病毒、猪圆环病毒、猪细小病毒、猪乙型脑炎病毒、口蹄疫 O 型和 A 型病毒、支原体、PEDV，可检测塞内卡等新发传染病；对于伪狂犬病病毒阴性后备进群，建议检测两次	①筛选后备猪群；②评估带入新发和重大传染病入群的风险；③及时制定免疫计划，有效避免入群后的被感染
后备公猪	入群前建议全部检测	除猪瘟病毒、蓝耳病病毒、猪圆环病毒、伪狂犬 gE 和 gB 等常规项目外，可增加猪细小病毒和猪乙型脑炎病毒等项目（该病原可通过精液散毒）；可检测一次布鲁氏菌病抗体	评估感染风险和现状
采精公猪	全部检测，建议每年检测 1 ~ 2 次	除猪瘟病毒、蓝耳病病毒、猪圆环毒、伪狂犬 gE 和 gB 等常规项目监测，可每年检测一次布鲁氏菌、猪乙型脑炎病毒和口蹄疫病毒抗体	及时预警公猪精液可能存在的风险
诱情公猪	全部检测，建议每年检测 4 ~ 6 次	除蓝耳病病毒、伪狂犬 gE 和 gB、猪瘟病毒、猪圆环病毒、猪细小病毒、猪乙型脑炎病毒、口蹄疫 O 型和 A 型病毒、支原体外，根据猪场季节性传染病或新发传染病的现状调整病原种类	①确保疫苗免疫效果，即使感染也不散毒；②传染病预警

2. **经产母猪按妊娠阶段分群例检程序** 详见表3-11。

表 3-11 经产母猪按妊娠阶段分群例检程序

样本分布	样本比例	检测项目	监测目的
产房哺乳母猪	10% ~ 15%	猪瘟病毒、蓝耳病病毒、伪狂犬病病毒、猪圆环病毒、口蹄疫病毒、PEDV 的抗体	①母源抗体评估；②普免状态下疫苗的保护周期，病原垂直传播的风险性；③疾病感染规律
空怀期母猪	10% ~ 15%	猪瘟病毒、蓝耳病病毒、伪狂犬病病毒、猪圆环病毒、口蹄疫病毒等的抗体	
妊娠前期母猪	10% ~ 15%		
妊娠中期母猪	10% ~ 15%		

注：（1）规模化猪场每个阶段的母猪样本数不宜少于15头。
（2）母猪例检频次3~4次/年。
（3）母猪每年可进行一次布鲁氏菌病、乙型脑炎的抗体检测；根据猪场季节性传染病或新发传染病的现状调整病原种类。

3. **经产母猪按胎次分群例检程序** 详见表3-12。

表 3-12 经产母猪按胎次分群例检程序

样本分布	样本比例	检测项目	监测目的
0～2胎次母猪	10%～15%	猪瘟病毒、蓝耳病病毒、伪狂犬病病毒、猪圆环病毒、口蹄疫病毒、细小病毒和支原体等的抗体	①评价不同胎次母猪的抗病能力；②评估现有免疫程序是否产生免疫麻痹；③疾病的传播情况，配种传播疾病的可能性
3～5胎次母猪	10%～15%	猪瘟病毒、蓝耳病病毒、伪狂犬病病毒、猪圆环病毒、口蹄疫病毒等的抗体	
>5胎次母猪	10%～15%	猪瘟病毒、蓝耳病病毒、伪狂犬病病毒、猪圆环病毒、口蹄疫病毒等的抗体	

4. **仔猪免疫监测程序** 详见表3-13。

表 3-13 仔猪免疫监测程序

样本分布	样本比例	监测目的
10～15日龄	3%或不少于18头	①评估母源抗体滴度，制定猪瘟的首免日龄
25～30日龄	3%或不少于18头	
50～60日龄	3%或不少于18头	①评估伪狂犬病和口蹄疫疫苗的肌注日龄；②评估猪瘟、蓝耳病及猪圆环病毒病的首免效果；③评估蓝耳病病毒、猪圆环病毒的感染时间
90～100日龄	3%或不少于18头	①伪狂犬病野毒感染活跃情况；②猪瘟疫苗二免效果；③口蹄疫疫苗免疫效果
120～130日龄	3%或不少于18头	①疫苗的保护期；②伪狂犬病病毒活跃阶段
>150日龄	3%或不少于18头	

猪场需每年对仔猪免疫监测3~4次，重点监测蓝耳病、伪狂犬病、猪瘟、圆环病毒病和口蹄疫的抗体消长规律，并以此为依据进行调整后免疫效果的评估。

第五节 驱虫程序

寄生虫病是猪场的隐形杀手。不管是规模猪场还是中小猪场，寄生虫病是无处不在的，寄生虫感染后可以引起营养物质的吸收减少，生长速度或生产性能降低，而且某些寄生虫感染可在某种程度上引起免疫抑制，影响猪场的效益。

一、寄生虫病的种类

按寄生部位，可将猪寄生虫病分为外寄生虫病和内寄生虫病，而球虫病和其他的血液原虫病一般不考虑在内。

（一）外寄生虫

最重要的外寄生虫病为猪疥螨，此外尚有猪虱等。猪疥螨主要是由于病猪与健康猪的直接接触，或通过被疥螨及其虫卵污染的圈舍、垫草和用具间接接触而引发感染。幼猪喜欢挤堆躺卧，也是造成本病迅速传播的重要因素。此外，猪舍阴暗、潮湿，环境卫生差及营养不良等，均可促使本病的发生和发展。秋冬季节，特别是阴雨天气，本病蔓延最快。猪疥螨多见于种猪和5月龄以下的猪。

猪疥螨通常起始于头部、眼周、颊部及耳部，严重时蔓延到背腹部、体侧和股内侧。仔猪多发，且程度较重。病猪表现剧痒，到处摩擦或以蹄搔弹患部，皮肤破裂，有渗出物，患部脱毛、结痂、皮肤增厚，形成皱褶和龟裂。病猪食欲减退，生长停滞，逐渐消瘦，甚至衰竭死亡。

螨虫的繁殖力很强，疥螨雌虫一生产卵40～50个，在适当条件下，2～3周就可完成一个世代。在不利的条件下，可转入休眠状态，休眠期可达5～6个月，并且休眠期的疥螨对各种理化因素的抵抗力很强。离开猪体后，疥螨可存活2～3周。

大多数试验证明疥螨感染会导致猪的生长速度降低4.5%～12%，Wooten-Saadi等（1987）研究表明疥螨感染导致猪的生长速度降低了8%。母猪感染疥螨时，饲料利用率降低，受影响的母猪体质变弱、泌乳量下降；断奶母猪卵巢发育不良；由于瘙痒，可影响胚胎着床，使得母猪胚胎死亡率和返情率提高。公猪不仅造成饲料利用率下降，而且可降低精液品质。

规模猪场疥螨感染情况见表3-14。

表 3-14 规模猪场的疥螨感染情况

猪群	调查数量	疥螨感染数	感染率（%）
保育猪	202	23	11.4
育肥猪	232	49	21.1
种猪	183	58	31.7

（二）内寄生虫

内寄生虫主要是指寄生于胃肠道的寄生虫，但也有寄生于腹腔、肝脏、心脏、肺脏、肾脏等器官甚至肌肉中的。

内寄生虫病的种类很多，常见的主要有猪蛔虫病、猪肺丝虫病、猪鞭虫病、猪姜片吸虫病、细颈囊尾蚴病、猪囊虫病、棘球蚴病、猪旋毛虫病、猪胃线虫病、猪肾虫病等。成虫与猪争夺营养成分，幼虫移行破坏猪的肠壁、肝脏和肺脏的组织结构和生理机能，造成猪日增重减少，抗病力下降等。同时，寄生虫感染还可在某种程度上影响猪的免疫功能，造成免疫抑制。

感染寄生虫可使肥育猪生长速度下降15%左右，对猪场经济效益影响极大。寄生虫还具有欺骗性，如猪蛔虫感染会使细菌性肠炎发病率增加；蛔虫移行至肺脏或后圆线虫感染，会引起咳嗽、气喘等呼吸道症状，使用抗生素治疗无效。蛔虫寄生于肠道引起的腹泻易与病毒性、细菌性腹泻混淆，使用抗生素治疗无效。如被蛔虫寄生的猪一般表现生长发育不良，至出栏会浪费饲料18～20千克，晚出栏10～20天；严重的感染者发育停滞，甚至死亡，尤其是仔猪多发。蛔虫感染是危害养猪业最大的寄生虫病之一。

内寄生虫的繁殖力很强，如一条蛔虫可于一昼夜排出10万～20万个虫卵，严重污染外界环境。蛔虫卵可在土壤中存活几个月至几年。本病一年四季均可发生，卫生条件差、猪只拥挤、饲料不足、微量元素和维生素缺乏时，猪只感染严重，一般是经口感染。成年猪抵抗力较强，一般无明显症状。对仔猪危害严重。

二、猪寄生虫的发育史

要控制猪场的寄生虫病，必须制定合理的驱虫程序，而驱虫程序的制定需要结合寄生虫的生活史、敏感药物的选择以及合理使用。

（一）猪疥螨的发育史

猪疥螨的发育史比较复杂，一般要经过虫卵到幼虫再到若虫，最后到成虫的几个阶段。其中在适宜的条件下，虫卵经3～10天发育成幼虫，再经3～4天发育成若虫，继续3~5天发育为成虫。从虫卵到成虫（孕卵雌虫）需要10~15天（平均12天）。

（二）猪线虫的发育史

由于线虫比较多，不能一一列举，现以蛔虫为例介绍线虫的生活史。

蛔虫属于直接发育型线虫。虫卵成熟后，经过5期幼虫期。蛔虫卵随感染猪的粪便排到外界，污染水和土壤等。虫卵在10~37℃的潮湿环境里经15~30天可发育为感染性虫卵。猪吞食感染性虫卵后，卵中幼虫在小肠内逸出，钻入血管并从腹腔移行至肝，再随血液循环到肺脏，经细支气管、支气管移行到咽喉部，再吞咽到消化道，在小肠内经2~3个月发育为成虫，其寿命7~10个月。

其他寄生虫的生活史可能与蛔虫不完全相同，其中有的需要中间宿主，有的则不需要。

三、猪寄生虫病的控制

猪寄生虫病控制的好坏，与猪场的重视程度相关。如果不认为是大问题，可以忍受寄生虫造成的损失，则可以不采取任何措施；如足够重视，则会采取任何有效的措施，减轻寄生虫病造成的损失。

由于寄生虫病与饲养规模、卫生状况、环境有很大关系，所以不单是用药就能解决的。

（一）卫生管理

寄生虫，特别是虫卵在环境中有顽强的生命力，合适的条件下即可感染猪。所以需要保持猪舍的清洁、干燥，没有明显的粪污污染。粪便需要收集发酵，以杀死虫卵。

（二）驱虫

1. **驱虫药的选择**　因为猪体内的寄生虫很多，但主要外寄生虫为螨虫，主要内寄生虫为蛔虫、类圆线虫、胃圆线虫及肾虫。这些寄生虫可单独感染，也可混合感染，但往往外寄生虫和内寄生虫混合感染。所以需要选择广谱、高效、低毒、使用方便的产品。对内寄生虫高效的药物有阿苯达唑、芬苯达唑等。这些药物对常见的体内寄生虫成虫、某些线虫的幼虫甚至虫卵都有效，但对外寄生虫无效。而伊维菌素、多拉菌素等抗虫谱更广，既可以驱外寄生虫，又可以杀灭内寄生虫，但对内寄生虫的作用相对弱，对幼虫甚至虫卵的作用微弱。

生产上往往采用复合制剂驱虫，常见的用阿苯达唑伊维菌素粉、阿苯达唑伊维菌素预混剂。进口制剂基本上都是单方的。

2．驱虫程序 驱虫需要有程序，主要依据是感染的寄生虫种类及严重程度、不同寄生虫的生活史等。

（1）母猪驱虫 按胎次驱虫：分娩前15天采用阿苯达唑或芬苯达唑混料饲喂，连续饲喂7天；有些品牌的产品可以将7天的量集中添加到1天的饲料中。外寄生虫可用低毒有机磷或拟除虫菊酯类喷洒，间隔7天重新喷雾一次。也可用浇泼剂（缓释，透皮给药，有成熟的产品）。也可使用阿苯达唑（芬苯达唑）伊维菌素粉或预混剂混饲，连用7天。感染不严重的猪场，可皮下注射伊维菌素或多拉菌素。

感染相对严重的猪场，建议每年驱虫4次，可以提高母猪的健康状况，节省饲料成本。

（2）公猪驱虫 一般情况下，公猪驱虫每年2次，可以皮下注射伊维菌素或多拉菌素；或者使用阿苯达唑（芬苯达唑）伊维菌素粉或预混剂。注意，药物不能对精液品质产生不良影响，若不能保证，则需要对公猪分批驱虫。

（3）后备母猪驱虫 后备母猪在并群前驱虫一次，主要使用阿苯达唑（芬苯达唑）伊维菌素粉或预混剂。

（4）商品猪驱虫 商品猪的感染源可来自母猪，也可来自环境。由于生长育肥阶段主要感染的是线虫和螨虫，因此，选择药物主要针对的是蛔虫、食道口线虫、类圆线虫和螨虫等。根据各种寄生虫的生活史，可在45～50日龄和100～120日龄各驱虫1次。可使用阿苯达唑/芬苯达唑伊维菌素粉或预混剂，每次连用7天。或内寄生虫使用阿苯达唑/芬苯达唑驱虫，而外寄生虫则采用敌百虫/拟除虫菊酯喷雾，间隔7～10天重新喷雾一次；也可以用浇泼剂驱虫。

总之，重视驱虫，可以降低母猪的淘汰率，提高其生产性能；可以提高育肥猪的生长速度，降低料重比。据统计，商品猪驱虫彻底，可节省10%的饲料。

第六节 消毒制度

消毒是指通过物理、化学或者生物学的方法杀灭或者清除环境中病原微生物的技术或措施。用于消毒的化学药物叫做消毒剂。猪场消毒是预防、控制传染性疾病的重要手段之一。

一、消毒的目的

传染病猪场的消毒是用物理或化学方法消灭停留在猪场不同传播媒介物上的病原体，藉以切断传播途径，阻止和控制传染病的发生。由于猪舍内外的环境不同，不可能杀灭所有的病原体，因此，消毒的目的主要是为了降低环境（包括猪的体表）病原体的载量，因为即使致病力再强，形成感染也需要一定数量的病原体。消毒的具体目的在于：①防止病原体播散到环境中，引起流行发生；②防止患畜再被其它病原体感染，出现并发症，或发生混合/继发感染；③同时饲养人员和兽医也免遭感染（人畜共患病）。

不同传播机制引起的传染病，消毒的效果有所不同。如消化道传染病，病原体随排泄物或呕吐物排出体外，污染范围较为局限，如能及时消毒，切断传播途径，中断传播的效果较好。而呼吸道传染病，病原体随呼吸、咳嗽、喷嚏而排出，再通过气溶胶和尘埃而播散，污染范围不确定，彻底消毒较为困难。

二、消毒药的选择

（一）消毒剂选择的原则

消毒药的种类繁多，不同消毒药的特色和杀菌（毒）谱不同。猪场选择消毒药要遵循以下原则：

1. **安全性** 对人和动物安全，对环境污染程度低、对器物和设备的腐蚀性小。
2. **有效性** 杀菌（毒）谱广、杀菌（毒）能力强、作用速度快。
3. **稳定性** 稳定性好、长效缓释、易溶于水，以便及时更换。
4. **指示性** 消毒剂在无效时可变色。
5. **经济性** 价廉易得，使用成本低。

（二）常用消毒剂种类

1. **碱类消毒剂** 火碱、生石灰。火碱不能用做猪体消毒，3%~5%的溶液作用30分钟以上可杀灭各种病原体。10%~20%的石灰水可涂于消毒床面、围栏、墙壁，对细菌、病毒有杀灭作用，但对芽孢无效。另外，生石灰还具有干燥的作用。

2. **双链季铵盐类消毒剂** 常用的有季铵盐、双季铵盐络合碘等。此类药物毒性极低、安全、无味、无刺激性，且对金属、织物、橡胶和塑料等无腐蚀性，应用范围很广，是一类理想的消毒剂。有的产品还结合杀菌力强的溴原子，使分子亲水性和亲脂性倍增，更增强了杀菌作用，对各种病原均有强大的杀灭作用。此类消毒剂可用于饮水、喷雾、带畜禽消毒、浸泡等消毒。

3. **醛类消毒剂**　常用的有甲醛溶液（福尔马林）、戊二醛等。前者仅用于空舍消毒（不能用作带猪消毒）。使用方法：放于舍内中间，按每立方米空间用甲醛30毫升、高锰酸钾15克，再加等量水，密闭熏蒸2~4小时，开窗换气后待用。

4. **氧化剂**　常用的有过氧乙酸、二氧化氯、过硫酸氢钾复合盐等。0.2%~0.4%的过氧乙酸可用于载猪工具、猪体等消毒。二氧化氯是一种安全、高效的消毒剂，常用于饮水消毒。过硫酸氢钾复合盐具有指示剂的作用，在失效时，由原来的粉红色变成无色（颜色越淡，消毒效果越差），具有非常强大而有效的非氯氧化能力，使用和处理过程符合安全和环保要求。

5. **卤素类消毒剂**　常用的有漂白粉、二氯异氰尿酸钠、三氯异氰尿酸等。

三、消毒程序

（一）人员消毒

1. **进入生活区**　进入生活区的人员需要通过消毒通道，通道中释放雾化消毒剂（需选用对人体、衣服损伤小的），通道内充满消毒剂汽雾，确保一定的时间（一般为10分钟左右），这样可保证人员进入后全身黏附一层薄薄的消毒剂气溶胶，能有效地阻断外来人员携带的各种病原微生物。

2. **进入生产区**　人员消毒最好的方式是淋浴。所有人员进入生产区净道和猪舍都要淋浴、更衣，并按指定路线行走。需要注意的是，非洲猪瘟病毒黏性非常高，简单冲洗并不一定能彻底洗净头发或体表其他部位的病毒，所以需要用沐浴露认真冲洗。进入养殖场的人员，必须在场门口更换靴子，并在消毒池内消毒，场门口设消毒池，可选用复合酚，3天更换一次。消毒室经常保持干净、整洁。工作服、工作靴和更衣室定期洗刷消毒，每立方米空间用42毫升福尔马林熏蒸消毒20分钟。工作人员在接触猪群、饲料等之前必须洗手，并用1:1 000的新洁尔灭溶液浸泡消毒3~5分钟。

3. **鞋底消毒**　人员通道地面应做成浅池型，池中垫入有弹性的、吸水性好的室外型塑料地毯（也可用麻袋），并加入碘酸消毒液1:500稀释或复合酚1:300稀释，每天适量添加，每周更换一次。两种消毒剂1~2个月互换一次。

4. **手的消毒**　可用复合季铵盐消毒液1:300稀释或戊二醛洗手，或使用过硫酸轻钾复合物洗手，事后需要清水洗涤。

（二）车辆和装猪台消毒

1. **乘用车消毒**　在猪场大门入口处设消毒池，消毒池的长度为车辆轮胎的2个周长以上，消毒池上方最好建顶棚，防止日晒雨淋；并且设置喷雾消毒装置。消毒药物用1%~3%的烧碱溶液；或碘酸消毒液1：800稀释，或1：300稀释的复合酚，消毒对象主要是车辆的轮胎；喷雾消毒的对象是车身和车底盘，消毒药要2天更换一次，以对车辆不会造成损伤的消毒药如季胺盐类、戊二醛等为主。

2. **运猪车消毒** 运猪车辆是最为危险的病原携带与传播载体，需要重视消毒。一般需要在远离猪场的地方彻底冲洗车身、车厢、底盘、轮胎等，最好使用洗涤剂或泡沫清洗剂。冲洗完后，需要严格消毒，应选用对车辆损伤轻的消毒药，如戊二醛、复合季铵盐类。关键是消毒完后需要干燥，无论是病毒还是细菌都是怕干燥的。可自然干燥，但最好使用热风机干燥。在远地消毒后到猪场时还需要重新消毒，以防止从洗消地点到猪场的路上重新被污染。注意，在消毒车身的同时，不能忽略驾驶室的消毒，可采用喷雾和擦拭的方式消毒。

3. **装猪台消毒** 装猪台应该是猪场直接与外界相通的唯一通道，是外界病原进入猪场的主要途径之一，是最容易被病原突破的门户。

（1）**装猪台消毒要求** 首先装猪台需要单向移动，包括猪和人员，到装猪台上的猪和人不能重新返回生产区；其次装猪台的污水不能回流到生产区。

（2）**装猪台的消毒** 基本同猪舍的空栏消毒。首先清理猪粪，继而用水或泡沫清洗剂浸泡，30分钟后高压水枪冲洗，最后用戊二醛、异硫氰酸尿酸钠、过氧乙酸、复合酚等消毒剂消毒。最后可铺撒生石灰保持干燥。

（三）空舍消毒

猪场空舍消毒的基础是全进全出，所有猪转出后需要对猪舍进行彻底冲洗和消毒。

1. **清洁** 使用物理方法清除猪舍内的排泄物，而后用水或者泡沫清洗剂浸泡猪舍、猪栏以及墙壁（猪能够到的地方），至少浸泡30分钟，用高压水枪冲洗干净残留的有机物。

2. **消毒** 按使用说明稀释消毒剂，自上而下进行喷雾消毒，1 500毫升/米²地面，或者至少喷湿地面；或者结合熏蒸消毒；也可以使用火焰消毒，火焰消毒可使用燃气或酒精，可消毒金属、水泥地面等不易燃的物品，不适合木质和塑料的消毒。

3. **干燥** 大部分病原体都是怕干燥的，所以任何消毒都需要干燥的过程，因此消毒完后需要空舍、干燥至少3天的时间才能重新进猪。

（四）环境消毒

1. **生活区环境消毒** 猪场办公室、宿舍、厨房、卫生间、食堂餐厅等每周消毒1次。疫情暴发期间每周2~3次。可选择二氯异氰尿酸钠或者三氯异氰尿酸、戊二醛等消毒。

2. **生产区环境消毒**　应做好场区环境卫生工作，清除杂草，对硬化的路面经常使用高压水清洗，每周用二氯异氰尿酸钠或三氯异氰尿酸1∶1 200对厂区环境进行1次消毒；也可选用2%的火碱溶液进行喷雾消毒。一段时间后改用0.05%的过氧乙酸或戊二醛等消毒。场内污水池、排粪坑、下水道出口，每月用漂白粉消毒一次。在猪舍入口设消毒池，使用2%火碱或5%复合酚，注意定期更换消毒液。

3. **人员通道消毒**　生产区和生活区设立人员消毒通道，用复合酚消毒，消毒液的深度至少10厘米，所有进入生产区的人员必须通过消毒池，严禁垫砖头。消毒液每2天更换一次。

（五）带猪消毒

在发生严重传染病时，需要加强消毒。通常选用聚维酮碘、二氯异氰尿酸钠、戊二醛、季铵盐、过硫酸氢钾复合盐等。消毒频率以一周1~2次为宜。在疫病流行期间或猪场存在疫病流行的威胁时，应增加消毒次数，达到每周3~4次甚至每天1次。带猪消毒不但可杀灭或减少猪只生存环境中病原体，而且净化了猪舍内的空气质量，夏季兼有降温作用。可在猪舍安装自动喷雾装置，定时喷雾，特别在夏季，喷雾后结合通风，可以省去水帘降温。

（六）排泄物消毒

被病猪的排泄物和分泌物污染的地面、土壤，可用5%漂白粉溶液或5%氢氧化钠溶液消毒。停放过芽孢所致传染病（如炭疽、气肿疽等）病猪尸体的场所，或者是此种病畜倒毙的地方，应严格加以消毒，首先用10%漂白粉乳剂，也可选用过氧乙酸、二氧化氯、戊二醛等消毒。患传染病和寄生虫病病猪粪便的消毒方法有多种，如焚烧法、化学药品消毒法、掩埋法和生物热消毒法等。实践中最常用、最环保的是生物热消毒法（发酵），此法能使非芽孢病原微生物污染的粪便变为无害，且不丧失肥料的应用价值。

（七）器物消毒

进入生产区的所有物品都需要消毒，如带有包装的疫苗、药物、工具等可用熏蒸的方法消毒。按照熏蒸室容积计算所需用的药品量，一般每立方米空间，用福尔马林25毫升、水12.5毫升、高锰酸钾25克。消毒前保持室内一定的湿度，经过12~24小时后方可将门窗打开通风。

（八）饮水消毒

饮水的消毒对确保猪的健康至关重要，通常使用漂白粉（每吨水6~10克）、次氯酸钠、二氧化氯（每吨水0.3克）、单过硫酸氢钾复合粉（每吨水2克）消毒。

四、影响消毒效果的因素

消毒要确保效果，必须达到足够的消毒药与病原体接触时间。因为消毒是一个消毒药与病原体接触的过程。消毒的标准：实验室消毒浓度不能准确指导环境消毒，消毒剂怎么"弥散"到整个空间才是关键！

（一）产品质量问题

产品质量是影响消毒效果的关键之一。质量问题表现在以下几个方面：

1. **含量不足**　按推荐浓度稀释，则达不到应有的消毒浓度。

2. **使用替代品**　最突出的是用价格低、质量差的产品，如季铵盐碘冒充聚维酮碘、用价格低的混合酚冒充氯甲酚等。

3. **稳定性差**　使用劣质原料、生产工艺、包装材料，特别是碘制剂，很多产品都标有效期2年，实际可能只有3~6个月。

4. **夸大效果**　随意夸大杀毒效果，为了让用户感觉使用成本低，有些厂家或业务人员随意加大稀释倍数，往往达不到应有的消毒效果。

（二）使用方法不合理

1. **温度、湿度和时间不达标**　提高环境温度可提高消毒效果。大多数消毒剂的消毒作用在温度上升时显著增强，尤其是戊二醛类，但易蒸发的碘剂与氯制剂例外，当加温至70℃时会变得不稳定而降低消毒效力。许多常用的温和消毒剂，冰点温度时毫无作用。熏蒸消毒时，湿度可作为一个环境因素影响消毒效果。用过氧乙酸及甲醛熏蒸消毒时，相对湿度以60%~80%为宜。在其他条件都不变的情况下，作用时间越长，消毒效果越好。消毒剂杀灭细菌所需时间的长短取决于消毒剂的种类、浓度及其杀菌速度，同时也与细菌的种类、数量和所处的环境有关。

2. **稀释倍数**　在一定范围内，消毒剂的浓度增加，杀菌力可成倍增加，但并不是消毒药的浓度越高越好。若为了节省消毒费用，随意提高药物的稀释倍数，则难以达到消毒效果，不如不消毒。

3. **没有定期轮换使用**　长期使用单一的消毒药，病原体也会对其产生耐药性，而且单一消毒药杀菌（毒）谱不广。所以应该定期更换消毒药。

（三）清洁不彻底

大部分消毒剂不能有效穿透有机物从而杀灭里面的病原体，而且有机物的成分还可以与某些消毒剂反应，影响其消毒效果。其中以季铵化合物、碘制剂、甲醛所受的影响较大，而石炭酸类与戊二醛所受影响较小。其实，彻底冲洗可以清除至少90%的病原体，其作用甚至比消毒剂更重要。

（四）病原体的种类和结构

病原体的种类不同，对消毒剂的抵抗力也有差异。如革兰氏阳性菌的等电点比革兰氏阴性菌低。所以，在一定的pH下所带的负电荷较多，容易与带正电荷的离子结合。故革兰氏阳性菌较易与碱性染料的阳离子、重金属盐类的阳离子及去污剂结合而被灭活。细菌的芽孢因有较厚的芽孢壁和多层芽孢膜，结构坚实，消毒剂不易渗透进去，所以，芽孢对消毒剂的抵抗力比其繁殖体要强得多。

（五）酸碱度

许多消毒剂的消毒效果均受消毒环境pH的影响。如碘制剂、酸类、来苏儿等阴离子消毒剂，在酸性环境中杀菌作用增强；而阳离子消毒剂如新洁尔灭等在碱性环境中杀菌力增强。

（六）人为的因素

如消毒通道人为地加上砖头，鞋底浸入不了消毒液，消毒池形同摆设。

五、消毒效果的评价

（1）消毒效果的好坏需要评估，否则没有必要浪费人力、物力和财力去做表面文章。

（2）可从消毒前后的表面采集样品，进行细菌培养，计算消毒前后细菌菌落的数量；也可以在消毒前后的猪舍或其他空间内放置培养皿，放置半小时后进行培养，比较消毒前后的菌落数。培养皿最好放在猪舍的四个角落和中心位置。

（3）消毒池内的消毒液在刚稀释后以及放置2天后，用无菌注射器抽取池子底部的液体进行培养，分别检测，比较菌落的数量。

（4）车辆消毒效果评估。可用棉纱布蘸取生理盐水在车厢、驾驶室、栏杆、底盘、轮胎等部位擦拭搜集样品，进行细菌培养，或进行PCR检测，特别是对非洲猪瘟病毒的检测。

（5）人员的消毒效果评估。淋浴或洗涤前后，可用蘸有生理盐水的棉签擦拭手、头发、衣服等部位，进行细菌培养或进行PCR检测，特别是检测非洲猪瘟病毒。

第七节　预防性用药

规模养殖群体越大，感染或发病的概率越大。一般情况下，机体的免疫系统可以对大部分病原产生坚强的抵抗力，但在应激反应如断奶应激、转群应激、冷热应激，或霉菌毒素中毒时，原来呈潜伏感染的病毒、细菌等可大量繁殖（或复制），数量增多，毒力增强，就可能引起疾病。即使不发病，动物体也会分流一部分营养用于抵抗这些病原体，从而影响生长和繁殖性能。

一、不同阶段的常见细菌病

不同阶段的猪有不同的疾病特色，不同季节有各自的发病特点。

1. **哺乳阶段**　哺乳阶段常发的细菌病有仔猪黄痢、仔猪白痢和仔猪红痢。有时因为剪牙、断尾造成的损伤，可能会促进各种条件性致病菌，特别是链球菌、葡萄球菌等的感染。

2. **保育阶段**　断奶后母源抗体的保护作用降低，而且应激反应频发，仔猪的抵抗力显著降低。断奶后腹泻、蓝耳病/圆环病毒病等引起的混合感染（副猪嗜血杆菌病、链球菌病等）、回肠炎、猪丹毒、猪痢疾、附红细胞体病等都是常见的疾病。

3. **生长育肥阶段**　常见呼吸道疾病综合征、气喘病、胸膜肺炎、回肠炎、猪痢疾、猪丹毒、附红细胞体病等。在一些卫生条件差的猪场，衣原体感染人也是常见的问题。

4. **母猪阶段**　母猪最常见的细菌性疾病是繁殖障碍性疾病，如衣原体感染、钩端螺旋体感染、猪丹毒、大肠杆菌感染、克雷伯氏菌感染以及链球菌感染等。

二、不同季节的疾病特点

1. **寒冷季节易发的疾病**　冬季由于气温低，紫外线弱，不容易杀死病毒，因而容易发生某些病毒性疾病，如口蹄疫、流感、流行性腹泻、传染性胃肠炎等。同时寒冷季节猪舍空气质量差，也是细菌性呼吸道疾病多发的季节，常见的疾病有气喘病、呼吸道疾病综合征、放线杆菌胸膜肺炎等。

2. **炎热季节易发的疾病**　由于气温高，湿度大，环境中细菌更容易繁殖，加之一些环境因素的原因，大肠杆菌腹泻、链球菌病、猪丹毒等多发。衣原体病，特别是结膜炎型的衣原体感染加剧。

3．气温、气压变化大的季节 常发生急性胸膜肺炎、巴氏杆菌病（或猪肺疫）等。

三、不同阶段的药物预防

根据疾病的性质和药物的特点，制定用药方案，可称为治疗性预防或预防性治疗。但不同猪场有各自的疾病流行特点，不能完全照搬其他猪场的用药程序或方案。

（一）哺乳阶段

由于哺乳阶段通过饮水或饲料给药比较困难，所以通常采用注射给药的方案用于预防或治疗。可按日龄，也可按管理阶段注射给药。如1～3日龄、7～10日龄和断奶时，或在剪牙/断尾、阉割及断奶时分别注射长效头孢噻呋，每千克体重5毫克。可以注射恩诺沙星注射液替代头孢噻呋，每千克体重5毫克；长效土霉素注射液替代头孢噻呋，每千克体重10～20毫克。

（二）断奶时

母猪和仔猪均可注射氟尼辛葡甲胺，减轻断奶应激，同时注射长效头孢噻呋注射液，每千克体重5毫克；或者注射氟苯尼考注射液，每千克体重15毫克。

（三）保育阶段

保育阶段是最容易发病的阶段，也是用药量最大的一个阶段。但针对发生的问题，不能头疼医头，脚疼医脚，需要综合性考虑直接病因和诱因。

1．**断奶后腹泻** 断奶后腹泻的发生原因有应激、消化不良、大肠杆菌感染等。可在饮水或饲料中添加硫酸新霉素或硫酸黏杆菌素，严重感染的猪场可使用硫酸安普霉素，连用5天。添加量为：每吨饮水20%硫酸新霉素200克，或20%硫酸黏杆菌素100克，或50%硫酸安普霉素50克。也可以在换料后通过饲料添加抗生素或其他产品，如每吨饲料添加10%牛至油预混剂500～1000克，连续使用至少10天。此外可在每吨饲料中添加20%硫酸新霉素500克，连用5～7天。有些猪场为了迎合禁抗潮流，可以在饲料中添加酸化剂或益生菌（如丁酸梭菌、地衣芽孢杆菌等）。

2．**预防断奶后蓝耳病不稳定造成的混合感染** 蓝耳病可以引起很多细菌的继发感染，在蓝耳病不稳定的猪场，保育猪细菌性性疾病的发病率显著提高，生产性能明显下降，因此需要稳定蓝耳病。每吨饲料中可添加20%替米考星1千克（按活性成分计200克）+20%氟苯尼考300克，连用15天；或者每吨饲料添加10%泰万菌素750克（泰万菌素75g）+20%氟苯尼考300克，连用15天；或者每吨饲料添加20%替米考星1 000克+10%强力霉素1 000克+板青颗粒1 000克，连续饲喂10～15天。

3. **断奶后多系统衰弱综合征的预防** 圆环病毒病的预防需要接种PCV$_2$疫苗，但混合感染的细菌可用抗生素预防。如在预期发病前，每吨饲料可添加80%泰妙菌素预混剂125克+50%盐酸多西环素200克（或15%金霉素2.5千克）+20%氟苯尼考300克，连用7～10天。

4. **预防保育猪的链球菌感染** 在换料应激、转群应激以及环境应激后，可通过饮水或饲料添加阿莫西林可溶性粉，如每吨饲料添加10%阿莫西林可溶性粉1～3千克（质量好的用1千克，质量差的用3千克），连用3～5天；或每吨饮水添加10%阿莫西林可溶性粉400～1 000克（质量好的用400克，质量差的用1 000克），每天1～2次（质量好的用1次，质量差的用2次，主要是稳定性、生物利用度及有效血药浓度维持时间差别很大），连用3～5天。

5. **回肠炎的预防** 回肠炎的病原体是细胞内劳森菌，慢性型多发于6～12周龄的猪。当前感染率越来越高，造成严重的经济损失。在发现猪栏内有粪便不成形、含有未消化饲料成分时，可通过饲料给药进行治疗性预防（个别猪发病，大群猪可能已经感染）。对回肠炎敏感的药物有泰妙菌素、林可霉素、替米考星、泰万菌素等，其中泰妙菌素是首选药物。每吨饲料添加80%泰妙菌素80克+50%盐酸多西环素150克，连用3周。也可以选择林可霉素、泰万菌素等。猪痢疾的发病日龄是2～3月龄，而敏感药物相差不多，因此可用相似的用药方案。

（四）生长育肥阶段

此阶段主要预防的疾病是呼吸道疾病综合征（PRDC）、回肠炎、猪丹毒、衣原体感染等。

1. **猪丹毒的预防** 任何阶段都可发生猪丹毒，但一般猪场首先发生于生长育肥阶段。可选的药物主要是阿莫西林：①在预期发病前，每吨饲料添加10%阿莫西林可溶性粉1～3千克（质量好的1千克，质量一般的3千克），连用5～7天；②在个别猪出现症状后，迅速隔离治疗，大群猪按方案①进行治疗性预防。

2. **呼吸道疾病综合征的预防** 呼吸道疾病综合征的病原体很多，其中肺炎支原体、多杀性巴氏杆菌、胸膜肺炎放线杆菌等是最常见的细菌性病原。由于不同抗生素的抗菌谱不同，所以最好采取联合用药的方案。用药时机为12～13周龄、18～20周龄。首选的药物组合是泰妙菌素+金霉素（多西环素）+氟苯尼考；其次可用泰乐菌素+磺胺二甲嘧啶+TMP；盐酸林可霉素+盐酸大观霉素；替米考星+氟苯尼考；泰万菌素+氟苯尼考。

如每吨饲料添加80%泰妙菌素125克+50%盐酸多西环素200克（或15%金霉素2.5～3千克）+20%氟苯尼考300克，连用7～10天；或者每吨饲料添加10%泰万菌素750克（泰万菌素75克）+20%氟苯尼考300克，连用7～10天；或者每吨饲料添加20%替米考星1千克（磷酸替米考星计200克）+20%氟苯尼考300克，连用7～10天。

3. **回肠炎的预防** 生长肥育阶段的回肠炎常发生于18周龄前后，可选用每吨饲料添加80%泰妙菌素80克+50%盐酸多西环素150克，连用3周；或选用每吨饲料添加10%泰万菌素750克（泰万菌素计75克），连用2周；或选用每吨饲料添加20%替米考星1千克（磷酸替米考星计200克），连用2周。

（五）母猪的预防用药

母猪的问题主要是繁殖障碍问题，如子宫炎、乳房炎、泌乳障碍、不发情、屡配不孕、流产等。

1. **围产期预防用药** 每吨饲料添加80%泰妙菌素125克+50%盐酸多西环素200克（或15%金霉素3千克）+75%磺胺氯达嗪钠（含TMP）400克，产前产后各连用10天，可防治子宫炎、乳房炎和泌乳障碍综合征。也可以每吨饲料添加补中益气散1千克+龙胆泻肝散3千克，妊娠90天到断奶连续使用，用于母猪便秘、厌食、产程长以及霉菌毒素感染等。

2. **分娩前后用药** 分娩过程中或分娩后8小时内，可注射长效头孢噻呋，每千克体重5毫克（一次即可）；或注射恩诺沙星注射液，每千克体重5毫克，每天1次，连用1～2次；或注射马波沙星注射液，每千克体重2.5毫克，每天1次，连用1～2次；或注射氟苯尼考注射液，每千克体重15～20毫克。可预防或治疗母猪的子宫炎、乳房炎和泌乳障碍综合征。

3. **预防母猪便秘** 便秘可以引起母猪的很多生产问题。妊娠后期，饲料中可添加益生素，或增加纤维素的用量。最重要的是要保证母猪的饮水量。

4. **稳定蓝耳病** 蓝耳病不稳定的母猪群，可在每吨饲料添加20%替米考星1～2千克（按活性成分计200～400克）+20%氟苯尼考300g，连用15天；或者每吨饲料添加10%泰万菌素750克（泰万菌素75克）+20%氟苯尼考300g，连用15天。

四、不同季节的药物预防

1. **夏天的预防方案** 每吨饲料添加80%泰妙菌素125克+50%盐酸多西环素200克，连用7天，可预防衣原体、附红细胞体的感染。除哺乳仔猪外，饮水或饲料中添加阿莫西林可溶性粉，可防治急慢性猪丹毒，具体用法是每吨饲料添加10%阿莫西林1～3千克（视产品的质量而定），连用3～5天；或每吨饮水中添加10%阿莫西林可溶性粉400～1200克（视产品质量而定），每天1～2次（依产品质量而定），连用3～5天。每吨饲料添加20%氟苯尼考300克+50%盐酸多西环素250克，连用7～10

天，可有效预防放线杆菌胸膜肺炎和多杀性巴氏杆菌感染等。夏季也是哺乳仔猪黄白痢多发的季节，因此可使用恩诺沙星注射液肌内注射，每千克体重5毫克，每天1次，连用2天。

2. **秋季的预防方案**　每吨饲料可添加80%泰妙菌素125克+50%盐酸多西环素200克（或15%金霉素2.5～3千克）+20%氟苯尼考300克，连用7～10天，可预防呼吸道疾病综合征、胸膜肺炎、猪肺疫、附红细胞体感染等。

3. **冬春季节**　在气温较低的季节，呼吸道疾病多发。每吨饲料可添加80%泰妙菌素125克+50%盐酸多西环素200克（或15%金霉素2.5～3千克）+20%氟苯尼考300克，连用7～10天，用于控制呼吸道疾病综合征、胸膜肺炎等呼吸道疾病。

3. **春秋季药物预防**　弓形虫病是每个饲养阶段都会发生的疾病，磺胺-6-甲氧嘧啶很敏感，春秋两季全群使用，每吨饲料添加磺胺-6-甲氧嘧啶250克（活性成分计）+TMP50克，每次连用5～7天。也可以每吨饲料添加磺胺氯达嗪钠（62.5%）400～500克，连用5～7天。

猪场疾病多种多样，很多疾病与饲养模式、饲养管理和环境控制有关，更与平衡的营养有关。因此，单一用药不能解决所有问题。用药需要考虑准确的诊断、恰当的用药时机、准确的用药剂量、足够的疗程、适宜的给药途径、合理的联合用药等，更要考虑药物的质量，因为有时即使诊断准确，选错了药，也不会有理想的疗效。

由于中药、酸化剂、精油、抗菌肽、溶菌酶及其他的功能性添加剂并不能完全替代抗生素，或仅在某一阶段发挥作用，所以很难给出适合所有规模猪场的保健方案。

附件 3-4　猪场抗生素的正确选择

为了提高动保产品的使用效果，必须选择有效的产品，而且需要根据药物的特点合理使用。质量好的产品可以做到药到病除，显著降低养殖场损失，并在一定程度上提高效益。同时，兽医能更有尊严地工作。

兽药的总体选择标准就是有效、安全、方便以及使用成本低。但抗生素选择的指标很多，有实验室指标，也有临床指标。一般情况下，由于受多方面因素的影响，临床指标的评价比较繁琐。

（一）药敏试验

药敏试验主要检验不同药物对所分离细菌的敏感性，因为很多病原菌逐渐产生了对抗生素的耐药性，或者本身就不敏感。

1. **选择活性成分**　通过药敏试验可以选择活性成分，如青霉素、阿莫西林、氟苯尼考、四环素等。

2. **选择药物制剂**　同一活性成分不同制剂对细菌敏感性有差异，据山东中慧疾病控制中心检测，不同制剂间对细菌的敏感性确实存在差异，有一定制剂工艺的产品敏感性更高，可能与溶出度高有关系。

3. **影响药敏试验结果的因素**　药敏试验结果只能作为参考，不能作为唯一的依据。不同抗生素制剂的生物利用度不同，或者药代动力学不完全一样。原因如下：

药敏试纸。试纸片材质影响（普通滤纸的含药量比较小，往往达不到应有的效果）。

采样、所检测的细菌。所作药敏试验的细菌不一定是真正的致病菌，所以即使敏感，也不一定有效。

试验方法。常用的药敏试验方法有纸片法、钢圈法和微量稀释法，前两者检测的是抑菌圈的大小，后者检测的是最低抑菌浓度。相比较而言，微量稀释法的准确性更高，但也更麻烦。

细菌的量。细菌的量直接影响试验结果，细菌量越大，所需要的抗生素越多，也就是越不敏感。

（二）溶解度

大部分药品必须溶解才能吸收，溶解度越高，生物利用度越高。猪场可以自己试验，对不同产品进行比较。

同一活性成分的不同制剂溶解度差别很大，主要是工艺问题。很多可溶性粉溶水后或者沉淀，或者漂浮，导致摄入的药量不同，而且溶解性不好容易堵塞水管。

测定方法：必须使用猪的饮水进行溶解性试验。在常温下，使用透明的烧杯或矿泉水瓶，加100毫升水，然后称取一定量的药物，加入水中搅拌1~3分钟，观察沉淀、漂浮物以及透明度。如溶解性高的阿莫西林和氟苯尼考可溶性粉，溶解后澄清，不会堵塞水管。

（三）溶出度

1. **溶出度概念**　溶出度是指在规定的溶剂（如模拟肠液）中活性成分释放的速度和程度。只有溶出（释放），才能够被利用。溶出度试验可以委托第三方实验室或有能力的制药公司完成。

2. **溶出度的差别**　活性成分相同而制剂不同的产品，溶出度差别很大。如30%阿莫西林，工艺好的制剂30分钟溶出度接近100%；工艺落后的制剂只能达到60%，甚至更低。据某大型跨国公司实验室检测，不同氟苯尼考制剂的溶出度从9%到83%不等。所以即使价格再低，溶出度低的产品有效价格也是非常昂贵的。

（四）稳定性

1. 稳定性概念 稳定性是指药物在生产、运输、储存或使用过程中，有效成分被破坏的程度。稳定的药物制剂是药物更好地发挥疗效、降低毒副作用等不可忽视的保证；是制定药品使用说明书中药品有效期的客观、准确的重要依据。稳定性既与活性成分本身的特性有关，也与辅料选择和制剂工艺有关。

2. 制剂稳定性的差别 稳定性试验可以委托第三方实验室或有能力的制药公司完成。很多制剂是不稳定的，如阿莫西林对热、水和胃酸敏感；克拉维酸钾对水和热更不稳定；恩诺沙星、伊维菌素对光敏感。阿莫西林原研药的制剂工艺可以保证在常温下保存长期稳定，如其有效期可达3~4年，而农业农村部规定的保质期一般不超过2年，说明稳定性是有差异的。很多制剂储存半年到一年再去检测，含量只有标示量的70%~80%，说明其保质期不应该为2年。复方阿莫西林中的克拉维酸钾原料需要-20℃保存，而在制剂中储存一定的时间后检测，含量就会显著降低，在使用时，阿莫西林和克拉维酸钾的比例就不是原来的4:1了。

3. 稳定性的应用 阿莫西林饮水给药时，需要控水1小时以上，必须在3小时内用完，而且需要每天至少2次给药；而有先进制剂工艺的原研药和仿制药则不需要控水，可以全天饮用，每天给药1次即可。

（五）生物利用度

1. 生物利用度概念 生物利用度是指通过非静脉途径给药时（如肌内注射、混饲混饮给药），能够吸收进入血液循环的比例。如投药量20毫克，而吸收进入血液循环的量只有16毫克，则生物利用度只有80%。

2. 生物利用度的测定 这一试验必须通过实验室和猪场一起完成，因为要选择本动物进行。如要在用药后一定的时间段采血，检测血浆中的药物浓度。因为药物不同，具体的采血时间、采血的间隔时间也不同，这涉及药代动力学。

3. 生物利用度举例 据报道，原上海医科大学曾测定某药厂的麦迪霉素生物利用度，结果为零，这样的药物临床应用岂能有效。又如磷霉素钙，药敏试验对猪丹毒很敏感，但临床反应效果差，据测定其口服生物利用度仅为26%。再如两种泼尼松龙制剂，分别一次口服10毫克，质优的制剂血药浓度为239.4纳克/毫升，质差的制剂为60.86纳克/毫升，生物利用度差异如此之大，临床效果岂能相同。

（六）药物选择的其他指标

除了实验室指标外，猪场还可以采用其他指标进行选择。

1. 临床效果 其实猪场都知道，不同制剂的质量不同、疗效不同。因此要观察发病率、有效率、生长速度（含均匀度）、料重比等，但这需要很长的时间，而且需要重复几次。因为影响因素很多。

2. **安全性**　动物用药的安全性表现在毒副作用的强弱，也与药残有关。好的制剂在休药期结束后即检测不到药物残留。

3. **便利性**　猪场的人员比较少，而且兽医和饲养员能偷闲就不会去忙碌。在全群投药时，饮水或饲料给药比全群注射显得轻松。同样青霉素需要随用随溶解，每天注射至少3次，大部分人是不愿干的，注射能省一针就省一针，结果就影响了疗效。所以需要选择方便给药，用药次数少的制剂或药物。

4. **价格**　价格始终是需要考虑的重要因素，但不是唯一因素，毕竟养殖的动物是有价的，需要考虑效益。但低价不一定使用成本低，因为无效的产品是最贵的，抛开疗效谈价格是不恰当的。

第八节　常见疾病防治

一、非洲猪瘟

非洲猪瘟（African swine fever, ASF）是由非洲猪瘟病毒（African swine fever virus, ASFV）感染猪引起的一种高度接触传染性、广泛出血性烈性传染病，最急性和急性型感染死亡率高达100%，是养猪业的头号杀手。该病自1921年首次报道后，主要流行于撒哈拉以南非洲地区。2007年格鲁吉亚暴发ASF后，疫情迅速蔓延至整个高加索和俄罗斯地区。2014年ASF扩散至东欧十多个国家并初步呈现出扩大流行趋势。世界动物卫生组织（OIE）将ASF列为必须报告的动物疫病，我国将其列为重点防范的一类动物传染病。2018年8月我国暴发首例ASF疫情，此后短短一年时间内ASF已基本席卷全国，截至目前，累计暴发疫情达150起，因疫情扑杀猪只超过百万头，造成直接经济损失近百亿元。2019年ASF已在包括蒙古国、越南、朝鲜、柬埔寨等多个亚洲国家暴发，初步呈现全球流行趋势，对全球养猪业造成重大威胁。

1. **非洲猪瘟病毒**　ASFV是非洲猪瘟相关病毒科（Asfarviridae）非洲猪瘟病毒属（Asfivirus）的唯一成员，也是目前所知唯一可经虫媒传播的DNA病毒。ASFV主要感染单核-巨噬细胞，可利用巨胞饮或网格蛋白介导的内吞完成其入侵。成熟的ASF病毒粒子结构复杂，主要由基因组、内核心壳、内膜、衣壳和囊膜五部分组成。细胞内病毒粒子和细胞外病毒粒子均具有感染性。ASFV对外界环境抵抗力强，特别耐低温，4℃条件下可存活1年以上；但怕热，60℃条件下30分钟可有效灭活病毒。ASFV对pH的耐受范围非常广，在3.9～11.5的pH环境中都可以存活。

ASFV的基因组是约190kb的双链线性DNA分子，可编码近200种蛋白，主要由三部分组成：末端的发卡环结构、紧邻末端由多基因家族构成的可变区以及中间比较稳定的保守区。多基因家族基因拷贝数的不同会造成ASFV不同分离株基因组大小存在差异。ASFV的基因型复杂多变，目前已鉴定出24种基因型。东欧及高加索地区流行的主要是基因Ⅱ型，西非地区主要是基因Ⅰ型，东非和南非则有20多种基因型。根据ASFV血细胞吸附抑制特性，可将其分为8个血清群。目前我国流行的ASFV为基因Ⅱ型、血清群8的强毒株。

2. **流行病学**　ASFV的宿主有家猪、疣猪、野猪、灌木猪（非洲野猪）和软蜱。ASF的传染源主要是感染了ASFV的家猪、野猪、软蜱，以及受污染的饲料、猪肉制品和因直接接触而污染的设施（车辆、衣服、靴子、注射器）等。ASFV感染途径和传播方式虽然多种多样，但主要是人的活动造成的直接或者间接接触传染源而感染，后病毒经消化道、呼吸道、血液传播到全身各组织脏器从而引起全身性感染。ASFV已明确的传播循环主要有4条：①家猪-软蜱-家猪循环；②家猪-家猪循环；③野猪-野猪循环；④家猪-野猪循环。在不同的循环内，ASFV可以持续存在。

3. **诊断**

（1）临床症状及剖检病变　自然感染ASFV的潜伏期通常为3～5天，也有可延长至19天，极少数可达28天，OIE法典规定的潜伏期为15天。ASF的临床症状很难和经典猪瘟区别，根据毒力和感染途径不同，ASF可表现为最急性型（强毒株）、急性型（中等毒力毒株）、亚急性型和慢性型（弱毒株）。不同感染类型的死亡率、临床症状见表3-15。

表3-15　非洲猪瘟病毒感染临床症状

表现型	死亡率（感染后天数）	症状
最急性型	100%（1～4天）	• 高热（41～42℃），无症状突然死亡
急性型	90%～100%（6～9天）	• 发热（40～42℃）、沉郁、厌食、耳、四肢、腹部皮肤有出血点、发绀 • 眼、鼻有黏液脓性分泌物，呕吐，便秘，粪便表面有血液和黏液覆盖，或腹泻，粪便带血 • 步态僵直、呼吸困难，病程延长则出现神经症状 • 妊娠母猪在妊娠的任何阶段均可出现流产

（续）

表现型	死亡率（感染后天数）	症状
亚急性型	30%～70%（7～20天）	• 症状与急性相同，但病情较轻，病死率较低，持续时间较长 • 体温波动无规律，常大于40.5℃；呼吸窘迫，湿咳；关节疼痛、肿胀
慢性型	＜30%（＞1个月）	• 低热（40～40.5℃）伴随呼吸困难，消瘦或发育迟缓；关节肿胀，局部皮肤溃疡、坏死

感染非洲猪瘟死亡的猪只剖检最显著的特征是多组织广泛性出血肿大，其中脾脏尤为显著，一般情况下可达正常脾脏的3～6倍，呈暗红色，质地变脆。肾脏包膜斑点出血。颌下、肠系膜、腹股沟等淋巴结肿大、出血，类似血凝块。其他剖检变化包括心脏、肺脏、肝脏、膀胱、胃、肠等组织脏器出血、水肿。

（2）实验室诊断 ASFV感染的一般临床特征为高热、皮肤发绀，剖检可见多组织广泛性出血。因其临床症状与经典猪瘟、猪丹毒、猪皮炎肾病综合征和猪繁殖与呼吸系统综合征等相似，难以鉴别，必须借助实验室的病原学和血清学方法进行确诊。常见的诊断方法有，针对ASF的病毒分离、红细胞吸附试验；针对ASF抗原或者抗体的ELISA、荧光抗体试验、胶体金免疫层析试纸条、间接免疫荧光试验；针对病毒核酸的PCR、实时荧光定量PCR、环介导等温扩增等。不同的诊断方法其灵敏性、特异性、便携性等各不相同，可根据实际需求进行选择。

4. **消毒** 针对ASFV最有效的消毒产品是10%的苯及苯酚、次氯酸、强碱类及戊二醛。强碱类（氢氧化钠、氢氧化钾等）、氯化物和酚化合物适用于建筑物、木质结构、水泥表面、车辆和相关设施设备消毒。酒精和碘化物适用于人员消毒。

消毒程序如下：

（1）消毒前准备 选择合适的消毒剂，场内消毒前必须进行清洁处理污物、粪便、饲料、垫料等。

（2）消毒方法 场内金属设施、设备，可采用火焰消毒。对圈舍、车辆、屠宰加工、贮藏等场所，可采用喷洒等方式进行消毒。

（3）人员及物品消毒 场内员工可采取淋浴消毒。对衣、帽、鞋等可能被污染的物品，可采取消毒液浸泡、高压灭菌等方式消毒。

5. **鉴别诊断** 非洲猪瘟临床症状与古典猪瘟、高致病性猪蓝耳病、猪丹毒等疫病相似，必须通过实验室检测进行鉴别诊断。可参照《非洲猪瘟疫情应急实施方案（2019年版）》中的非洲猪瘟诊断规范。

（1）流行病学标准

① 已经按照程序规范免疫猪瘟、高致病性猪蓝耳病等疫苗，但猪群发病率、病死率依然超出正常范围。

② 饲喂餐厨剩余物的猪群，出现高发病率、高病死率。

③ 调入猪群、更换饲料、外来人员和车辆进入猪场、畜主和饲养人员购买生猪产品等可能风险事件发生后，15天内出现高发病率、高死亡率。

④ 野外放养有可能接触垃圾的猪出现发病或死亡。

符合上述4条之一的，判定为符合流行病学标准。

（2）临床症状标准　发病率、病死率超出正常范围或无前兆突然死亡：①皮肤发红或发紫；②出现高热或结膜炎症状；③出现腹泻或呕吐症状；④出现神经症状。符合第①条，且符合其他条之一的，判定为符合临床症状标准。

（3）剖检病变标准　①脾脏有出血性梗死；②下颌淋巴结出血；③腹腔淋巴结出血。符合任何一条的，判定为符合剖检病变标准。

对临床可疑疫情，经病原学快速检测方法检测，结果为阳性的，判定为疑似疫情。对疑似疫情，按有关要求经中国动物卫生与流行病学中心或省级动物疫病预防控制机构实验室复核，结果为阳性的，判定为确诊疫情。

6. **日常监测及疑似疫情处理**　每天按时观察场内猪只的饮食，监测体温，一旦发现异常猪只可根据临床症状进行初步判断，并采集鼻腔拭子、肛拭子、EDTA抗凝血，利用商品化的ASF监测试剂盒进行初步监测。监测结果为阴性时，需继续观察并复检确认。当结果为阳性时应立即复检并对发病猪进行隔离，同时做好消毒工作。当确诊为ASF时则需对猪场进行"拔牙式"的清除，将疫情猪舍及相邻猪舍全面封锁淘汰，进行无害化处理，保护未感染猪群；对有可能接触阳性猪只的其他猪群进行采样检测，如果呈现阳性，则需要采取对应措施，停止猪场所有注射行动，限制人流、猪流、物流、车流等，进入紧急状态。当连续28天无病例时可解除紧急状态。

7. **非洲猪瘟的防控**　至今无商品化疫苗及有效治疗药物可用，防控的核心在于提高生物安全，把ASF拒之门外。可从以下几方面着手：

（1）猪场外围防控　对猪场及周围环境分级管理，建立对应的屏障，在屏障和猪场之间可设置缓冲区，对缓冲区严格把关做好消毒工作，防止病毒进入猪场。

（2）猪场内部防控

① 封闭管理、脏净分区、单向流动、防止交叉。ASF的感染途径主要是由外部进入猪场携带病毒的人、车、猪、物、料等，其次是猪场内部不当的操作，包括

采血、争斗和水的污染造成。强化对猪场内猪群、人员、饲料及原料、水源的管理及风险评估，禁止不同猪舍及其人员之间共用物品。

② 猪场内部合理布局，单元格化，设立防疫屏障，一旦发现问题及时切断可能的传播途径。消灭场内可能的传播媒介，定期消除场内的杂草、蚊蝇、蜱、鼠等，有条件的猪场可以设置相应的防护网。

③ 选择高效的消毒剂，制定合理的消毒程序，建立洗消中心。生物安全的核心组成部分是消毒，所有进入猪场的人员及所有物品必须严格消毒。针对不同的分区可采用不同的消毒程序，防止过度消毒。

④ 批次化和全进全出饲养。适当地改进日粮，在饲料里面适当地加饲料纤维和抗应激的药物。猪在应激状态下容易感染ASFV，因此可减少应激和其他操作，包括添加抗应激的产品。

⑤ 疫苗使用。在非洲猪瘟形势非常严峻的情况下，尽量少用疫苗。猪瘟、口蹄疫疫苗需要使用。猪瘟和非洲猪瘟非常相似，把猪瘟防好，类似猪瘟的病变就很容易排查。口蹄疫的危害性比较大，口蹄疫感染之后，口腔溃烂，蹄子溃烂，非洲猪瘟的门户打开了，病毒就容易感染。

（3）应急预案与防控理念

① 建立场内应急预案。场内兽医及时监测包括ASF在内的各种疫病，一旦发现疑似ASF感染猪只可按照应急预案隔离病猪，防止疫病扩散，并向当地兽医主管部门报告。当确诊为ASF疫情时，猪场应配合兽医主管部门按照相关规定进行处置。

② 重建防控体系，重塑防控理念。猪场生物安全的实施在于员工，强化员工生物安全意识与执行力对于防控ASF至关重要。让员工树立和猪场一起抵抗非洲猪瘟的信念，建立相应的奖惩制度、监督制度、隔离封锁制度、定期培训考核制度，保证生物安全措施的落实到位，方可有效防控ASF。

二、猪瘟

猪瘟（Classical swine fever，CSF）是由猪瘟病毒（Classical swine fever virus，CSFV）引起猪的一种以高热、出血和高死亡率为主要特征的接触性传染病，可造成严重的经济损失。该病被世界动物卫生组织（OIE）列入须申报的动物传染病目录，我国将其列为一类动物疫病。《国家中长期动物疫病防治规划（2012—2020年）》将猪瘟列为5种优先防治和重点防范的一类动物疫病之一。

猪（包括家猪和野猪）是唯一的易感宿主，同时也是病毒的传播宿主，各种年龄均可感染。该病无季节性和地域特征，只要有易感猪存在，病毒传入后均可造成暴发流行。健康带毒猪是病毒的储存宿主。目前，持续性感染的种猪和先天感染的仔猪是我国猪瘟传播的首要传染源。发病猪可通过鼻咽分泌物、精液、尿液以及粪便排毒，所以病猪及其分泌物和排泄物是猪瘟病毒的重要来源。

（一）世界猪瘟分布和我国猪瘟的流行现状

2018年OIE发布的CSF全球流行报告显示，美国、加拿大、澳大利亚、欧盟等部分国家和地区已经成功根除了猪瘟，但该病仍持续对亚洲、东欧、中南美洲大部及加勒比海地区造成严重危害，尤其对发展中国家的养猪业和食品安全影响较大，一些无猪瘟国家也面临着传入该病的高风险。目前，CSF三大流行区为中南美洲、欧洲和亚洲。其中，中南美洲为疫情稳定区；东欧地区为流行活跃区；亚洲属于老疫区，由于控制措施不力，目前疫情形势依然严峻。资料表明，除南非、马达加斯加和毛里求斯外，非洲其他国家未发现猪瘟暴发。国际上公认的、最为精确的基因分型法可将CSFV分为3个基因型和10个基因亚型。基因1型主要分布在南美、亚洲和俄罗斯；基因2型主要分布于欧洲、亚洲等；基因3型主要分布在亚洲。目前，我国CSFV的流行毒株以2.1、2.2和1.1基因亚型为主，偶有2.3和3.4亚型，其中2.1亚型占优势。

当前世界范围内猪瘟的流行发生了很大变化，经典强毒株引起的猪瘟在成年猪中少见，中等、低毒力猪瘟病毒引起的非典型猪瘟和持续性感染比较常见，造成的经济损失不容小视。当前我国猪瘟的流行形势和发病特点主要表现为：流行范围广，全国范围内均有流行，但以散发性流行为主。目前猪瘟多见于仔猪，成年猪很少表现临床症状，但可持续带毒，并且可通过水平和垂直传播在猪场内恶性循环。非典型症状和繁殖障碍型猪瘟增多，临床上持续性感染（亚临床感染）和隐性感染增多，成为猪瘟流行最危险的传染源。另外，猪瘟与猪繁殖与呼吸综合征、伪狂犬病、猪细小病毒病和猪圆环病毒病等混合感染十分严重和普遍。

（二）猪瘟的临床症状与病理变化

根据临床症状和病程，猪瘟可分为最急性型、急性型、亚急性型、慢性型、持续性和潜伏感染，这些不同的感染类型既与毒株有关，也与宿主有关，这些因素包括毒株毒力、宿主种类与年龄、感染时机和宿主机体的免疫状态等。如果猪场没有免疫过猪瘟疫苗，各种年龄的猪感染后都会发生严重的疾病，毒株毒力高则病情重，死亡率高；毒株毒力低则发病轻，死亡率低。

1. **最急性型** 见于未免疫的猪场流行之初，目前规模猪场已极少见到最急性型病例。主要表现为突然发病，全身痉挛，皮肤、黏膜发绀，先便秘，后腹泻。病程为1~6天。

2. **急性型** 强毒株引起典型发病（急性）的临床症状和病理变化，包括高热稽留，常超过40℃，食欲减退或废绝，先便秘后腹泻，皮肤和黏膜点状出血，特别是耳尖、四肢、下腹部和尾巴出现特征性斑点状或片状蓝紫色出血斑，结膜炎，扁桃体、会厌软骨、胸腹腔浆膜、肾脏表面、膀胱黏膜等针尖状出血，脾脏肿大、边缘梗死，淋巴结出血、肿大，切面呈大理石样变。胃、小肠和大肠浆膜及黏膜面点状及斑块状出血，有时可见回盲瓣纽扣状溃疡。急性感染猪多于发病后1~3周死亡。

3. **亚急性型** 亚急性型猪通常由中等毒力毒株感染引起，临床症状类似急性型病例，但严重程度有所降低，病程明显延长，死亡病例多见于发病一个月内，而且死亡率减少，一些发病猪能康复，但常见生长迟缓。

4. **慢性型或持续性感染** 低毒力毒株通常引起慢性感染或持续性感染。此外，有一定免疫力的猪只感染强毒力毒株后也可出现慢性感染或持续性感染，其临床表现往往不典型，容易与其他疾病混淆，特别是成年猪和种猪感染后往往不表现明显的临床症状和病理变化，部分母猪可出现繁殖障碍，仔猪感染后常出现生长迟缓，成为"僵猪"，病程可长达数月。

（三）规模猪场猪瘟防治

1. **加强猪瘟防疫技术培训** 规模猪场应定期对猪场工作人员进行猪瘟及其他猪病防疫知识的培训，尤其是生物安全防控方面的培训，建立完善的疫病防控培训方案和考核机制，提高猪场人员的疫病防控意识能力。当前在我国非洲猪瘟暴发的严峻形势下，猪瘟和其他动物疫病的防控应按照非洲猪瘟防控的标准来实施。

2. **加强日常管理** 良好的疫苗免疫策略对于规模猪场猪瘟的防控固然重要，但日常管理工作也不能忽视。猪场内部应建立完善的日常管理制度，包括对人、猪、车、物、料的管理，日常卫生和消毒的管理等。加强日常饲养管理工作，禁止猪场内不同区域、单元和猪舍的人员交叉出入；按计划对场区进行清扫、定期消毒；提供营养成分配比合理的全价饲料；加强猪舍的环境控制，给猪提供舒适的生活空间等；提高猪群的抗病能力，降低猪只接触猪瘟病原、感染猪瘟的可能性。

3. **优化猪瘟疫苗免疫程序** 目前，国内还没有统一的猪瘟免疫程序，特别是仔猪。因此，规模猪场应通过免疫监测和分析，制定科学合理的免疫程序。

（1）种母猪 25~35日龄初免，60~70日龄加强免疫一次，以后每4~6个月免疫一次；生产期间，产前20~28天或产后20~28天免疫一次。

（2）种公猪　25～35日龄初免，60～70日龄加强免疫一次，以后每4～6个月免疫一次。

（3）商品猪　根据母源抗体水平的高低，一般以抗体水平平均阻断率降至35%时为宜，确定仔猪的首次免疫时间。一般25～35日龄初免，60～70日龄加强免疫一次，超前免疫视猪场污染情况而定，一般在仔猪出生后立即免疫，免疫后1.5～2小时哺喂初乳。

（4）紧急免疫　当发生疫情时，应对一个月内没有免疫过的受威胁猪，进行一次紧急免疫。

4. 建立免疫监测制度　规模猪场应建立完善的免疫监测制度，通过定期监测猪群的猪瘟抗体水平，实时掌握猪群的免疫状况，了解猪瘟的免疫效果和猪瘟的流行情况。通过对种猪群的免疫监测，及时筛查出具有免疫抑制的猪，淘汰隐性带毒猪，杜绝猪群内通过其进行直接传播和垂直传播；对仔猪、保育猪和育肥猪进行免疫监测可以优化仔猪的免疫程序，如果在免疫后进行监测，可以评估本次免疫后的效果，并及时调整免疫计划。

5. 建立猪瘟疫情监测体系　疫情监测是早发现、早处理和诊断疫情的关键。因此，规模猪场应按照国家的有关规定，制定各自相应的疫情监测方案。一旦出现疫情，立即采取相应的处置措施。

6. 临床监测和诊断　依据本病流行病学特点、临床症状、病理变化可做出初步诊断，确诊需进行实验室检测。

（1）临床症状　本病的潜伏期为3～10天，隐性感染可长期带毒。典型症状：发病急、死亡率高；体温通常升高至40℃以上、厌食、畏寒；先便秘后腹泻，或便秘和腹泻交替出现；腹部皮下、鼻镜、耳尖、四肢内侧皮肤均可出现紫色出血斑点，指压不褪色，眼结膜和口腔黏膜可见出血点。

（2）病理变化　淋巴结水肿、出血，切面呈大理石样病变；肾脏呈土黄色，表面可见针尖样或斑点状出血；全身浆膜、黏膜和心脏、膀胱、胆囊、扁桃体常可见出血点和出血斑；脾不肿大，边缘可见暗紫色突出表面的出血性梗死灶；慢性猪瘟在回肠末端、盲肠和结肠黏膜常见"纽扣状"溃疡或"扣状肿"。

7. 实验室检测　实验室病原学检测必须在相应级别的生物安全实验室进行。

（1）样品采集

① 活体样品：采集血液或扁桃体、排泄物，用于病原学检测；采集血清样品，用于检测抗体。

② 发病或死亡动物样品：采取病、死猪各种脏器，包括扁桃体、淋巴结、胰

脏、脾脏、回肠、肝脏、肾脏及EDTA抗凝血、排泄物。

（2）病原分离与鉴定 病原分离、鉴定可用细胞培养法、荧光抗体染色法、兔体交互免疫试验、RT-PCR方法、荧光RT-PCR方法、猪瘟抗原双抗体夹心ELISA检测法。

（3）血清学检测 可采用猪瘟病毒抗体阻断ELISA检测法、猪瘟荧光抗体、病毒中和试验、猪瘟抗体间接血凝试验等。

8. 病死猪处理 当猪瘟抗原检测为阳性时，应进行无害化处理。在猪场的无害化处理点，对病死猪及其污染物进行处理。对运输病死猪的车辆和工具等进行严格的消毒处理。

9. 规模猪场猪瘟的净化 从长远来看，规模猪场要采取猪瘟净化的措施。猪瘟净化技术的核心是病原监测。通过监测，及时淘汰处理带毒猪，是猪瘟净化的重要步骤。同时，要实施严格的生物安全措施，确保不会传入新的疫情。净化可采取免疫净化和非免疫净化相结合的方式进行。

（1）免疫净化 即采取以免疫为主的策略，结合淘汰病原检测阳性猪，达到净化猪瘟的目的。一直免疫猪瘟疫苗或近期有猪瘟发生的规模猪场，一般采取免疫净化的措施根除猪瘟。在净化过程中，每一项工作均要有完整的记录。通过对猪群的免疫监测、种猪群病毒感染的检测、种猪群的加强免疫、后备种猪的引进和新建猪场猪瘟病毒阴性群的引进，以及仔猪抽取等环节，对猪场的猪瘟抗体和病毒流行情况进行详细的了解。

（2）净化监测阶段 每4个月对种猪群按95%的检测置信度采样（一般30份样品即可），进行抗体检测。如出现抗体水平偏低，则应对猪场的免疫程序进行调整。每12个月对全部种猪采血检测抗体。抗体阻断率低于65%的应加强免疫，如加强免疫阻断率仍不能达到65%的，对抗体阴性猪只应进行淘汰。采集猪只扁桃体，检测是否感染了猪瘟病毒，每6个月检查1次，抽查比例按95%的检测置信度采样，如仍能检测到带毒猪，则需要对全群进行检测。如连续两次检测均为阴性，且一直没有猪瘟发生，则达到免疫净化的标准。

（3）猪瘟净化场的维持 继续实施猪瘟免疫方案和相应的生物安全措施，并进行免疫抗体水平的检测，确保猪群免疫合格率达到规定要求。种猪群进行猪瘟病原监测：每6个月监测一次，每次抽查的样本数为猪数量的8%～10%，种猪群应为猪瘟病毒阴性。

（4）非免疫净化 在净化过程中，对猪群不进行猪瘟疫苗的免疫。一般对已经达到免疫净化标准后需要进一步提高净化标准，或猪群未进行猪瘟免疫且一直没有疫情发生的情况下，可实施非免疫的净化措施。在我国目前情况下，一般要先接种疫苗达到免疫净化标准后，再实施非免疫净化。具体步骤如下：

① 达到免疫净化标准12个月后，停止猪瘟疫苗免疫，并有计划地逐步淘汰免疫过的种猪。

② 继续实施严格的生物安全措施，确保有效阻止疫情传入。

③ 种猪群进行猪瘟病原检测：每6个月监测一次，每次抽查的样本数为猪数量的8%～10%。

④ 实施非免疫净化措施后12个月以上，种猪群应无猪瘟病毒感染检出。

⑤ 实施非免疫进化措施后，免疫过的种猪新生仔猪2～3月龄后检测猪瘟抗体应为阴性；非免疫种猪新生仔猪，猪瘟抗体检测应为阴性。

⑥ 猪群继续保持无猪瘟发生。对非免疫的种猪群的净化，需要对每一头猪进行猪瘟病原和抗体的检测，淘汰所有的病原学和血清学阳性猪。每6个月进行一次，直至所有猪的病原学和血清学检测结果均为阴性。同时，要实施严格的生物安全措施，确保能有效阻止疫情传入。连续2次猪瘟病原和抗体检测，所有的猪均为阴性，且连续12个月以上没有猪瘟发生，即达到了非免疫的净化标准。

规模猪场相应的硬件设施设备较为完善，并且制定了相应的规章制度，疫病防控的关键点在于人的管理和执行，人的疫病防控意识和生物安全意识要提高，相应的操作要达到标准，要注重细节。一方面提高猪场内猪的免疫水平，保持良好的饲养环境；另一方面，要加强猪场外部环境的管理，防止疫情的传入，降低感染的风险。只有这样，规模猪场才能避免疫病的侵袭。

三、猪繁殖与呼吸综合征（蓝耳病）

（一）临床诊断要点

（1）阳性猪场　没有免疫或免疫失败的猪群主要表现如下临床症状：

① 头胎母猪和4胎以上母猪散发性出现早产（比预产期提前7～10天）和死胎比例上升、产后厌食和无乳、哺乳仔猪呼吸困难和皮肤发绀等；2～3胎母猪基本正常。

② 保育仔猪在40～60日龄期间突然出现采食量下降、体温40.5℃左右、皮肤发红、咳嗽和呼吸困难等，病程7～10天；死亡率5%以上，具体数值与继发感染控制效果密切相关。

③ 部分猪场由于严格执行断奶仔猪全进全出管理，保育阶段可能不发生蓝耳病病毒感染，但在育肥早期（90～120日龄）仍会发生一次感染过程，临床表现同

保育仔猪。

（2）阴性猪场　如果暴发，主要表现如下临床症状：

① 各胎次母猪群发性出现早产（比预产期提前7～10天）和死胎比例上升、产后厌食和无乳、哺乳仔猪呼吸困难和皮肤发绀等。

② 各日龄段猪只都会出现采食量下降、体温40.5℃左右、皮肤发红、咳嗽和呼吸困难等，病程7～10天。死亡率与继发感染的控制程度密切相关。

（二）防控措施

疫苗免疫是目前防控猪蓝耳病最经济有效的措施，但是由于我国疫苗种类和生产厂家较多，给猪场选择疫苗带来了许多困惑。现根据我们20多年的防控经验，提供如下建议。

1. 疫苗的选择

（1）毒株　根据血清型的定义，不同毒株间只要血清型没有变，互相间应该有70%以上的交叉反应，因此毒株不应作为疫苗选择的首要条件。

（2）弱毒疫苗　具有细胞免疫和体液免疫双重功能，可用于疫情暴发时的紧急免疫；是目前防控猪蓝耳病的主要工具。但是要注意避免一些风险因素：污染外源病原体、受到母源抗体干扰、与野毒发生基因重组等。

（3）灭活疫苗　传统的灭活疫苗以体液免疫为主，而且单一使用几乎无效，需要弱毒疫苗的配合才能产生较好的免疫效果。近几年来随着制苗技术的进步，市场上出现了具有细胞免疫和体液免疫双重功能的蓝耳病灭活疫苗，既避免了弱毒疫苗存在的风险，又具备了弱毒疫苗特有的细胞免疫功能，因此被许多核心种猪场选为蓝耳病净化的主要工具。

2. 免疫程序　按照产品说明书使用即可。

3. 发病时的紧急措施

（1）选用具有细胞免疫功能的新型灭活疫苗或优质弱毒疫苗对全场所有猪只进行紧急免疫。

（2）在饲料或饮水中添加对链球菌和副猪嗜血杆菌都有效的广谱抗菌药物，连续5～7天；同时添加具有抗毒素、退热等功能的氟尼辛葡甲胺。

（3）个别厌食的病猪，注射给药。

四、猪圆环病毒感染

（一）临床诊断要点

目前几乎所有猪场都是猪圆环病毒2型阳性场，在没有免疫或免疫失败的猪场临床上主要有以下表现。

① 保育后期和育肥前期（70～100日龄）的猪只出现呼吸急促，体温、采食量基本正常，慢性消瘦等症状。

② 部分头胎母猪出现早期流产（怀孕45天内）。

③ 部分育肥猪出现顽固性腹泻，药物治疗无效。

④ 部分保育仔猪后躯部位出现紫斑，或夏季蚊子叮咬后出现严重的皮炎。

（二）防控措施

疫苗免疫是目前防控圆环病毒2型感染发病的主要措施，虽然目前已鉴定出至少5个以上的基因亚型，但根据攻毒试验结果，目前市售的圆环病毒2型疫苗都能产生较好的交叉保护作用。

1. 疫苗的选择

（1）全病毒灭活疫苗　具有较好免疫原性，但是目前市售的全病毒灭活苗存在两个风险：灭活不彻底造成散毒，抗原含量偏低，一次免疫容易失败。

（2）基因工程疫苗　包含杆状病毒表达体系和大肠杆菌表达体系，虽然这两种表达体系均能生产出较高浓度的Cap蛋白，但是其转换成病毒样颗粒的能力差异较大。所以目前市售的基因工程疫苗存在一个风险：虽然Cap蛋白含量很高，但是没有转化成病毒样颗粒、不具有免疫原性，极易造成免疫失败。

2. 免疫程序　照产品说明书使用即可。

3. 免疫效果的评估　目前主要有三种方法用于圆环病毒2型免疫效果的评估。

（1）根据生产水平的提升程度进行评估　比较直观，但需要具备完善的生产统计体系。

（2）根据血液中圆环病毒2型病毒载量下降程度进行评估　由于圆环病毒2型感染不等于发病，而且血液中病毒载量与采样时间节点密切相关，因此误差较大。

（3）检测免疫抗体进行评估　由于目前的圆环病毒2型抗体检测方法不能区分疫苗抗体和野毒抗体，因此这种方法一直没有得到重视。我们根据临床大量的检测数据，采用特定时间点精准采样检测抗体的方法用于圆环病毒2型疫苗免疫效果的评估，取得了良好的效果并逐渐得到大家的认可。具体原理如下：

① 圆环病毒2型的母源抗体（免疫或野毒感染）一般维持到50～60日龄。

② 圆环病毒2型疫苗免疫后3～4周抗体滴度达到高峰。

③ 大部分厂家推荐的圆环病毒2型疫苗免疫程序为2周龄首免、4周龄二免或2～4周龄间一次免疫。因此，选择8～10周龄期间采集仔猪血清检测圆环病毒2型抗

体，既避开了母源抗体的干扰、又处于免疫抗体高峰期，可以简便有效地评估免疫效果。

五、猪伪狂犬病

伪狂犬病（PR）是由疱疹病毒科的伪狂犬病病毒引起的，多种家畜和野生动物共患的一种急性传染病。本病最早发生于1813年美国的牛群中。

猪伪狂犬病的临床特征为体温升高，新生仔猪表现为神经症状，也可侵害猪的消化系统。大猪多为隐性感染，妊娠母猪被感染后可出现流产、死胎及呼吸道症状，无奇痒表现。

病毒侵害呼吸和神经系统。因此，大多数临床症状与这两个系统的功能障碍有关。哺乳仔猪出现脑脊髓炎、败血症症状，死亡率很高。呼吸道症状偶见于育成猪和成年猪。妊娠母猪感染本病后发生流产、死胎情况。

（一）病原概述

该病病原为伪狂犬病病毒（PRV），属于疱疹病毒，核酸型为DNA。该病毒是由一层封闭的核衣壳及145kb的线性DNA组成，直径为150～180纳米。PRV能在猪、牛、羊及兔的原代细胞和猪肾细胞（PK15细胞系）上传代、生长，并能形成细胞病变（CPE）和核内包涵体、蚀斑。

病毒在干燥，尤其在阳光直射的环境中具有很高的敏感性。在凉爽而稳定环境中的伪狂犬病病毒很稳定。

用病猪的脑组织接种家兔后，家兔出现奇痒症状后死亡。以此可进行临床诊断和区别狂犬病病毒。用已知的病毒血清作中和试验能鉴定该病毒。

发病机制：所有病毒株都侵嗜上呼吸道和中枢神经系统。病毒可通过原发感染位置的神经扩散至中枢神经系统。自然发病时，病毒复制的主要部位是鼻咽上皮和扁桃体。

（二）流行特点

本病呈散发或地方性流行。鼠类是本病毒的主要带毒者与传染媒介。猪感染本病多由于采食被鼠污染的饲料所致。

一年四季都可发生此病，但以冬、春和产仔旺盛时节多发。病毒可经胎盘、阴道黏膜、精液和乳汁传播。空气、水的质量，养猪密度以及卫生环境会直接影响发病程度和本病的进程。在首次暴发本病的猪场，因缺乏免疫保护会造成巨大的灾难，可导致90%以上的哺乳仔猪死亡。

（三）临床表现

1. 特征症状

（1）4周龄以内的仔猪感染本病时病情非常严重，常可发生大批死亡。仔猪主要表现神经症状，病初精神极度委顿，随后出现共济失调、痉挛、呕吐及腹泻等症状。

（2）成年猪多为隐性感染，有症状者只是发热、精神沉郁、呕吐、咳嗽，数天后即可自行康复。

（3）怀孕母猪感染后出现流产、产死胎和木乃伊胎等症状。

2. 一般临床表现
本病往往先以怀孕母猪流产和死胎为先兆。接着出现2周龄内的仔猪大批发病和死亡。死亡者多呈现脑脊髓炎和败血症症状。断奶后的仔猪发病率和死亡率明显降低；成年猪发病较少。在本病流行后期（约发病后的第4周）猪场病势逐渐趋于缓和，怀孕母猪的死胎、流产情况呈散发，新生仔猪的发病率和死亡率大幅度降低。

（1）成年猪发病的临床表现　多数呈隐性感染状态，偶有呼吸道症状。主要表现为体温升高、精神不振、食欲下降。一般经过6~10天后可自然康复。

（2）妊娠母猪发病的临床表现　怀孕早期母猪感染后，多在1周内出现流产情况。如在怀孕中、后期感染，可产出死胎、木乃伊胎。产出的弱仔多在出生2~3天后死亡。

（3）哺乳母猪发病的临床表现　可能出现不吃食、咳嗽、发热、泌乳减少或停止等症状。

（4）2周龄内小猪发病的临床表现　突然发病，体温升高至41℃以上，呼吸困难，咳嗽，出现呕吐、腹泻、厌食和倦怠等症状。随后可见神经症状，出现摇晃、犬坐、流涎、转圈、惊跳、癫痫、强直性痉挛等症状。后期出现四肢麻痹、吐沫流涎、倒地侧卧、头向后仰、四肢乱动症状，1~2天内迅速死亡，死亡率可高达100%。猪的伪狂犬病不出现奇痒症状。

（5）断奶猪（3~9周龄）发病的临床表现　病情较轻，有时可见食欲不振、精神不振、发热（41~42℃）、咳嗽及呼吸困难，多在3~5天后恢复。少数会出现神经症状，导致休克和死亡，死亡率15%左右。

（四）剖检病变

1. 有神经症状的4周龄以内仔猪

（1）脑膜充血、水肿，脑实质呈小点状出血，见图3-2。

（2）全身淋巴结肿胀、出血。

（3）在肾上腺、淋巴结、扁桃体、肝、脾、肾和心脏上有灰白色小坏死灶；肾脏有出血点。

（4）肺充血、水肿，上呼吸道常见卡他性、卡他化脓性和出血性炎症，内有大量泡沫样液体。

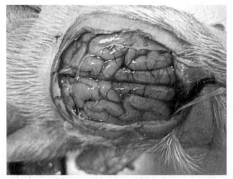

图 3-2　伪狂犬病猪大脑严重地充血、出血（非化脓性急性脑膜脑炎）

2. **成年猪**　眼观病变不明显。流产不久的母猪有时出现轻微的子宫内膜炎病变。有时出现子宫壁增厚、水肿，坏死性胎盘炎病变。公猪有时出现睾丸肿大、萎缩或丧失配种能力情况。

（五）诊断要点

对于仔猪，根据典型的临床症状可进行初步诊断；在育成、育肥、成年猪，本病诊断较困难，易被误诊为猪流感。临床诊断要点：

① 在寒冷季节多发，尤其在冬末、初春季节发病较多。

② 初生仔猪大量死亡或整窝死光，有严重的神经症状。

③ 死猪肝脾有白色坏死灶，肾有小出血点，扁桃体坏死，肺水肿，脑膜充血、出血。

④ 母猪出现流产、死胎、木乃伊胎情况，其中以死胎为主。

⑤ 初产、经产母猪都发病。

⑥ 拉稀，发热，有呼吸道症状。

⑦ 公猪睾丸肿大、萎缩或丧失配种能力。

（六）动物接种试验

用病猪的脑组织混悬液皮下接种于家兔皮下，家兔局部出现剧痒症状，并于接种后2~5天内死亡。

操作方法：用无菌手术刀采取病料（患本病猪的脑、脾），制成1∶10生理盐水悬液，每毫升各加青霉素、链霉素500~1 000单位，置4℃冰箱过夜，然后离心沉淀。给每只家兔皮下接种上清液1.0毫升。接种2~3日后，家兔注射部奇痒，出现舔咬情况，局部脱毛，破损的皮肤出血。同时家兔表现不安，并有角弓反张等神经症状。这时家兔极度衰弱、呼吸困难、流涎、四肢麻痹，最后衰竭死亡，病程多为2~3天。

（七）血清学检验

用免疫荧光法检查病猪的脑、扁桃体压片或冰冻切片，可见细胞核内荧光。也可以用中和试验、间接血凝抑制试验、琼脂扩散试验、补体结合反应、ELISA等方法检查本病。

（八）鉴别诊断要点

主要与细小病毒病、猪瘟、乙型脑炎、蓝耳病、猪衣原体病、猪布鲁氏菌病、猪链球菌病以及猪弓形虫病等进行鉴别诊断，可参考以下要点：伪狂犬病以死胎为主，流产后母猪难以怀孕，初生仔猪有大量死亡，有神经症状。上述其他猪病一般不会同时出现这些情况。

（九）防制方案

本病无特效药物治疗，加强饲养管理和做好疫苗接种对预防本病非常重要。

（十）预防措施

① 禁止从疫区引种，引进种猪后要实施严格隔离制度，经检疫无该病原后才能转入生产群使用。

② 猪场内不准饲养狗、猫，加强灭鼠、灭蝇工作。

③ 对于疫区和周围受威胁区的猪场，可选用猪伪狂犬病灭活苗、活疫苗、基因缺失疫苗（适用于原种、父母代种猪场），或者用伪狂犬病病毒Bartha-K61弱毒疫苗进行预防接种。

④ 对正在暴发伪狂犬病的猪场，应对全群进行紧急预防接种，此时应选用弱毒苗，对出生仔猪滴鼻接种，以期迅速而全面地建立免疫保护。并结合实施消毒、灭鼠、驱杀蚊蝇等全面的兽医卫生措施，可很快控制本病。在疫情稳定后，以接种水包油乳剂基因缺失灭活苗为主要措施，以期获得稳定而较持久的抗体水平，并降低因使用弱毒疫苗带来的散毒可能性。

⑤ 坚持猪群的日常消毒工作，发现有可疑的猪只及时封锁猪舍、隔离病猪，消毒猪舍和周围环境。在发病猪舍用2%~3%烧碱与20%石灰混合消毒，粪便、污水经消毒液严格处理后才可排出，防止病原扩散。

⑥ 对猪群坚持进行本病的血清学监测检查工作，淘汰gE抗体阳性母猪，并以此为依据采取切实方案开展防治工作。

（十一）关于猪伪狂犬病的疫苗

目前有灭活疫苗和三基因缺失疫苗等疫苗。三基因缺失疫苗的优点是毒力低、免疫原性强，能抵御潜伏感染，预防野毒感染并能大大减少野毒排出，返强可能性极小。关于猪伪狂犬病三基因缺失弱毒苗的建议免疫程序：

（1）对于后备母猪，应该在配种前免疫，于4~6周再加强免疫一次，以后每6个月免疫一次。

（2）对于怀孕母猪，在分娩前4周进行接种一次，可使所产仔猪在4周龄前获得保护。

（3）如果没给母猪接种疫苗，应该对其所产仔猪在1周龄进行免疫接种，断奶时再免疫一次。

（4）在发病地区，可对仔猪进行紧急预防接种，进行肌内注射或滴鼻接种，24小时即可产生良好的保护作用。

六、猪口蹄疫

口蹄疫是一种由口蹄疫病毒引起的急性、热性和极易接触性传播的多种动物共患传染病，该病毒可感染所有的偶蹄动物，也可感染人和其他动物。

猪被感染发病后，以高热，口腔黏膜、鼻镜、蹄部和乳房皮肤发生水疱和溃烂为特征。本病的传染性极强且传播迅速，流行地域广泛，感染率和发病率均很高，可引起仔猪大批死亡，造成严重的经济损失，被划分为动物一类烈性传染病。

猪口蹄疫、猪水疱病、猪水疱疹和水疱性口炎这四种病的病原不同，但许多临床症状、病理变化特征基本相同，防治方法也基本一致。

（一）病原概述

口蹄疫的病原体是口蹄疫病毒，属微核糖核酸病毒科口蹄疫病毒属的病毒。血清型主型有A、O、C、SAT1、SAT2、SAT3（即南非1、2、3型）以及Asia1（亚洲1型）等7个型，65个亚型，各型之间的免疫原性不尽相同，这给控制和预防本病带来困难。在我国目前以O型为主。

猪水疱病的病原：猪水疱病病毒，为微核糖核酸病毒科肠道病毒属的病毒。水疱性口炎的病原：水疱性口炎病毒，属弹状病毒科水疱性病毒属。猪水疱疹的病原：杯状病毒科杯状病毒属，该病料接种乳鼠皮下不发病，其他3种病毒接种乳鼠均发病，以此可以区别猪水疱病、口蹄疫、水疱性口炎。

（二）流行特点

传染源为患病动物，如带毒的牛、猪和羊等。牛是本病的"指示器"；羊是本病的"储存器"；猪是本病的"放大器"。该病主要为接触性传染，也能通过空气传播。可通过呼吸道、消化道、损伤的皮肤黏膜等门户传播。本病在集约化养猪场的发生与流行已无明显的季节性，一年四季都可发生。

（三）临床表现

猪口蹄疫、猪水疱病、猪水疱疹、水疱性口炎这四种病的临床症状特征基本相同。

1. **一般症状**　本病的潜伏期很短，2天左右，很快蔓延至全群，体温升高至40～41℃。病猪精神不振，食欲减少或废绝。

2. **特征症状**

（1）口腔黏膜、舌、唇、齿龈及颊黏膜等形成小水疱或糜烂（图3-3）。

（2）蹄冠、蹄叉等部红肿、疼痛、跛行，不久便形成米粒大或蚕豆大的水疱，水疱破溃后表面出血，形成糜烂（图3-4），最后形成痂皮，硬痂脱落后愈合。

（3）乳猪常因该病导致的急性胃肠炎和心肌炎而突然死亡，乳猪发病时临床上除了发热外基本看不到其他症状。

（4）在乳房上也常见水疱性病变。

（5）本病在大猪多取良性经过，如无继发感染，约经过1周即可痊愈。但继发感染后出现化脓、坏死，严重时蹄匣脱落。

图 3-3　猪嘴部形成溃疡

图 3-4　猪蹄部溃烂

3. **剖检病变特征**

（1）除口腔、蹄部水疱和烂斑外，在咽喉、气管、支气管等黏膜处有时可发生圆形烂斑和溃疡，其上覆盖有黑棕色痂皮。

（2）在胃肠黏膜可见出血性炎症。

（3）在心包膜上可见点状出血，典型病例在心肌横切面呈现灰白或淡黄色斑点或条纹，称为"虎斑心"，该病变具有诊断本病的意义。

（四）诊断要点

1. **根据临床症状可以做出初步诊断**

（1）偶蹄动物发病，呈流行性发生，传播速度快，发病率高。

（2）仔猪高热不退，死亡率高，或出现急性胃肠炎和肌肉震颤症状。

（3）在成年猪的口腔黏膜、鼻部及蹄部皮肤发生水疱和形成溃烂。

（4）在典型病例，剖检时可见"虎斑心"和胃肠炎病变。

2．确诊方法 采集水疱液和水疱皮，迅速送检验机构进行实验室检查、确诊。根据流行病学、临诊症状、病理学特征无法准确鉴别诊断前述四种疾病，只能作动物接种或病原的分离鉴定才能鉴别、确诊。

（五）防制方案

1．预防方案

（1）不从疫区购进动物及其产品、饲料和生物制品。

（2）在猪场内实行严格封闭式生产，制定和执行各项防疫制度，严格控制外来人员和外来车辆入场，定期进行灭鼠、灭蝇及灭虫工作，加强场内环境的消毒和净化工作，防止外源性病原侵入本场。

（3）在常发本病的地区，应定期用当地流行的口蹄疫病毒型、亚型的弱毒苗进行预防接种。

（4）根据本场的实际情况，依据定期的血清学监测结果，制定口蹄疫的科学、合理的免疫程序，以确保猪群免疫的效果。使用O型口蹄疫灭活苗进行肌内注射，安全可靠，但抗病力不强，常规疫苗只能耐受10~20个最小发病量的人工感染。据有关资料介绍，使用O型口蹄疫灭活浓缩苗经过多次加强免疫，免疫效果较好。加强免疫效果的监测工作，按免疫程序接种疫苗，对抗体水平低的猪群应加强免疫。

（5）牛的弱毒苗对猪有致病性，不安全，故牛口蹄疫疫苗不能用于猪。

2．扑灭方案

（1）发病后及时上报疫情，尽早确诊，划定疫点、疫区和受威胁区，分别进行封锁、隔离和监管。

（2）在疫区和封锁区内应禁止人畜及物品的流动。

（3）对疫点进行严格消毒。在全场范围内采取紧急措施，加强猪群、环境的消毒工作，对猪群、猪体可用过氧乙酸、氯制剂消毒药物消毒；对场地、环境可选用烧碱、生石灰等消毒药物进行彻底消毒；对粪便做发酵处理；对畜舍和场地用2%~3%火碱或10%石灰乳或1%~2%福尔马林消毒；对毛皮用环氧乙烷或甲醛熏蒸消毒；对肉类进行自然熟化产酸处理。常规消毒防疫工作要纳入生产的日常管理程序中。**要特别注意：用火碱消毒时一定不能做带猪消毒，因为火碱对猪蹄等有严重的腐蚀性！**

（4）在疫区用口蹄疫灭活苗进行紧急接种。

对于发病猪群的处理：要遵守"早、快、严、小"的原则，在严格封锁、隔离的基础上，扑杀病猪，同时采取综合性防制措施，严格控制病原外传；疫区内所有猪只不能移动；对污水、粪便、用具、病死猪要进行严格的无害化处理。

疫情停止后，须经有关主管部门批准，并对猪舍、周围环境及所有工具进行严格彻底的终末消毒和空栏后才可解除封锁，恢复生产。

3. 公共卫生　人可感染口蹄疫。通过接触感染，创伤也可成为感染门户。

（1）症状　体温高，在口腔黏膜和指部、面部皮肤上出现水疱-痂皮-脱落。有的病人表现头痛、发晕、四肢疼痛、胃肠痉挛、呕吐、吞咽困难、腹泻及高度虚弱等症状。儿童发生胃肠卡他，出现似流感样症状，严重者因心肌麻痹而死亡。

（2）防护　在口蹄疫流行期间，非工作人员不得与病畜接触；工作人员要注意防护，防止被感染。

七、流行性腹泻

猪流行性腹泻（Porcine epidemic diarrhea，PED）是一种急性、高度接触性肠道传染病，在猪生长的各个年龄段均可发生，临床表现为呕吐、水样腹泻及全身脱水等，与猪传染性胃肠炎极为相似。眼观变化小肠扩张，内充满黄色液体，肠系膜充血，肠系膜淋巴结水肿，小肠绒毛缩短。粪稀如水，呈灰黄色或灰色。组织上见空肠段上皮细胞的空泡形成和表皮脱落，病况较重猪肠绒毛萎缩。哺乳仔猪最易感，具有高发病率和高死亡率。据相关报道，近年来关于胃肠混合感染类疾病在养猪产业中也较为常见，并且危害极大，给养猪业带来巨大经济损失。

（一）病原概述

猪流行性腹泻病毒（PEDV）分属于尼多病毒目（Nidovirales）冠状病毒科（Coronaviridae）冠状病毒属（Coronavirus）。PEDV属于a群冠状病毒，与其他冠状病毒无区别的是，它们都是一个具有多形性形态特征的病毒粒子。大多数病毒粒子直径为130纳米，由囊膜和核衣壳两部分构成。病毒粒子内部的是核衣壳蛋白（N），N蛋白与病毒基因组RNA相互缠绕形成病毒的核衣壳，囊膜表面花瓣状纤突长18~23纳米，相邻纤突之间的距离较大，从中心向外分布类似于放射样的形状。细胞培养的PEDV在60℃放置30分钟即失活，与较高温度相比，PEDV在40~50℃时病毒活性相对稳定。如果温度升高，PEDV将很容易被酸性或碱性试剂灭活。PEDV还容易被乙醚和氯仿灭活。培养基的pH范围在5.0~9.0

时，PEDV仍能保持活性。在37℃条件下，环境的pH为6.5～7.5时，病毒仍然具有活性。

（二）流行病学

PED在世界范围内流行极为广泛，1971年猪流行性腹泻在英国首次暴发，主要发生于育肥猪和架子猪，之后蔓延至母猪和仔猪。主要表现为呕吐、水样腹泻、生长缓慢，但死亡率不高。该病毒与传染性胃肠炎病毒十分相似，难以通过病原、致病机理及临床症状鉴别。之后PED在许多欧洲国家如瑞典、比利时等也发生流行，但并未暴发。该病于1978年正式命名为猪流行性腹泻。

我国于20世纪70年代上海某猪场首次出现以腹泻为特征的病毒性疾病，后通过对血清学调查证实引起此病的病原为PEDV，这是中国首次对PED进行报道。1982年正式分离到PEDV，开始采用PEDV与传染性胃肠炎病毒（TGEV）二联弱毒疫苗和二联灭活疫苗进行预防，但效果不甚显著。2010年以来，PED在中国的流行范围广泛，发病率和致死率均高，给养殖户造成了不可估量的经济损失，首先在我国华南地区暴发，随后遍及全国大部分省地的猪场。此次暴发是由PEDV的变异株引起的，以初生仔猪急性腹泻、呕吐、脱水死亡为特征。其临床症状、发病率和死亡率均比以前的PED严重。主要表现为感染范围广、持续时间长、反复发作，各年龄段的猪均发生腹泻，母猪和育肥猪多为一过性腹泻，2周龄以内仔猪持续性腹泻后脱水死亡，死亡率高达100%，给养猪业造成极其严重的经济损失。

（三）防制

PED暴发以后，目前并没有有效的治疗方法，要做好疾病防控预案，一旦发生该病，就要迅速反应，快速行动。对该疾病的防治还是应该以预防为主。

1. 饲养管理措施　各年龄阶段猪规范化管理。哺乳仔猪、断奶仔猪、生长育肥、妊娠母猪等分栏管理；产房应重视保温方面工作，否则易造成猪康复困难，死亡率上升；仔猪注意补铁补硒，全进全出；生长育肥猪保持合理的群体规模与饲养密度等。采用过氧乙酸熏蒸。传统的消毒容易造成消毒死角，或者湿度过大造成饲料腐败、发霉等问题，现采用过氧乙酸1∶1 000的熏蒸消毒，对于切断或者降低感染概率有明显的效果，每周要进行一次彻底的消毒，过氧乙酸熏蒸后一段时间可以应用碘类或火碱等消毒液。熏蒸同时在猪圈内加垫料来解决湿度问题，并给予适宜的温度来缓解猪压堆的现象发生；降低圈舍粉尘，杀灭或者抑制病原，中和有害气体；调节好猪舍保温与通风矛盾，如猪舍卷帘通常是敞开的，以利于通风，带走发酵舍中的水分；天气闷热，尤其盛夏时节，开启风机强制通风及滴水系统，以达到防暑降温目的，如要加强通风，一般采用负压式或轴流式进行猪舍内外的空气交换；同时应注意猪舍清洁卫生，对猪场的杂物、垃圾、废液废料进行彻底清除，防止物品堆积、食物腐败滋生蚊虫。尽早让初生仔猪吃足初乳，并确保猪群各阶段的饲料营养均衡合理、无霉变，其中冬季要着重提高饲料或饮水中能量供应，来提高猪的耐受性。

2．**抓好生物安全工作** 猪场应采用封闭式生产，严防闲杂人员及车辆进入猪场内。坚决淘汰长期病弱、配种低下的种猪，杜绝外来病原传入。猪场应坚持自繁自养原则，如需引种，应避免从疫区或发病猪场引进，并对引进的猪只严格检疫及隔离观察1个月左右，确认无该病后，方可混群。

3．**疫苗免疫** 目前还没有防治PED的有效药物，疫苗接种是预防PED发生的最好方法，但疫苗产品比较单一，2017年逐渐有新的产品进入市场。当前我国主要以灭活疫苗与弱毒疫苗对PED进行预防。近年来PEDV由于其抗原表位发生变化，变异毒株流行，使用的CV777株对流行的野毒株的防控能力减弱。2016年年底国内首个变异株腹泻二联灭活疫苗上市，它采用了TGEV WH-1株和PEDV流行毒株AJ1102，经过临床应用后临床效果符合预期；2017年流行性腹泻二联灭活疫苗（华毒株+CV777株）上市，并广泛应用，但随着猪流行性腹泻病毒的不断变异，如今在我国猪场流行的毒株已经和CV777毒株有一定基因上的不同，这可能也是国内猪群存在的疫苗免疫后仍然暴发PED的原因。目前，PED在欧洲的流行导致的经济损失并不严重，而中国、韩国、日本等亚洲国家PED造成了严重的经济损失。随着科技水平的逐渐提高以及科学家们对PED坚持不懈的研究，相信在不远的将来，一定会有更加有效的PED新型疫苗被研制出来，使PED得到更好的防控，使养殖户不再因PED的流行造成经济损失。

4．**中药应用** 目前并没有针对PED有效的治疗药物。因养猪场采取疫苗接种等措施未能达到预期效果，中医领域因此成为其研究的一大方向，通过病理学研究发现一些中药对抗病毒有一定的疗效。中医认为，该病多发于冬季，仔猪发病较重，原因在于：病猪气血不足、外感风邪、内有湿气、脾胃虚弱等所致，这就需要进行滋补肝脏、清热解毒、健脾益气、祛湿收敛。临床一般采用的有四君子汤、平胃散等固有处方，但具体方法需要根据病猪的情况进行相应调整。在仔猪方面，应主要采取调理脾胃、扶正固元的方法，使用穿心莲、黄芪等中药进行调理。这样可以增加仔猪食欲，控制体内水、电解质和维生素等的流失。对于仔猪自然感染方面，采取利气健脾的方法，使用二等平胃散进行调理，效果较好。针对VERO细胞感染方面，使用大黄的提取物可以抗感染和消灭猪流行性腹泻病毒。除了一些治疗方案，中医方面还研究了一些保健方案。例如，使用党参、白术、茯苓、藿香、炙甘草等根据具体情况按量加白糖熬制，将药汁倒入饲料中搅拌后供猪食用。

多种中药具有抗病毒的作用，有研究证明复方术苓提取液有明显抑制猪流行性腹泻病变的作用，而大黄水也有此作用。由于该病发病急，所以细胞功能破坏迅速。辛夷油能控制炎症的发生，再利用一些益气健脾的药物，例如党参、甘草等进行肠道黏膜修复，之后采取滋阴补肾的方案提高免疫力，促进细胞组织的重新生长发育。

八、猪传染性胃肠炎

猪传染性胃肠炎（Transmissible gastroenteritis, TGE）是由猪传染性胃肠炎病毒（Transmissible gastroenteritis virus，TGEV））引起的一种以急性、高度接触性为特征的猪肠道传染病，是我国法定检疫的疫病之一。2周龄内仔猪为该病毒主要侵害对象，具有较高的发病率和死亡率。该病在临床上的主要特征为呕吐、严重腹泻和脱水。剖检胃和小肠发生明显病变，胃内含有未消化的凝乳块，小肠肠壁松弛，变透明，肠内含有黄色或灰白色液体；空肠和回肠绒毛萎缩，黏膜上皮细胞发生不同程度的变性、坏死和脱落。其他器官和组织肉眼看不到明显的病理变化。该病集中发生于12月到次年2月，规模猪场若没有具体有效的预防措施，将带来重大的经济损失。在仔猪中造成严重危害，病死率可高达100%，随年龄增长死亡率有所下降。

（一）病原概述

TGEV属于冠状病毒科冠状病毒属。电镜负染观察，证明病毒粒子的直径为90~200纳米，呈圆形，也有的呈椭圆形或多边形，有双层膜，外膜覆有花瓣样突起，突起长18~24纳米，突起以极小的柄连接于囊膜的表层，其末端呈球状。TGEV对乙醚、氯仿、去氧胆酸钠、次氯酸盐、氢氧化钠、甲醛、碘、碳酸以及季铵化合物等敏感；不耐光照，光照6小时粪便中病毒失去活性，病毒细胞培养物在紫外线照射下30分钟即可灭活。病毒对胆汁有抵抗力，对酸的抵抗力强，强毒株在pH为2的条件下活力仍然相当稳定。在经过乳酸发酵的肉制品里病毒仍能存活。腐败组织中病毒难以存活。病毒对热敏感，56℃下30分钟能很快灭活；37℃下4天丧失毒力，低温情况下病毒可长期保存，液氮中存放三年毒力无明显下降。1963年首次报道在猪肾细胞（PK-15）上病毒培养有细胞病变发生，也有报道认为TGEV可在鸡胚、猪脾细胞和狗肾细胞培养物内进行传代增殖。

（二）流行病学

早在1933年，美国伊利诺斯州就有了相关TGEV的记载，但直到1946年才确定该病的病原为病毒，此后在美国开始广泛流行，1992年美国猪场TGE血清阳性率达6%。世界各国都有发生，1956年在日本、1957年在英国发生。1956年我国广东首次发生，随后在全国各地均有案例报道。

猪是该病唯一传染源，各个年龄段的猪均可发生。仔猪最易感，影响也最为严重，超过5周龄猪只感染后死亡率较低，成年猪感染后基本不死亡。病原体存在于病猪的分泌物中，通过粪便、乳汁、呕吐物或者呼出的气体排出体外，经呼吸道和消化道感染健康猪。此病也可通过带毒的犬、猫和鸟类传播。病原体在猪体内存活的时间很长，病猪在症状消失后仍可长期带毒。该病季节性明显，冬春寒冷季节多发。此病传播媒介较广泛，如粪便、运输车辆、饲养员衣物等均可作传播介质。饲养密度过大、湿度过大、猪只集中的猪舍，更容易传播。

（三）防制与净化

1. **疫苗免疫预防** 目前，临床上使用较多、免疫效果良好的有灭活疫苗及活疫苗，其中活疫苗需要肌内注射，灭活疫苗通过后海穴注射。国内防治猪传染性胃肠炎多以与猪流行性腹泻制成的二联疫苗为主要手段，目前国内生产胃肠炎疫苗厂家不多，哈尔滨兽医研究所对该病的研究处于领先地位，在1996年和2004年分别成功研制了猪传染性胃肠炎和猪流行性腹泻二联灭活苗；亚单位疫苗、重组活载体疫苗等新型疫苗尚处于研究阶段。

TGE是典型的局部感染和黏膜免疫，机体IgA的产生只有通过黏膜免疫才产生具有抗感染的能力。关于TGEV的免疫，大多数是对妊娠母猪临产前20～40天经口、鼻和乳腺接种，使母猪产生抗体。

2. **药物控制** 尚无有效治疗本病的药物，较大病猪在患病期间大量补充葡萄糖氯化钠溶液，为其提供大量清洁饮水和易消化饲料可使其加速恢复。口服磺胺、呋喃西林、黄连素、高锰酸钾等可防止继发感染，减轻临诊症状。应用口服补液盐（氯化钠3.5克，碳酸氢钠2.5克，氯化钾1.5克，葡萄糖20克，加温水1 000毫升）供猪自饮或灌服，疗效显著，康复迅速。该病多发于冬春两季，研究表明这与病毒的存活与扩散所需要的光照和温度、湿度有关，同时与猪本身易感一些免疫抑制性疾病、人为因素等有很大关系，尤其是在北方一些猪场在冬春季节侧重于保暖，通风和消毒均不重视，致使氨气浓度过高，促进了疾病的发生。

猪传染性胃肠炎在新疫区具有很高的发病率，流行广泛，而老疫区发病率低，流行具有明显的地方性与间歇性。

猪场控制猪传染性胃肠炎，首先选择对哺乳母猪有高效免疫效果的疫苗。坚持"预防在先，治疗在后"，通过哺乳母猪来降低胃肠炎的病毒对新生仔猪的高致死率。

3. 控制策略　针对猪传染性胃肠炎在2周龄内仔猪高发病率的特点，单纯依靠疫苗免疫接种和药物防治是不可能完全控制规模猪场的传染性胃肠炎的。因此，应采取综合性的措施，才能有效的控制疾病。

坚持自繁自养的原则。做到养猪生产各阶段的全进全出，为避免病原的引入严禁从疫区引种。定期消毒，加强对猪场的卫生管理。通过免疫进行预防是TGE防治的有效措施。对临产前妊娠母猪进行免疫接种，使母猪产前产生抗体，即母源抗体，母源抗体能够经乳汁传递给仔猪，在乳汁中效价较高，使仔猪获得免疫保护，并持续较长时间。怀孕母猪，可在产前注射2～5毫升传染性胃肠炎弱毒冻干苗，后海穴注射，以保证刚出生喝奶的小猪获得母源抗体，使小猪自身免疫力得到显著增强；机体免疫力的产生发生于疫苗接种2周后，通常可以有效抵抗病毒侵害。加强猪群的饲养管理水平，避免引入隐性感染的猪群。加强消毒卫生工作，这一方面降低了猪场内传染性胃肠炎的传播，另一方面可最大限度地降低猪场内其他污染的病原微生物，减少继发感染引起其他疾病的概率。

保持猪舍干燥，降低饲养密度和猪群的应激因素，口服感染该病毒均不发病，病毒主要通过呼吸道传播，且传播速度迅速，1周内可传遍整个猪群，对猪只造成危害。通过加强对母猪的免疫，能够对仔猪产生免疫力进行免疫保护。对发病猪只提供清洁饮水和易消化的饲料，使较大病猪迅速恢复体力。

九、猪大肠杆菌病

大肠杆菌病是多种动物和人的共患传染病。猪的大肠杆菌病主要有仔猪黄痢、仔猪白痢及仔猪水肿病。

（一）仔猪黄痢

仔猪黄痢是大肠杆菌病的一种，也称为新生仔猪腹泻，是由致病性大肠杆菌引起的初生仔猪的一种急性、高度致死性的传染病。

临床上以剧烈水泻、迅速死亡为特征。剖检时常有肠炎和败血症等病理变化，有的则见不到明显的病理变化。

本病多发生于1周龄内的新生乳猪，以1～3日龄乳猪发病最为多见。多数情况为全窝发病，发病率及致死率均很高。

1. 病原概述　病原为致病性大肠杆菌。该菌为革兰氏阴性菌，在普通培养基和麦康凯鉴别培养基上均能生长。该菌依靠一种或多种菌毛黏附素吸附在新生乳猪的小肠黏膜上皮，进行定殖，发挥致病作用。吸附后产生一种或几种肠毒素，该毒素在发病过程中发挥重要作用。

致病性大肠杆菌具有多种毒力因子，能引起不同的病理过程。已知的引起猪腹泻的定殖因子有F4（K-88）、F5（K-99）、F8（987P）、F41。此外，还有内毒素、外毒素、大肠杆菌素和红细胞毒素等导致各种病理过程。

2. **流行特点** 发病率高，死亡率也高。以盛夏和寒冬以及潮湿多雨季节发病率较高，春、秋温暖季节发病率较低。头胎母猪所产的乳猪发病情况比较严重。在新建的猪场该病的危害很大。

3. **临床表现** 仔猪出生时尚健康，然后突然出现重剧的拉稀症状，产房出现浓重酸臭味。第一头猪出现拉稀症状后，一、两天内便传至全窝。粪便呈黄色水样，顺着肛门流淌，严重污染小猪的后躯及全身（图3-5）。病猪表现严重口渴、脱水，但无呕吐现象，此点区别于传染性胃肠炎和流行性腹泻。病猪最后昏迷、死亡，死亡率很高。

4. **剖检病变** 以十二指肠病变最严重，其次为空肠、回肠。肠腔臌胀，腔内充满黄色液体及气体（图3-6）。在肝、肾常见小坏死灶。

5. **诊断要点**

（1）临床诊断 根据发病年龄、临床症状以及发病率和死亡率可以初步诊断该病。

（2）实验室诊断 用病变部位的小肠做涂片，可发现致病性的大肠杆菌。经培养后可进行分离、鉴定。也可以将大肠杆菌的纯培养物给初生仔猪接种，出现典型的下痢症状，以此来确定该病。

6. **类症鉴别** 须注意与传染性胃肠炎、流行性腹泻、仔猪白痢、仔猪红痢、仔猪球虫病及轮状病毒性腹泻等疾病鉴别。鉴别主要依据为病原学诊断结果。

7. **防治措施** 给产前的母猪接种大肠杆菌苗，或给初生乳猪使用敏感抗生素

图 3-5　全身沾满黄色水样稀便

图 3-6　肠腔臌胀，腔内充满黄色液体及气体

进行预防投药，可以预防本病。该病原对抗菌药物敏感，但易产生抗药性或耐药性，临床上应进行轮换用药或交叉用药。如条件允许可先进行药敏试验，然后决定用药的种类。一旦发生该病，多来不及治疗便死亡。

（二）仔猪白痢

仔猪白痢也是猪大肠杆菌病的一种，是由致病性大肠杆菌引起的、以10~30日龄仔猪多发的一种急性猪肠道传染病。

以排出腥臭的、灰白色黏稠稀粪为特征。本病的发病率较高（约50%），但死亡率较低（约20%）。

1. **病原概述** 病原为致病性大肠杆菌。该菌呈革兰氏阴性、无芽孢、不形成荚膜，为短杆菌。该菌对外界环境抵抗力不强，常用的消毒药和消毒方法即可杀灭。

2. **流行特点** 主要发生于10~30日龄的仔猪。该病原菌是猪肠道内常在菌，在正常情况下不会引起发病，但在饲养管理较差以及应激状态下，仔猪抵抗力降低，易引发该病，因此，该病也是条件性疾病。

常见的导致仔猪抵抗力降低的因素有：猪舍卫生状况不好，天气骤变，奶水不足以及奶汁过稀或过浓等。

此病传染性极高，当一窝中1头小猪出现下痢状况，若不及时治疗就很快传染全窝、全群。同窝仔猪被传染的概率最高，发病率可达100%，但致死率在20%左右或更低。致死率的高低与小猪的抵抗力、饲养管理水平及防治情况有直接关系。

3. **临床表现** 病猪排灰白或灰褐色、腥臭、浆状或水样稀便（图3-7）。通常发病后食欲无明显改变，但饮水量增加。一般病程在1周左右，多数患猪能康复，但病愈后的猪多数成为僵猪。

4. **剖检病变** 剖检时以胃肠卡他性炎症变化为特征。病猪整体表现贫血、消瘦。小肠臌胀，充满气体，内含黄白色、酸臭稀粪（图3-8）。如无混合感染情况，

图 3-7 排灰白或灰褐色、腥臭、浆状或水样粪便

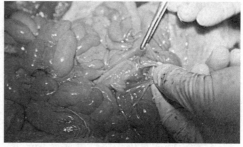

图 3-8 小肠臌胀，充满气体，内含黄白色酸臭稀粪

实质器官一般未见明显的病变。

5. **诊断要点** 根据发病日龄、流行情况及临床症状可以做出初步诊断。如需确诊可进行实验室诊断。实验室诊断方法：将病猪小肠黏膜或肠内容物涂片、镜检，可发现大量典型的致病性大肠杆菌。对病料进行病原菌的分离、鉴定，可鉴定出病原菌的血清型和种属，便可确诊。但要注意健康带菌现象。

6. **防制方案**

（1）预防方案

方案一

① 对怀孕的后备母猪和经产母猪进行大肠杆菌苗的接种，程序按说明书进行。

② 产房、保育舍的卫生状况、保暖措施和干燥程度对预防本病特别重要。

③ 要使新生仔猪吃到足量的、免疫状态良好的母猪的初乳。

方案二

① 在母猪产前2天、产后3天用广谱抗生素拌料饲喂，每天2次，使用治疗剂量。

② 在怀孕母猪产前30天、15天两次接种大肠杆菌K88-K99-987P-D多价蜂胶苗，每头每次2毫升。

③ 在仔猪出生后，即刻口服卡那霉素或庆大霉素，每头1毫升。

（2）治疗方案

方案一

口服或注射抗生素，尤其可选用对革兰氏阴性菌敏感的抗生素。同时给病猪补充电解质、复合多种维生素和使用高免血清，以便加强抗生素的治疗效果。通常庆大霉素、卡那霉素及三甲氧二苄氨嘧啶（TMP）等药物，效果较好。鉴于仔猪黄痢、白痢往往是一头感染，全窝发病，所以只要发现一头仔猪发病，立即进行全窝给药。

方案二

① 多数抗菌、收敛及助消化的中、西药物对本病均有治疗效果，但必须同时改善环境及饲养管理，消除发病诱因。

② 病原对抗菌药物敏感，但也容易产生抗药性和耐药性。因此，最好用药前做药敏试验。

（三）仔猪水肿病

仔猪水肿病是由大肠杆菌所产生的毒素引起的一种大肠杆菌肠毒血症。其特征为断奶后的健壮仔猪突然发病，共济失调，局部或全身麻痹，面部、胃壁和其他某些部位发生水肿，突然死亡，发病率10%～35%，死亡率可达90%。

1. **病原概述**　本病病原为致病性溶血性大肠杆菌。该病原具有某种黏附因子，可使大肠杆菌定殖于小肠黏膜上，并能产生一种或多种毒素，导致病猪发生肠毒血症。由于该病原和仔猪黄痢、仔猪白痢的病原相同，故有关病原情况可参照前述章节。

2. **流行特点**　传染源为病猪和带菌猪。传染途径为被污染的饲料和饮水，经消化道传播。易感动物主要是断奶仔猪，流行本病时肥猪和母猪也能发病，但症状较轻。发病年龄主要在断奶后1～2周。

本病呈地方性流行。常发生于食欲旺盛的断奶仔猪，体况健壮的仔猪好发此病，小至数日龄，大至4月龄的小猪也偶有发生。本病是一种急性、高度致死性神经性疾病。发病率大于15%，死亡率在50%～90%。

该病的诱发原因是应激因素及营养因素等。如营养浓度过高，尤其常见于日粮中豆粕含量过高时。各种应激因素包括气候突变、寒冷刺激、环境改变（转群、长途运输）、防疫注射、饲养管理发生改变以及生长过快等，遗传因素及微量元素硒和维生素E缺乏，对发生本病也有重要作用。

3. **临床表现**　发病年龄多为4～12周龄仔猪，多数发生在断奶后的1～2周。少数病猪在发现患病时已经死亡。

本病多发生于体况健壮、生长发育良好的仔猪。病初出现腹泻或便秘，1天或2天后病程突然加快或死亡。脸部、眼睑、结膜等部位出现水肿是本病的特征症状。本病有明显的神经症状，如共济失调、转圈、抽搐及四肢麻痹等，最后死亡（图3-9）。

多数病猪体温正常，但食欲减退或拒食。病程一般为1～2天，多数病猪在发病24小时内死亡。

4. **剖检病变**　胃壁和肠系膜呈胶冻样水肿是本病的剖检病变特征。胃壁水肿常见于大弯部和贲门部。在胃黏膜层和肌层之间有一层胶冻样水肿物，严重时增厚2～3厘米。大肠系膜水肿。在胆囊和喉头也常有水肿情况。

胃、肠黏膜呈弥漫性出血。在心包腔、胸腔和腹腔有大量积液。肠系膜淋巴结有水肿和充血、出血现象（图3-10）。

5. **诊断要点**　断奶后1～2周的发育良好的小猪突然死亡。面部、胃壁及大肠系膜水肿。此时可初步怀疑本病。

实验室诊断：从小肠和结肠分离出大肠杆菌，做纯培养进行分离、鉴定，同时分离肠毒素。

图 3-9　死于仔猪水肿病的仔猪

图 3-10　肠系膜水肿

6. 防制方案

（1）预防方案

方案一

在断奶仔猪的饲养管理上尽量减少应激刺激。断奶时避免突然过多地给仔猪饲喂固体饲料。开始时宜限制小猪的采食量，在2～3周后渐渐加量，直至过渡到自由采食。

用大肠杆菌苗接种临产母猪，以及给初生仔猪口服该菌苗，对本病有良好预防效果。

方案二

① 制备当地大肠杆菌菌株的灭活菌苗，每只小猪0.5毫升，在断奶前半月进行肌内注射或皮下注射。

② 肌内注射0.1%维生素E亚硒酸钠合剂，每5千克体重1毫升。

③ 用链霉素等药物治疗有效，半量预防。

方案三

不要从疫区购进种猪。仔猪断奶时应加强饲养管理，循序渐进、逐步进行饲料的过渡和饲养方法的改变。在出现过本病的猪群内，应控制饲料中蛋白质的含量，适量增加饲料中粗纤维含量。在仔猪断奶后5～7天，按每千克体重5～20毫克口服对大肠杆菌敏感的抗生素（如硫酸黏杆菌素+氟喹诺酮类，硫酸新霉素+氟喹诺酮类等），预防致病性溶血性大肠杆菌的感染。在哺乳母猪饲料中添加足量的微量元素锌，按每千克饲料50毫克添加，可以预防本病的发生。

（2）治疗方案

方案一

① 口服：硫酸新霉素+氟喹诺酮类，硫酸黏杆菌素+氟喹诺酮类，阿莫西林/克

拉维酸+氟喹诺酮类药物等，有较好的防治效果。

② 注射：庆大霉素+地塞米松、庆大霉素+维生素E硒酸钠、阿莫西林+地塞米松（或维生素E亚硒酸钠合剂）等。

方案二

① 全场用高效消毒剂进行带猪消毒，每日一次直到控制为止。

② 全群仔猪口服补液盐+敏感抗生素（如硫酸新霉素+氟喹诺酮类，硫酸黏杆菌素+氟喹诺酮类，阿莫西林/克拉维酸+氟喹诺酮类）等。

③ 对发病仔猪用下列方案处理（对有机会治疗的病例）：肌内注射庆大霉素+地塞米松，口服轻泻剂。或肌内注射庆大霉素+维生素E硒酸钠，口服轻泻剂。或肌内注射阿莫西林+地塞米松（或维生素E亚硒酸钠合剂）。

④ 保持仔猪安静。口服镇静剂。

十、猪气喘病

猪气喘病亦称猪支原体肺炎或猪地方流行性肺炎，是由猪肺炎支原体引起的猪的慢性、接触性传染病，本病在猪群中可长期存在，形成地方性流行。主要症状为咳嗽和气喘，病变的特征是在患病猪肺的尖叶、心叶、膈叶和中间叶的边缘形成对称性的肉样变，即融合性支气管肺炎。

患猪长期生长发育不良，饲料转化率低。本病在一般情况下表现为感染率高，死亡率低。但在流行初期以及饲养管理不良时，常引起继发性感染，也会造成较高的死亡率。种母猪被感染后也可传给后代，导致后代不能作种用。

（一）病原概述

病原为猪肺炎支原体（霉形体）。本支原体无细胞壁，呈多形态，如球状、环状、点状、杆状等。染色时不宜着色。

支原体虽然能够人工培养，但其生长条件要求比较苛刻，在固体培养基上生长缓慢，需3～10天，呈针尖大小的露滴状，在低倍显微镜下观察为荷包蛋样。

本支原体对外界抵抗力不强，常用的消毒剂都可杀死。对青霉素和磺胺类药不敏感，但对壮观霉素、土霉素和卡那霉素敏感。

（二）流行特点

大小猪均易感本病，但以断奶后仔猪最易发病。一年四季都可发生，但在寒冷、多雨、潮湿或气候骤变时较为多见。不良的饲养管理和卫生条件会降低猪只的抵抗力，易诱发本病。

一般情况下本病发病率高，致死率低。但患本病后易继发其他疾病。如继发多杀性巴氏杆菌感染的猪肺疫、肺炎球菌感染的肺炎和猪鼻支原体感染等，故本病又被称为钥匙病或导火索病。

传染途径：主要通过呼吸道传播。乳猪的感染多数是长时间接触带菌母猪所致，被感染的乳猪在断乳时再传染给其他猪只。在密集饲养情况下可促进本病的传播、发病。

本病的潜伏期较长，有很多的猪群在不知不觉中被感染，致使本病长期存在于猪群中。本病一旦传入猪群，如不采取严格与切实的措施，很难彻底净化和扑灭。

（三）临床表现

间歇性咳嗽（干咳）和喘气为本病的主要特征（图3-11）。呼吸增快，呈腹式呼吸，呼吸次数剧增，可达60～120次/分钟。一般体温、精神、食欲、体态未见明显异常表现。严重时食欲减少或废绝。

患病后生长发育受阻，致使猪群个体大小不均，影响出栏率。病程进展缓慢，常可持续2～3个月。

该病通常死亡率不高。但是，当出现继发感染或混合感染时死亡率较高，肺炎是促使喘气病猪死亡率增高的主要原因。

（四）剖检病变

以小叶性肺炎和肺门淋巴结及纵隔淋巴结显著肿胀等为特征。各个肺叶的前下部两侧出现对称性的、边界分明的虾肉样实变（图3-12）。小叶性肺炎病变以心叶、尖叶及中间叶最为明显，切面呈鲜肉样外观，即所谓的"肉样变"。淋巴结的病变表现为肺门和纵隔淋巴结髓样肿大。

图 3-11　间歇性咳嗽（干咳）和喘气

图 3-12　肺前下部两侧出现对称性、境界分明的虾肉样实变区

（五）诊断要点

当一大群生长育肥猪出现阵发性干咳、喘气、生长阻滞或延缓，但死亡率很低时，即可怀疑本病。

剖检病变：肺的病灶与正常肺组织之间分界清楚，两侧肺叶病变基本对称，病变区大都局限于肺的尖叶、心叶、中间叶及膈叶前下部及边缘处。触之有胰腺样坚实的感觉。

特殊诊断方法：对病原支原体（霉形体）进行分离鉴定；用X光透视或血清间接血凝试验诊断本病。

（六）防制方案

1. 预防方案　猪喘气病弱毒冻干苗可用于免疫20~25日龄的健康仔猪，试验条件下的保护率可达80%以上。

常用的消毒药物和消毒方法均有效，各种消毒药交替使用效果较好。

全群饮水或拌料给药一个疗程（一般3~5天）。饮水投药：林可霉素+环丙沙星、酒石酸北里霉素、泰乐菌素、恩诺沙星以及林可霉素等抗生素都对本病有防控作用。泰妙菌素每吨饲料拌料：泰妙菌素100克＋金霉素300克，饲喂3天；或泰妙菌素50克＋金霉素150克，饲喂5天；或泰妙菌素25克＋金霉素75克，饲喂7天。以上3个方案可任选一种。

2. 治疗方案　用土霉素碱油剂按每千克体重40毫克剂量注射，即把土霉素碱25克加入花生油100毫升，鸡蛋清5毫升，均匀混合，在颈、背两侧深部肌肉分点轮流注射，小猪2毫升，中猪5毫升，大猪8毫升。每隔3天一次，5次为一疗程，重病猪可进行2~3个疗程，同时用氨茶碱0.5~1克肌内注射，有较好疗效。

用林可霉素按每千克体重4万单位肌注，每天2次，连续5天为一疗程，必要时进行2~3个疗程。也可用泰妙灵（泰乐菌素）按每千克体重15毫克，连续注射3天，有良好的效果。

由于蛔虫幼虫经肺移行和肺线虫都会加重本病病情，所以配合药物驱虫对控制本病的发展有一定意义。

3. 建立无气喘病猪群　预防或消灭本病，主要在于坚持实施综合性防疫措施。

（1）疫区　以健康或康复母猪培育无本病的后代，建立健康猪群，主要措施如下：进行自然分娩或剖腹取胎后，在严格消毒和隔离条件下对乳猪进行人工哺乳。按窝隔离饲养，将断奶猪和育肥猪分舍饲养。

利用X线透视或用间接血凝试验、酶联免疫吸附试验等方法进行筛查，清除病猪、可疑病猪及阳性猪。用这种方法逐渐扩大健康猪群。达到以下三条标准时，方可认为培育了无本病的健康猪群：①对培育的无本病健康猪群，连续观察3个月以上无气喘病症状；在此群中放入2头无本病的易感小猪同群饲养1个月，小猪没有出现被感染的情况；②一年内整群猪无气喘症状，抽检宰杀的肥猪无本病的特征性肺部病变；③母猪连续生产两窝仔猪后，在哺乳期、断奶期直到育肥期，均无气喘病症状，一年内用X线检查全部育肥猪和哺乳猪，并间隔1个月再检查，全部猪肺部无本病的影像出现。

（2）非疫区 坚持自繁自养，需引进种猪时，用X线或血清学等方法隔离检疫3个月，确认无本病后方可引进、混群。加强饲养管理和实施严格的卫生管理措施。

十一、猪传染性胸膜肺炎

猪传染性胸膜肺炎是由胸膜肺炎放线杆菌（APP）引起的一种猪呼吸道传染病。临床上主要表现为典型的急性纤维素性胸膜肺炎或慢性局灶性坏死性肺炎症状和病变。本病多呈最急性和急性型经过，突然死亡。也有的表现为慢性经过或呈衰弱性消瘦、衰竭性疾病过程。

本病主要通过空气飞沫传播，在集约化饲养、密度较大的条件下最易发病、传播，特别是在长途运输、过度拥挤或气候突变及通风不良等应激因素作用下更易诱发本病。

成年猪或呈隐性过程，或仅表现为呼吸困难。本病流行态势日趋严重，已成为世界性集约化养猪生产模式中五大重要疫病之一。

（一）病原概述

关于本病的病原，以前称为胸膜肺炎嗜血杆菌，现确定为胸膜肺炎放线菌，简称APP，革兰氏染色阴性，有荚膜，为典型的球杆菌。一般根据荚膜多糖和菌体脂多糖的种类，将本菌分为12个血清型。我国北方发生本病的病原体以血清型5和7居多。

（二）流行特点

各年龄段的猪都易感，但以3月龄仔猪更易感。体重20～60千克的育成猪发病率、死亡率较高。

本病多发生在春、秋季节，与气候剧变、拥挤、通风不良、潮湿等应激因素密切相关。APP只存在于猪的呼吸道内，猪是本菌的高度专一性宿主，目前未见有感染其他动物的报道。

病程长短不定，急性慢性过程兼有，但以急性病例居多。本病的急性期死亡率很高。致病率与死亡率也与其他疾病（如伪狂犬病、蓝耳病等）的继发感染、混合感染情况及程度有关。致死率接近100%。

该病原的主要传播途径是空气传播、猪相互间的直接接触，排泄物污染或人员携带病原体等也是传播本病的途径。常见的传播途径是由买卖生猪或引种时引进隐性或慢性感染的病猪，然后扩散感染整个猪群。病后康复猪可带菌几个月，形成新的感染源。

在初发本病的猪场，常以急性发病和突然死亡情况为多见。因此，猪场一旦发生该病，会造成重大的经济损失。在产仔后的母猪初乳中存在着效价较高的母源抗体，所以吃了初乳的哺乳仔猪发病率较低。

发病机制：胸膜肺炎放线杆菌具有荚膜和产生毒素的特性，感染途径通常是通过空气传播或直接接触病原菌后感染肺部，然后黏附在肺泡上皮上。在被感染的肺内产生有害的细菌毒素和细胞毒素，细菌毒素协同细胞毒素的联合破坏作用是引起肺组织病变的主要原因。由此可见，毒素作用是发生本病的主要因素。该菌可被肺泡巨噬细胞迅速吞噬。本菌可在扁桃体上定殖。

（三）临床表现

该病主要发生于2~6月龄的小猪和中猪，临床上分为最急性型、急性型、亚急性型及慢性型等多种类型。同一猪群内可能出现各种类型的病猪，如急性、亚急性、慢性型等。新生仔猪罹患该病时通常伴有败血症症状。

猪传染性胸膜肺炎常表现为个别猪突然发病，急性死亡，随后大批猪陆续发病，临死前常有带血泡沫从口、鼻流出。病猪常于出现临床症状后24~36小时死亡，也可能在没有出现任何临床症状情况下突然倒毙。在本病发生初期，怀孕母猪常发生流产情况。

1. **最急性型** 同栏或不同栏的一头或数头猪突然发病，体温高达40~42℃。患猪精神沉郁，厌食或食欲废绝。不愿卧地，常痛苦地站立或呈犬坐姿势（图3-13），高度呼吸困难，张口伸舌、咳喘，呈腹式呼吸，口鼻周围有带血的泡沫液体。在耳尖、鼻吻突等末梢皮肤呈紫红色。病情发展很快，鼻、耳、腿以至全身的皮肤出现紫斑后突然死亡。有的病例还出现短期性腹泻或呕吐症状。

该病的发展过程大致如下：

图 3-13 病猪呈犬坐姿势，张口呼吸

①早期，无明显的呼吸道症状，只是脉搏增数；②后期，出现明显的心力衰竭和循环障碍症状，导致鼻、耳、眼及后躯皮肤发绀（紫红色）；③晚期，出现严重的呼吸困难症状，体温开始逐步下降，出现病危情况；④临死前，血样的泡沫从嘴、鼻孔流出。

2. 急性型　不同栏或同栏的许多猪同时感染发病，表现为发高烧，病猪体温升至40.5~41℃。皮肤发红，精神沉郁，不愿站立。厌食并且不喜欢饮水。出现严重的呼吸困难症状，经常咳嗽及用嘴呼吸。在发病最初的24小时内上述症状表现明显，如果病猪耐过不死，则上述症状有所缓解。当治疗不及时或不够彻底情况下，也可能转变为亚急性或慢性型疾病过程。

3. 亚急性或慢性型　亚急性病例多在急性期过后出现，多数为耐过而不死的病猪。表现为不发热，发生间歇性咳嗽。患猪消瘦，被毛粗糙及食欲不振。慢性型的临床症状不明显，此型可能还有其他呼吸道疾病的混合感染（如支原体或其他细菌、病毒感染等）情况。生长缓慢。当这种状态的病猪遭遇应激后，猪会表现全身肌肉苍白，可能突然死亡。病猪出现轻度发热或不发热。可见不同程度的散发性或间歇性咳嗽。食欲减退。不爱活动，仅在喂食时勉强爬起。个别患猪后期可发生关节炎、心内膜炎以及在不同部位出现囊肿。

（四）剖检病变

病灶主要集中在肺部，肺表面常附有纤维素性渗出物及胸膜粘连。肉眼可见的病变主要是在胸腔及呼吸道。主要病变是胸膜表面有白色纤维素附着，胸腔积液。在濒死期的病猪体内、气管、支气管中充满泡沫状、血性黏液及黏液性渗出物。

以小叶性肺炎和纤维素性胸膜炎病变为本病特征。肺炎多为两侧性，病变集中在心叶、尖叶及部分膈叶。病变部色深，质地坚实，切面易碎。肺充血、出血，肺的前下及后上部呈紫红色肝变，附着纤维素。

在病程的中、后期，炎症蔓延至整个肺脏，使肺和胸膜粘连，以致剖检时难以将肺与胸膜分离开。在多数情况下，肺部病灶会逐渐溶解，仅剩下与纤维素性胸膜肺炎粘连的部位。慢性型时，在肺部炎症区域发生坏死、硬化。脾肿大。有关节炎或脑膜炎病变。

1. 急性型的主要病变　在急性期突然死亡的病例，于气管和支气管内充满带血色的黏液性渗出物。有的在气管和支气管内充满带血的泡沫性分泌物（图3-14）。在喉头充满血性液体。胸膜有纤维素性渗出物。胸腔有血样渗出液。肺充血、水肿，切面似肝脏，坚实，断面易碎，间质充满血色胶样液体。后期，肺炎病灶变暗、变硬（图3-15）。

图 3-14 气管和支气管内充满带血色的黏液性渗出物

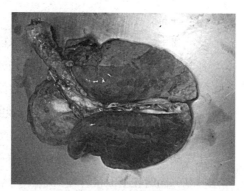

图 3-15 肺炎病灶变暗、变硬

2. 慢性型的主要病变 胸腔积液，胸膜表面覆有淡黄色的渗出物。当病程较长时，可见硬实的肺炎区，肺炎病灶稍凸出表面。肺常与胸膜粘连，肺尖叶表面有结缔组织化的粘连性附着物。在膈叶上有大小不一的脓肿样结节。

（五）诊断要点

在急性暴发期，胸膜肺炎在临床上易于诊断。

1. 对急性病例诊断的主要依据 断奶期至肥育期的猪出现高热，病程发展迅速，出现极度呼吸困难症状，拒食。尸检时可见带有胸膜炎的肺部病变。在组织病理学检查中，可见肺部炎性坏死灶周围出现中性粒细胞聚集和渗出性肺炎病变，则可确诊。

2. 对慢性感例诊断的主要依据 剖检时在胸膜及心包有硬的、界线分明的囊肿。在进行肺病变区的涂片、革兰氏染色时可发现大量阴性球杆菌。细菌学检查对该病的诊断极为重要，从新鲜死尸的支气管、鼻腔的分泌物及肺部病变区很容易分离到该病的病原菌。

3. 对该病原检测的其他方法 荧光抗体方法；免疫酶方法；血清特异抗体的凝集试验方法；乳胶凝集试验方法及ELISA等。此外还有许多检测细菌核酸的方法，包括带标记的DNA探针技术及PCR方法等。

确诊时需要对病原作详细的分离和鉴定。比如在肺及呼吸道分泌物中检出嗜血杆菌，经种、属鉴定为该病的病原细菌。

（六）鉴别诊断

本病的急性病例要与猪瘟、猪丹毒、猪肺疫及猪链球菌病等相区别；慢性病例应与猪气喘病、多发性浆膜炎等相区别。猪肺疫为急性发热性传染病，猪气喘病是一种慢性传染病。当出现急性死亡、体温升高情况，要与猪瘟相区别。有肺炎变化情况要与猪肺疫相区别。有纤维素胸膜肺炎情况要与链球菌病相区别。当本病由急性转为慢性时，要与猪气喘病相区别。

从病猪支气管、鼻内渗出物和有病灶的肺中分离出病原菌，根据染色特征、生化特征与上述其他病的病原相区别。实验室确诊及鉴别诊断要点及方法如下：

（1）直接镜检　采取支气管或鼻腔渗出液和肺炎病变组织进行涂片染色、镜检，在最急性病例也可以对其他器官、组织进行涂片染色镜检，可见到多形态的两极染色的革兰氏阴性球杆菌。

（2）病原分离与鉴定　用6%犊牛血或绵羊血制备的琼脂平板培养基作病原分离培养基，同时在上面接种葡萄球菌，然后接种病料，因为葡萄球菌在生长过程中能合成放线杆菌生长所需要的V因子（即辅酶A），并向外扩散到周围培养基中，此现象使放线杆菌在葡萄球菌周围生长，形成β溶血的微小的"卫星菌落"。也可用巧克力琼脂培养基分离培养放线杆菌。对分离出的细菌的鉴定要进行生化试验。

（3）血清学检查　可采用补体结合试验、凝集试验和酶联免疫吸附试验等方法，这些方法都可用于本病的诊断，其中以补体结合试验最为可靠。应用改良补体结合试验检测本病抗体，检出率可达100%。感染2周后就可检出抗体，且可以持续3个月以上。该试验与其他呼吸道传染病的病原体无交叉反应。

（七）防制方案

方案一

在饲料和饮水添加药物只限于对本病的预防。发病时，如果在饮水添加药物再配合注射敏感的抗生素，效果会更好。通常一次注射不能彻底治愈，针剂治疗病猪时至少需要3天。治疗必须对整栏的猪只全面进行注射，不论有无出现临床症状。选用的抗生素有青霉素、安比西林、头孢菌素、四环素、红霉素、磺胺剂等。要注意的是，本菌对这些抗生素能够产生抗药性和耐药性。目前，比较新的一代抗生素如替米考星、恩诺沙星等效果较好。

方案二

加强猪群预防工作，特别是对仔猪和育肥猪。一旦发现病猪，及时隔离处理。

加强饲养管理，注意通风换气，保持舍内空气清新。减少各种应激因素的影响，保持猪群有足够、均衡的营养供给。

采用"全进全出"的饲养方式，猪出栏后，对栏舍进行彻底的清洁、消毒，并且至少空栏1周后才可重新进猪。

发现病猪要及时治疗，注射新霉素、四环素、泰乐菌素、青霉素等抗生素疗效较好。但是不能长期使用一种抗生素，以防产生抗药性和耐药性。对于慢性型病例治疗效果不理想。

在发病猪场，可以从病猪中采取病料进行病原菌的分离、培养，制成自家苗用于本场的防治。但此项工作应在具有较好的实验室条件、并有一定水平的技术人员的条件下才可进行，否则不宜进行。国外已研制出该病的菌苗，并已应用于生产实际。国内也有以血清型7的病原菌制成的灭活苗，可以对断奶后仔猪进行免疫，有一定效果。

对于刚发病的猪场，可根据实际情况，在猪群饲料中适当添加大剂量的抗生素预防大规模发病，例如每吨饲料添加土霉素600克，连用3～5天，或每吨饲料添加（林可霉素+壮观霉素）500～1 000克拌料，连用5～7天，可防止新的病例出现。抗生素虽可降低死亡率，但经治疗的病猪仍可成为带菌猪，成为新的传染源。

对于病猪的治疗，以消除呼吸困难和抗菌治疗为原则，用药时注意要保持足够的剂量和足够长的疗程。

对于感染本病较严重的猪场，可用血清学检测方法进行排查，逐步清除带菌猪，结合脉冲式的饲料添加药物进行预防，逐步建立健康猪群。

方案三

预防措施：在新引进种猪时，应采用血清学检查方法进行检疫，确认无本病时才可引进。对受威胁但未发病猪，可在每吨饲料中添加土霉素600克，做预防性给药。接种灭活疫苗。

扑灭措施：对病猪用青霉素、氨苄青霉素、四环素类药物进行治疗。检疫猪群，淘汰阳性猪。

十二、猪链球菌病

猪链球菌病（Streptococcus suis）呈急性发病，病时发热，为人畜共患传染病，该病有多种不同血清群（C、D、E、L），是链球菌引起的不同临床特征疾病的总称。该病属二类动物疫病，通常呈地方性流行，任何日龄、性别、品种的猪都能感染，无明显季节差异性，但发病率最高季节为夏季和秋季。临床主要发病类型有淋巴结脓肿型、败血型、脑膜炎型，大部分病猪呈败血型经过，发病时间持续较短，主要特点为发病急、病死率极高，病猪往往没有表现出任何临床症状就突然发病、死亡，且一旦发病，迅速蔓延，使整个猪场的猪群全部患病，给养殖场经济带来重创。

（一）病原概述

链球菌的种类繁多，在自然界中分布广泛，分为有致病性和无致病性两种类型，其中能引起人和动物感染发病的主要是链球菌科中链球菌属以及肠球菌属的某些成员。链球菌多呈圆形、卵圆形或短链状（链的长短不一），无鞭毛，不运动，不形成芽孢，多数在早期形成荚膜，革兰氏阳性菌，兼性厌氧。在液体培养中呈长链状，有时可见单个或成双存在的链球菌。在含血液的或血清的培养基中生长良好，可形成α、β、γ溶血，α溶血性链球菌致病性较强，β溶血性链球菌致病性较弱，γ溶血性链球菌不致病。其毒力因子主要包括荚膜多糖、胞外蛋白、溶菌酶释放蛋白以及溶血素等。目前，共发现有35个血清型（1~34，1/2型），其中1、1/2、2、7、9和14型是主要致病的血清型。

猪链球菌在外界环境中不易存活，无需高温，在60℃水中经10分钟即可灭活；在50℃水中灭活时间较长，需要2小时；经阳光直射2小时死亡。另有研究发现，该菌在动物尸体（一般为4℃）中可存活42天，粪便中可存活90天。一般消毒剂可有效消除猪链球菌，如0.1%新洁尔灭、2%石炭酸可在3~5分钟内杀灭该菌。

最近几年，猪2型链球菌流行趋势不断攀升。究其原因，该病可经多种传播途径传播，血清型众多不易防治，一旦发病，常为急性，死亡快。不但如此，该病还可引起断奶仔猪脑膜炎、关节炎及败血症，传播迅速，给养猪业及养猪户带来极大损失。公共卫生方面，猪2型链球菌可引起人的感染和死亡，因此，应高度重视猪链球菌病的防控。

（二）流行病学

通常猪链球菌自然感染的部位包括上呼吸道（主要是扁桃体和鼻腔）、生殖道、消化道，呼吸道是该病的主要传染路径。该病的主要传染源是发病猪、带菌猪，由于其分泌物和排泄物中存在病菌，常不间断感染猪群。创口是该病最重要的入侵门户，例如临床上对猪进行断尾、断脐、阉割时消毒不严格易发生感染，感染的病猪、死猪和废弃物处理不当，运输工具消毒不严格和饲养不规范等都易造成该病的传播。猪营养不良、气候潮湿、卫生条件差或长途运输等原因，都有可能导致猪患该病。

健康猪群的感染往往是因为带菌猪的引入，引入后首先引起发病的是断奶猪和育肥猪，不久后猪链球菌病感染整个猪群，病原菌随着健康带菌猪和病猪的排泄物感染猪群环境，持续不断地向环境中排毒，致使猪群迁延不愈，反复感染。

（三）临床症状

1. **败血型** 主要分为最急性型和急性型。最急性型主要在新区流行初期出现，突然发病，无任何症状就快速死亡，或者精神沉郁，停止采食，体温高至41~43℃，呼吸急促，一般24小时内死亡。急性型病猪体温范围在40~43℃，病猪眼观明显症状可见耳廓、腹部及四肢下端局部皮肤呈红色，可见出血点，通常出现症状1~3天后死亡，无治疗意义。

2. **脑膜炎型** 该型在断奶仔猪常见，病猪发病后往往几小时内死亡，病初病猪停止采食，伴有轻度神经症状，趴窝，嗜睡，神智障碍或易怒，随后出现严重精神症状，表现为磨牙、转圈、口吐白沫、抽搐、倒地后四肢呈游泳状，麻痹而死。剖检脑脊液外观清亮，白细胞总数轻度升高，早期以中性粒细胞为主，后期以淋巴细胞为主，蛋白质轻度增高，糖和氯化物正常。

3. 关节炎型 该类型疾病多由败血型和脑膜炎型转化而来，病猪消耗殆尽而死，病程为2～3周，表现为关节肿胀、跛行，无法站立，个别仔猪耐过后呈僵猪，无法发育成熟。

4. 淋巴结脓肿型 病猪全身大部分淋巴结肿胀，触摸疼痛明显，病猪不爱采食。剖检淋巴结化脓、肿胀；少数病猪咳嗽，鼻液增多。大部分病猪可耐过，病程后期，化脓部位吸收，肿胀处质地逐渐变软。该病程较长，达3～5周，但死亡率低，耐过猪根据病情轻重，对后期发育有不同影响。

（四）防治与净化

1. 疫苗免疫预防 猪链球菌的防疫主要使用两种疫苗，灭活疫苗和弱毒疫苗，但在临床使用中发现效果有所差异。研究发现，用感染小猪恢复期静脉采集制作的血清，可完全保护猪链球菌2型菌株引起的感染，但用纯化的荚膜疫苗免疫猪，试图防止猪链球菌2型菌株感染却未获成功，而另外的被动保护试验表明，鼠的高免血清只能保护小鼠，而对猪则不具备保护性。分别对未感染仔猪注射有毒力、无毒力的及用福尔马林灭活的有毒力猪链球菌2型菌株，得到的结果均不相同。活的无毒力的菌株免疫能保护猪抵抗猪链球菌2型的攻击，但不能消除定殖的链球菌或防止已携带的菌株定殖。我们不清楚猪链球菌免疫失败的确切原因，但可能与以下几种因素有关：

（1）荚膜结构降低细菌免疫性，不能使其发挥作用。

（2）疫苗研发过程中，加热或福尔马林灭活对细菌的保护性抗原有所降解或造成抗原丢失。

（3）未产生与毒力因子有关的抗体。

（4）链球菌致病性菌株变异性强，种类繁多，在同一猪群中产生多个菌株、血清型，一种疫苗不能同时免疫多种血清、菌株型，对变异菌株更无效果。

通过选择猪链球菌2型SS2-1、SS2-06444、SS2-7和SS2-N株对BALB/c小鼠、猪、兔和普通小鼠致病性展开实验，用于疫苗研究和生产动态监控，结果表明，人工感染猪链球菌2型可能引发BALB/c小鼠与生猪发病。相关报道表明：猪链球菌2型制苗候选菌株SS2-1与SS2-H的稳定性检验，代表其有着较强的稳定性，是最佳疫苗生产菌株。另外，有研究者从10株马链球菌兽疫亚种与猪链球菌2型分离株内选择毒性较强、免疫原性好的ATCC35246与HA9801株，将其加工制成氢氧化铝胶二联灭活疫苗，通过无菌与安全检验后将其注射于生猪体内，15天后对HA9801与ATCC35246的安全性达到90%以上，甚至可达100%，4周免疫后，体内水平不断增高，5周后逐渐降低；二次免疫后不断升高，120天后依然保持理想水平，有较强的免疫保护效果。

猪链球菌病疫苗产品及建议免疫程序详见表3-16。

表3-16　猪链球菌病疫苗产品及免疫程序

	疫苗种类	注射方法及用量	首免	二免	预防种类	免疫期
灭活苗	猪链球菌病多价蜂胶灭活疫苗	肌内注射，仔猪每次接种2毫升，母猪每次接种3毫升	仔猪21～28日龄首免，母猪在产前45日首免	20～30天后按同剂量进行第二次免疫	C群马链球菌兽疫亚种和R群猪链球菌2型	6个月
	猪链球菌病灭活疫苗（马链球菌兽疫亚种＋猪链球菌2型）	每头猪颈部肌内注射1毫升，14天产生免疫力	种公猪每半年接种1次；后备母猪在产前8～9周首免，仔猪在4～5周龄免疫1次	3周后二免，以后每胎产前4～5周免疫1次	用于预防马链球菌兽疫亚种和猪链球菌2型、7型感染引起的猪链球菌病	6个月
活苗	猪链球菌病活疫苗	肌内或皮下注射，每次注射3毫升	哺乳仔猪于15～30日龄注射1头份2毫升；种猪每年注射疫苗2次		由兰氏C群的兽疫链球菌引起的猪败血性链球菌病	6个月
	猪链球菌病活疫苗	断奶仔猪至成年猪（包括怀孕前期的母猪），一律肌内或皮下注射1毫升	14天后产生较强的免疫力		由兰氏C群的兽疫链球菌引起的猪败血性链球菌病	6个月
弱毒疫苗	猪链球菌病弱毒疫苗	每头猪肌内注射1毫升	疫区的仔猪在60日龄首次接种	以后每年春秋各免疫1次，免疫后21天产生免疫力		6个月

2. **药物控制** 败血型及脑膜炎型病例，若确诊发现及时，可用大剂量的药敏药物治疗。病猪有高热症状，用大剂量的阿莫西林、氨基比林，根据体重及猪品种、猪龄进行肌注或静脉注射，可取得良好效果。

关节炎型病例可根据药敏实验选择高敏药物，根据实际情况积极治疗。

病死猪尸体需按照相关规定采取无害化处理，患病猪只要立即进行隔离治疗。此外，猪舍、猪场及周边环境用2%氢氧化钠进行全面的喷撒消毒，之后使用2%消毒灵连同猪一起喷洒消毒，每天1次，连续消毒7天。已发病猪群可用有效抗生素进行饲料混匀配比饲喂，如磺胺-6-甲氧嘧啶钠粉等。

（五）预防措施

该病预防尤其注意猪群中猪的引入，引入前做好隔离，确保新猪健康后再引入猪群，加强平时的饲养管理，搞好环境卫生并做好每日的消毒工作。其次，加强对猪群的监察力度，多注意猪的日常行为，防止猪间打斗，如发现有猪出现伤口，应及时进行外伤处理，做好消毒保障工作。发现带菌猪及时进行淘汰，以免造成严重经济损失。

（六）防制策略

要做好猪链球菌病的防控策略，首先要加大对猪链球菌病以及该病防治工作的宣传力度，政府及相关部门可以通过宣传的方式，提高养殖户对猪链球菌病防控工作重要性的认识，例如开展宣讲会及知识讲座，或发放资料等方式对养殖户普及猪的各类疾病专业知识。另外，还可以借助网络渠道进行防控工作的宣传，让群众了解猪链球菌病以及有效防控措施等方面知识，进而提高群众对于猪链球菌病的防控意识，积极配合检疫部门进行猪链球菌病的防控工作，从而有效预防猪链球菌病的发生。

为有效避免猪链球菌病的发生和传播，提高猪的养殖与管理的科学性也是重要手段之一。重视猪的圈舍环境，冬季较寒冷，要做好圈舍的保暖工作，在寒潮到来前要做好相应措施。夏季炎热，容易滋生细菌和病毒，使各类疾病高发，此时应做好圈舍的通风和清洁工作，保证圈舍的清爽。同时，还要做好圈舍的定期消毒工作。

养殖户也要通过提高自身的专业知识和技能，加强养猪生产的科学管理，进而进行有效的猪链球菌病防治工作。一旦发现在养殖场中出现猪链球菌病或疑似感染猪链球菌病的情况，需要专业防治人员的介入，将养殖场进行封锁、隔离处理，养殖户要给予高度的配合，做好对病猪的处理工作。对于疑似感染的猪，首先要将其隔离，并对其进行观察，证实其患有猪链球菌病后，要根据病情的严重程度选择扑杀、焚烧和深埋的无害化处理。注意病死猪不可以随意丢弃，这会导致病菌的快速且大规模传播，最终可能对当地居民的人身安全造成威胁。

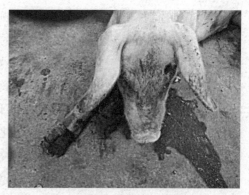

图 3-16　发病猪跛行、关节炎症

十三、副猪嗜血杆菌病

副猪嗜血杆菌病是由副猪嗜血杆菌引起猪的一种接触性传染病。该病早在1906年就由德国学者Glasser发现，故又称"格拉泽氏病"（Glasser's disease）。该病在临床上以关节肿胀、疼痛、跛行、呼吸困难，以及胸膜、心包、腹膜、脑膜和四肢关节发生纤维素性炎症为特征（图3-16），严重威胁断奶仔猪，是当前猪的重要细菌性传染病之一。

（一）病原学

副猪嗜血杆菌属于巴氏杆菌科嗜血杆菌属的革兰氏阴性短小杆菌（图3-17），呈多发性，如球杆状、细长乃至丝状（图3-7）。该菌无鞭毛、芽孢，通常有荚膜，但体外培养时荚膜易受影响。该菌有两极染色的特性，用亚甲基蓝染色时呈两极浓染。

副猪嗜血杆菌对于营养物质要求较高，其生长依赖烟酰胺腺嘌呤二核苷酸，常用巧克力平板来分离细菌，在37℃、5%二氧化碳的条件下进行培养。该菌在金黄色葡萄球菌周围生长旺盛，称为"卫星现象"（图3-18）。

利用传统的血清学方法可将副猪嗜血杆菌分为15个血清型，但仍然有一部分临

图 3-17　革兰氏阴性短小杆菌

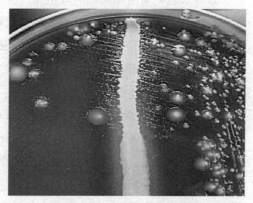

图 3-18　副猪嗜血杆菌初分离

床分离菌株不能用传统血清学方法进行分类定型，表明还存在其他血清型。血清1、4、5、10、12、13和14型都可导致本病发生。血清4型、5型、13型最为流行，日本、德国、美国等以血清4和5型最为常见；血清4型、5型、12型和13型是我国的优势血清型。

副猪嗜血杆菌对外界环境的抵抗力不强，干燥环境可使其死亡，一般60℃下5~20分钟内死亡，常用的消毒药物也可将其杀死，4℃下可存活7~10天。

（二）流行病学

副猪嗜血杆菌通常只感染猪，可以影响2周龄到4月龄的青年猪，主要在断奶后和保育阶段发病，常见于5~8周龄的猪，发病率一般在10%~15%，严重时病死率可达50%。副猪嗜血杆菌是猪上呼吸道中的一种共栖菌，常可在鼻腔、扁桃体和气管前段分离到而不见任何临床症状。当环境发生变化（如转群、断奶、混群、饲料的突然改变或通风不良）时或存在引起免疫抑制的因素时，会导致该病的发生。

尹秀凤（2007）于2003年11月至2005年4月采用细菌分离鉴定、结合PCR方法，对江苏、上海、安徽等地送检的159个患病猪场的仔猪肺脏进行了副猪嗜血杆菌检测，结果阳性猪场为76个，阳性率为48%。佟铁铸等（2017）采用细菌分离鉴定和PCR方法对广东省79家规模猪场的227头疑似关节炎、多发性浆膜炎的发病猪进行了检测，结果显示副猪嗜血杆菌阳性率达22.74%。以上研究表明，副猪嗜血杆菌病已在我国不同地区广泛流行。

（三）防控技术

实验室诊断

（1）细菌分离鉴定　根据该病的临床症状和剖检病变可做初步判断，但细菌分离培养对确诊是非常必要的。分离细菌所采用病料，应当来自发病急性期且没有使用任何抗生素的病猪，于无菌操作条件下采集病猪的肺脏、心包积液、关节液、淋巴结等，通常接种于含NAD的巧克力琼脂平板。在含血清和NAD的胰酪大豆胨琼脂（TSA）培养基培养48小时后，可以观察到针尖大小、圆形、光滑湿润、无色透明、边缘整齐的菌落。革兰氏染色后显微镜下观察，为革兰氏阴性细小杆菌。在无菌操作条件下，挑取上述可疑菌落，水平划线接种于无NAD的绵羊鲜血平板上，再挑取金黄色葡萄球菌垂直于水平线划线，37℃培养24~48小时，观察其在葡萄球菌周围的生长状况，应出现"卫星现象"且无溶血。我国各地已经分离到多株副猪嗜血杆菌。

（2）血清学诊断　副猪嗜血杆菌病的血清学诊断方法主要有间接血凝试验（IHA）及酶联免疫吸附试验（ELISA）。

① 间接血凝试验（IHA）：是将可溶性抗原吸附于一种与免疫无关且有一定大小的不溶性颗粒的表面，在有电解质存在的适宜条件下，与相应的抗体发生特异性凝集。陶海静等（2006）、叶青华等（2017）和魏子贡等（2006）分别制备了IHA诊断液、凝集抗原或建立了IHA试验，用于检测血清中的抗副猪嗜血杆菌抗体。该法操作简便、特异性强，不与其他动物传染病阳性血清发生交叉凝集，可用于副猪嗜血杆菌感染诊断及免疫抗体监测。

② ELISA：是目前实验室诊断中常用的方法，具有灵敏度高、稳定、操作简便等优点。王艳等（2006）、李鹏等（2011）分别建立了间接ELISA方法，用于检测副猪嗜血杆菌抗体，与进口试剂盒Synbiocitis-ELISA相比，阳性符合率超过90%。宋帅等（2016）建立了检测副猪嗜血杆菌病原的夹心ELISA方法，该方法的特异性实验结果显示可检测出15个血清型的副猪嗜血杆菌病原，而其他病原菌的检测结果均为阴性；敏感性试验结果显示该方法能够检测出副猪嗜血杆菌的最低菌落浓度为1×10^6CFU（菌落形成单位）/毫米^2。

（3）分子生物学诊断　分子生物学诊断方法以其高灵敏性、特异性的优势，非常适合动物传染病的快速检测或诊断。于江等（2010）建立了基于SYBR Green I 荧光定量PCR检测副猪嗜血杆菌的技术。结果表明，该方法对副猪嗜血杆菌具有良好的特异性，不与其他猪源细菌发生交叉反应，敏感性比常规PCR高100倍，而且稳定性好，批间与批内重复试验变异系数均小于2.5%。李福祥等（2013）建立了副猪嗜血杆菌TaqMan实时荧光定量PCR检测方法，该方法与猪肺炎支原体、巴氏杆菌等其他10种细菌以及猪瘟病毒、猪繁殖与呼吸障碍综合征病毒的核酸无交叉反应。临床样品检测结果表明，该方法具有敏感性高、特异性好、稳定性强和快速的优点，可用于副猪嗜血杆菌的早期诊断和流行病学调查，以及副猪嗜血杆菌的定量分析。

（四）治疗

生产中不同的副猪嗜血杆菌分离菌株对不同药物的敏感性不同，药敏试验结果为科学防治该病提供理论依据。

（五）疫苗免疫

目前抗生素治疗副猪嗜血杆菌病有一定效果，但长期使用一方面导致细菌耐药情况严重，另一方面抗生素的滥用也会导致药物在动物食品的残留。因此，疫苗免疫是控制该病的另一有效手段。灭活疫苗具有使用安全、不存在散毒的风险、保存运输比较方便等优点，因此灭活疫苗的研发和应用比较广泛。一些学者用分离株制备灭活疫苗、亚单位疫苗等，试验结果表明有一定的保护作用。

（六）防控成果及展望

副猪嗜血杆菌是条件致病菌，环境因素、应激及蓝耳病、猪瘟等混合感染，会加重该病的暴发。因此，加强管理，落实生物安全措施，预防其他病原的感染尤为重要。接种疫苗可以有效防控该病，但是副猪嗜血杆菌血清型众多，各个地区流行的血清型不尽相同，不同血清型之间交叉保护率低。因此，应加强流行病学检测，根据本地区流行的血清型选用相应的多价苗。

十四、猪丹毒

猪丹毒（Swine erysipelas）是由猪丹毒丝菌（Erysipelothrix rhusiopathiae）引起的一种急性、热性传染病，又称"钻石皮肤病"。临床症状表现为急性败血型、亚急性疹块型和慢性心内膜炎型。该病在全球各处都有流行，我国许多地区也发生了很多起，三十多年前的三大传染病就包括猪丹毒。猪丹毒的肆虐，给我国养猪产业带来了相当大的经济损失。猪丹毒丝菌（Erysipelothrix rhusiopathiae）属乳杆菌科，丹毒丝菌属，具有无芽孢、无运动能力、交叉感染的特点，对环境有很强的适应力，其中以猪最为易感。此外，在哺乳动物（犊牛、羔羊、水貂）、禽类（火鸡、种鸭）、鱼类脏器中均分离到猪丹毒丝菌。1876年Robert Koch从小鼠体内分离到一种能够引起其败血症的细菌，命为"鼠丹毒败血症"，并在死亡小鼠脏器中成功回收到。1882年Pasteur成功分离到了丹毒丝菌，次年和Thuillier共同研制猪丹毒灭活苗。1886年，Molin首次报道猪丹毒的病原菌——丹毒丝菌，并主要介绍了猪感染时的病理变化。1909年，Rosenbach分离出人源性丹毒丝菌，发病主要集中在经常与细菌接触的工作场地，如屠宰场、渔场及兽医院等，均是动物传染人，暂无人与人之间传染。

（一）病原概述

猪丹毒丝菌是革兰氏阳性菌，肉汤的陈旧培养物呈长丝状。在急性病例的组织或培养物中，菌体细长，呈直或稍弯的杆状，大小（0.2~0.4）微米×（0.8~2.5）微米，以单个或短链状存在。不运动性，无芽孢、荚膜产生。易被普通染料着色，但也容易脱色。猪丹毒丝菌为微需氧或兼性厌氧，适宜生长pH范围在6.7~9.2，最适pH为7.2~7.6，生长温度为5~42℃，最适温度为30~37℃。普通琼脂培养基和普通肉汤中生长效果不太好，需加入5%~10%的犊牛血清，并在37℃、10% CO_2环境中培养，可形成直径小于1毫米的透明菌落。普通肉汤中，37℃、150转/分、24小时菌液中可形成肉眼可见的沉淀物，摇动后呈云雾状，培养36~48小时后，可见少量沉淀。在鲜血琼脂培养基中37℃、24小时可形成光滑、透明、露珠样的小菌落，浅绿色溶血环，呈α溶血。猪丹毒丝菌可发酵葡萄糖、果糖和乳糖，产酸不产气，菌株穿刺接种明胶培养基，37℃培养4~8天后，细菌沿穿刺线向周围生长，呈试管刷状生长，且明胶不液化。

（二）流行病学

猪丹毒丝菌在自然环境中广泛存在，最主要传染源是患病猪，30%~50%的健康猪在扁桃体和其他淋巴样组织中存在猪丹毒丝菌。带菌猪是重要的传染源，传播途径主要是通过粪便、尿液或口腔分泌物传播，在被污染的饲料、饮用水、土壤和圈舍等存在，而且，由于适应环境的能力很强，此菌可以在土壤中生存和繁殖，耐环境性强。除猪以外，近年来，其他动物也有感染该病的报道，如哺乳动物、禽类、鱼类和两栖类等动物。引起感染的猪不分日龄、品种和性别，目前多集中于育成猪和架子猪发病，以3~6月龄猪只最容易发病。诱发该病的原因很多，例如环境条件（如温度、湿度）改变和应激因素（如营养、疲劳等）都能。Cysewski指出，饲料中黄曲霉引起的隐性中毒可使急性猪丹毒的感染率上升，并且对后续疫苗的接种持续产生干扰。

（三）防控与净化

考虑到最近几年由于抗生素等药物的大量使用，导致猪丹毒肆虐，对我国养殖业造成了极大损失，影响百姓正常生活，我们应该注重防控和管理，完善的生物安全体系是科学合理防病的重要手段。所以，应加大猪群管理力度，对养殖密度予以严格控制。

1. **疫苗免疫预防**　疫苗接种目前是预防猪丹毒传染病比较有效的途径，要想起到免疫效果，养殖户可以选择在每年的春秋季节对猪群进行猪丹毒疫苗免疫接种。通常仔猪断奶之后就需要免疫猪丹毒氢氧化铝甲醛菌苗，体重在10千克以下的断奶猪，皮下注射5毫升疫苗，一般情况下间隔3周后就产生免疫力，抵抗猪丹毒，据实验效果，此疫苗的免疫有效期通常只有6个月；除此之外，还可以注射弱毒苗，有效免疫期可维持6个月；另外，还存在一种疫苗猪丹毒GC42，属于冻干疫苗，需要按照使用剂量使用。同时也要注意因地制宜，不同地区疫情严重程度不同，所需要的疫苗种类、免疫剂量、接种时间都不相同。因此，养殖户需要特别注意，根据本地疫病发生情况制定合理的免疫方案，使每次接种疫苗起到最大免疫效果，避免徒劳。

常见的疫苗主要有以下几种：①猪丹毒灭活疫苗，疫苗皮下接种猪时，注射3毫升，免疫保护率100%，免疫时间长达7个月。注射2次免疫时间可达9~12个月；②弱毒疫苗，可以很好地预防猪丹毒，但弱毒株致病力减弱的机理尚不清楚，易出现致病力返强或激发隐性感染，出现缺乏免疫保护力的情况，甚至还有可能引起接受免疫的猪慢性感染，存在着危险性。近几年，科研人员也研究出了许多新型疫苗例如亚单位疫苗，利用可以识别猪丹毒丝菌的单克隆抗体与鉴别其表面蛋白，发现了表面抗原蛋白——表面保护蛋白，有黏附蛋白、磷酰胆碱等。此外还有核酸疫苗、活疫苗等，相信在未来几年，随着科技的发展，猪丹毒一定会得到有效的控制。

2. **药物控制** 传染病主要以预防为主，控制猪丹毒的关键是早发现、早隔离、早治疗。治疗猪丹毒最有效的药物是青霉素，为了保证治疗效果，必须做到尽早治疗，并且保证药量充足。最初使用马的高免血清来治疗猪丹毒，把它与活菌联合使用。抗生素未广泛使用前，注射抗血清是唯一的治疗方式。高免血清在发病早期使用，免疫血清可以降低强毒株对巨噬细胞的抵抗力。治疗剂量是23千克以下的猪为5~10毫升，45千克以上的猪为20~40毫升。急性猪丹毒应选用青霉素类或头孢类药物治疗，猪丹毒丝菌对其很敏感，治愈率很高。在急性暴发的早期可在24~36小时内在饲料中加入药物。青霉素按体重进行静脉或肌内注射，每千克体重2万~4万单位，头孢噻呋钠10g/100千克（以体重计）进行肌内注射，每天注射2~3次。治疗时应给予充足给药量，以达到有效血药浓度，不然效果不佳。体温、食欲等身体机能恢复至正常水平后持续注射2~3天进行巩固疗效。优良的管理措施和抗生素等药物的广泛使用可以对猪丹毒传播起到控制作用，尤其是青霉素类、头孢类药物作为特效治疗猪丹毒药物被广泛应用，可是使用时若不能及时控制抗生素的使用方式、剂量、次数，将会导致猪丹毒丝菌菌株产生变异和耐药菌株出现，极大影响猪丹毒的防控形势。2014年，从湖北江汉平原某猪场送检病料中分离到一株青霉素钠耐药的猪丹毒丝菌。猪体内抗生素残留，降低了猪肉产品的质量，危害人类身体健康，中草药因其作用范围广、毒性低、营养调理、增强免疫力等优点而表现出广阔的应用前景，研究表明用"三黄石膏汤"治疗29头亚急性猪丹毒患病猪，治愈率达到96%。

（四）管理控制

加强养猪场日常饲养管理，全面提高养猪场管理质量是防控猪丹毒疾病的重要途径。养猪场管理人员应根据条例进一步完善和细化养猪场饲养管理模式，经检验同步生产、多点饲养的模式极好，养殖人员应尽可能实施和推广，对不同日龄猪、不同品种猪与不同用途猪应分别进行合理科学营养搭配，蛋白质、微量元素、维生素等营养元素全面得到补充，同时饲喂营养丰富的饲料，通过饲喂食物可以全面提高猪群的抵抗传染病的能力与群体体质。在整个饲养过程中，禁止使用被污染和霉变的饲料，尽最大可能全方位消除致病原，消除噪音污染，同时降低转换种群、更换饲料等的不良影响，严格按照各项消毒制度实施消毒，为动物造就良好的生活环境，从而有效降低猪丹毒及其他各种传染病的发病率。养殖期快结束时，应本着"全进全出"的原则，彻底清理养猪场，并在一定的休养期后再进行下一轮饲养。另外，还需要进一步改善养猪场的养殖环境，合理控制养猪场的饲养密度，强化养猪场的通风管理措施，及时消除异味，保证养猪场空气清新，以此来减少动物的各种应激反应，从而减少发病率。屠宰厂、交通运输、农贸市场检疫工作，实施严格检查，对购入新猪隔离观察21天，对猪舍等饲养环境、用具定期消毒。如果发生疫情要及时进行隔离治疗。

■ 本章总结摘要

- 猪病防制原则：在加强饲养管理的基础上，预防为主，治疗为辅。
- 必须树立"预防为主，防重于治"的观念。预防保健是最经济的措施，因为预防是主动的，治疗是被动的，一旦猪感染疾病既花费大量的治疗费用，增加饲养成本，又造成猪只生长停滞，影响生产性能，所以要想养好猪，预防保健是关键。
- 规范化标准化管理、生物安全管理，永远是规模养猪的基础。猪病防控必须采取综合措施，消灭传染源、阻断传播途径、保护易感猪群（提高猪群非特异性免疫力、抗病力、健康度），三手都要硬！
- 猪场疫病控制主要内容：生物安全、免疫接种、药物防治。
- 猪病预防措施：加强环境控制，严格防疫制度；改善饲养管理，提高猪群的抵抗力；自繁自养，引进猪严格检疫及隔离；适时进行合理的免疫接种；制定并执行科学的药物保健方案；定期进行卫生消毒及驱虫。
- 发生疫情紧急措施：紧急封锁，紧急消毒，病猪及时隔离，紧急免疫接种，处理病猪，对周围猪群进行检疫及监测并采取相应措施。
- 认真地对待引种工作，引种不慎往往是暴发疫情的主要原因。搞好种猪群的净化，坚持自繁自养。
- 严格执行兽医防疫制度，限制人员车辆出入，彻底消毒，控制病原带进猪场。
- 影响养猪效益的因素：管理、市场、品种、营养、疫病等，其中管理应在第一位；在猪病防制上，管理也是第一位！
- 猪场兽医必须懂得饲养管理。事实上，管理较正规的猪场是不设专职兽医的，因为搞生产的都要懂兽医，兽医也离不开饲养管理。
- 猪场生产场长，技术必须全面；只懂饲养管理不懂兽医或只懂兽医不懂饲养管理的场长不是称职的正规化猪场场长。
- 猪场管理混乱，饲养管理技术落后，猪病就无法控制，也谈不上防，就只好治啦！
- 猪场管理水平越高，其生产技术管理人员就越重视保健预防，兽医临床治疗就越被忽视，这是大势所趋！

- 猪病防制要兼顾成本控制与保本分析。健康场：饲料成本占总成本 70% ~ 80%；每头出栏猪均摊药费 80 元左右；疫苗 > 消毒药 > 预防药 > 治疗药。
- 观察猪是一项最重要的工作。猪睡觉安静时观察呼吸道病；搞卫生时观察消化道病；喂料后观察食欲。
- 能饮水用药就不饲料用药；能饲料用药就不注射用药。1 周龄内仔猪完全有办法可以禁用或少用注射用药以减少应激。
- 准确判断病因，对因下药，否则既花钱又无效。
- 轮换用药，避免同一猪群长期使用一种药，以提高疗效、减少耐药性。
- 正确使用抗生素药物剂量，除首次加倍外，不能任意加大使用量。
- 使用药物时，要注意药物的配伍禁忌，不要随意同时使用多种药物。
- 任何药物的使用都有一定的用药疗程，不能随意减少用药时间及次数。
- 目前猪病流行特点：多种病毒、细菌混合感染，是目前猪病流行的主要特点；在临床上，病原体为单纯一种病毒或细菌的猪病几乎不存在，只有病毒而没有细菌或只有细菌而没有病毒的猪病也几乎不存在。蓝耳病、猪瘟二重混合感染及蓝耳病、猪瘟、圆环病毒、非洲猪瘟等多重混合感染最为普遍。
- 主要病毒病：非洲猪瘟、猪瘟、蓝耳病、圆环病毒病、猪伪狂犬病、流行性腹泻、口蹄疫；蓝耳病以高致病性蓝耳病（高热病）为主。
- 主要细菌病：副猪嗜血杆菌病、大肠杆菌病、气喘病、链球菌病、猪丹毒。

第四章

猪场信息化
数字化智能化

4

规模猪场信息化管理

一、什么是信息技术

信息技术（information technology，IT）是指在信息的获取、整理、加工、存储、传递和利用过程中采用的技术和方法。

现代信息技术是以微电子技术为基础，以计算机技术为核心，以通信技术为支柱，以信息技术应用为目的的科学技术综合群。信息的获取技术、处理技术、传递技术、控制技术、存储技术是现代信息技术的内容。

二、现代信息技术革命的特点

电子计算机的应用是现代信息技术革命的第一个重要标志。计算机作为信息处理工具，在信息的存储、处理、传播方面，是任何其他技术无法与之相比的，计算机大大扩展和延伸了人的信息处理能力。

现代通信技术的发展和应用是现代信息革命的第二个重要标志，全球性的通信网络使信息的交流和传播在时间和空间上大大缩短，加快了信息交流。

信息技术在各个领域都产生了积极影响，信息技术促进了社会生产力发展，使人们的生活质量得到极大提高，使地球成为一个地球村，促进文化交流；促进新技术变革，推动科学技术进步；促进人们的工作效率和生活质量提高，转变了工作、生活和学习方式。

三、信息技术在养猪生产中的应用

1. **办公事务处理**　文字处理、邮件、会议等。

2. **行政事务处理**　财务管理、人事、车辆等。

3. **信息获取和发布**　养猪行业新闻、市场行情、报价、饲养管理及疫病防治技术的获取、供求信息的发布等。

推荐养猪人经常访问的猪业网站有：猪E网、中国养殖网、饲料行业信息网、新牧网、中国养猪网、爱猪网、搜猪网等网站。

养猪行业主要推荐的杂志有：《养猪》《猪业科学》《今日养猪业》《中国猪业》《规模E猪》《赛尔养猪》等。

4. **网络宣传及网络营销**　如电子商务平台、网上商铺、行业网站宣传、软文营销、微博营销、微信营销、企业黄页、百度知道、百度百科、问答推广、地图推广、电子邮件推广等。

5. **应用养猪专业软件指导养猪生产过程**　养猪行业主要使用的专业软件包含有：猪场生产管理系统、种猪育种管理与数据处理系统、饲料配方优化系统、猪病诊断专家系统、进销存及财务管理系统、OA办公自动化及客户资源管理系统等。国内已有好多公司研发出成熟的软件，已成功应用于各规模猪场，科学合理利用这些专业的养猪软件，能显著提高生产成绩和经济效益。

四、合理利用专业养猪软件，提高生产成绩和经济效益

合理利用专业养猪软件能及时、准确地提供所需要的各种生产报表，制定生产计划，分析生产成绩，减少人为因素干扰，为企业管理提供依据，大大提高了生产成绩和经济效益；养猪软件的使用不是一套软件如何用好的问题，而是公司领导、各管理层为了促进企业向有秩序的现代化企业迈进所必须加强的企业管理问题。所以，在实施过程中，需要公司领导能够从公司整体发展的角度考虑，分期、分步实施。

让软件真正发挥作用的八字方针是：**领导重视、贵在坚持**。

五、规模猪场生产报表管理办法

规模化养猪生产经过三十多年来的不断积累和完善，形成了一套比较严格的生产管理流程，完善了一套比较科学的生产报表和内部考核办法，各种原始数据的收集上报也较为科学和规范，这些对我们养猪生产起了非常重要的作用。为了进一步规范原始报表的填写，确保每一个数据（信息）的真实性、准确性、科学性和及时性，从而保证养猪生产信息库的质量，同时也为了加强对养猪生产报表的管理，使其系统化、规范化，猪场要制定生产报表管理办法。

1. 饲养组生产工人是各岗位的责任人，也是报表填写人，应对所填报表负责。必须按照生产报表要求规范填写，饲养组组长要对本组报表审查核对，确保其真实、准确、科学和及时。

2. 分场（部门）经理和生产主管是本分场（部门）各类生产报表（档案）的主要管理人，应负起对报表（档案）的指导、监督、分析和管理四项责任，发现问题，及时纠正。

3. 各种报表（档案）的存放地点、保存年限及负责人按规定所列，各分场（部门）应设专柜定点保存，并建立档案目录。

4. 各分场（部门）人事变动，应做好资料档案的交接工作，不得随意带走或销毁。

5. 如果报表数据出现错漏，应及时纠正，如果经常错漏，又不及时纠正的，除追究直接填报人员外，分场（部门）经理或主管也要负相关责任。

6. 报表核对

（1）上市合格猪、饲养组的饲养员指标统计数、饲养组经济核算报表数和电脑室生产报表数应一致。

（2）用料量、各组用料统计数、分场核算表用料量和饲料厂送出饲料数量应一致。

（3）生产流程转栏猪头数，各个环节相对应的转栏出和转栏入应一致。

六、猪场生产报表统计常用相关概念

（一）基础猪群生产指标

1. 基础母猪　配种1次及1次以上的母猪统称基础母猪。

2. 基础母猪平均存栏数（头）=所选时间段内基础母猪日存栏总和/所选时间段总天数。

3. 基础母猪死淘率（%）=所选时间段内基础母猪累积死淘数/所选时间段基础母猪平均存栏数×100%。

4. 公猪死淘率（%）=所选时间段内公猪累计死淘数/所选时间段公猪平均存栏数×100%。

（二）后备猪生产指标

1. 后备母猪死淘率（%）=所选时间段内后备母猪累积死淘数/所选时间段内后备母猪平均存栏数×100%。

2. 后备母猪利用率（%）=已配后备母猪数之和/本批次引入后备母猪总数×100%。

注：后备猪利用率按批次计算，达329日龄即统计该批次利用率。

（三）配种妊娠指标

1. 预期分娩母猪头数：对应期（回推114天）配种母猪头数×预期分娩率。

2. 预期分娩母猪妊检阴性：指配种后25～35天之间妊娠检查发现未受孕的猪。

3. 妊检阳性：妊娠检查确认已怀孕母猪。

4. 返情：配种后第0~35天再次发情称之为返情（配种当天为第0天）。

5. 流产：指母猪正常妊娠发生中断，表现为死胎、未足月活胎或排出干尸化胎儿等（妊娠天数≤107天）。

6. 空胎：指妊娠35天后到上产床前发现未受孕的猪。

7. 配种完成率（%）=实际配种数/计划配种数×100%。

8. 配种分娩率（%）=（按妊娠期114天回推预产期在此时间段内对应的全部配种母猪头数–返情–妊检阴性–空胎–流产–妊娠期死淘母猪）/对应期配种母猪头数×100%。

9. 失配率（%）=当期（返情、妊检阴性、空胎、流产、妊娠期死淘母猪）总数/当期配种数×100%。反映当期妊娠母猪损失情况，与当期配种分娩率不对应。

10. 受胎率（%）=（配种–返情–空胎–妊检阴性）母猪头数/对应期配种母猪头数×100%。反映批次配种情况，与失配率不对应，受胎率≥配种分娩率。

11. 异常复配头数（头）：所选时间段内配种母猪头数中异常再配种的母猪头数。异常指返情、妊检阴性、空胎、流产。

12. 异常复配率（%）=所选时间段内异常复配头数/所选时间段内配种母猪总头数。

13. 断奶发情配种间隔天数（天）=已配断奶母猪的断奶发情天数总和/已配断奶母猪头数。断奶至配种跨月的母猪计入断奶所在月。

14. 断奶7天发情率（%）=断奶7天内配种母猪数/同批次断奶母猪数×100%。断奶当天为第0天。

15. 发情周期：母猪从初情期到性衰退前，在没有受孕的情况下，每隔一定的时间表现出周期性的发情和排卵，称发情周期。

16. 一个发情周期：母猪从本次发情开始到下次发情开始的间隔时间叫一个发情周期，一般为18~24天，平均21天。

17. 发情持续期：母猪从发情、排卵，直到发情表现消退所持续的时间。

18. 排卵：猪卵泡发育成熟后将卵子排出，经输卵管伞进入输卵管，卵泡发育成黄体。

19. 发情后排卵时间：母猪发情开始后16~48小时排卵。

20. 排卵持续时间：一般在4~5小时内排完所有成熟的卵子。

21. 胚胎附植期：配种、受精后12~24天。

22. 母猪怀孕期：平均114天。

（四）分娩指标

1. 健仔：指出生下来发育正常，初生重在0.8千克以上的成活仔猪。

2. 弱仔：指出生下来发育正常，初生重低于0.8千克的成活仔猪。

3. 畸形仔：发育异常的仔猪，比如：八字腿、锁肛等。

4. 木乃伊：即干尸化。母猪妊娠中断后死胎长期遗留在子宫腔内，因无细菌侵入，死胎组织中的水分被母体吸收化干，死胎呈现棕黄色或棕褐色。

5. 死胎：妊娠期间的死亡胚胎，包括白胎和黑胎。

白胎：妊娠后期正常分娩时出现的死胎。

黑胎：胎儿在中后期死亡，出现浸溶、腐败等。

6. 妊娠天数（天）=所选时间段内分娩母猪对应妊娠天数之和/所选时间段内分娩母猪头数。

7. 哺乳天数（天）=所选时间段内断奶母猪哺乳天数之和/所选时间段内断奶母猪头数。

8. 平均断奶日龄（天）=所选时间段内仔猪的断奶日龄之和/所选时间段内断奶仔猪头数。

9. 仔猪断奶日龄和=每窝仔猪断奶日龄和相加。

10. 每窝仔猪断奶日龄和=（每窝断奶日期–每窝分娩日期）×每窝断奶仔猪头数（与母猪哺乳天数不一致）。

11. 非生产天数：指基础母猪在猪场存栏之日，除妊娠及哺乳期以外的所有时间，可以归类为：断奶至发情配种；母猪返情、妊检阴性、空胎、流产；母猪死亡淘汰，以上三大原因导致的无效生产日。

系统上将划分为：断奶至发情、空怀至配种、断奶至死淘、配种至流产、配种至空怀、配种至复情、配种至死淘七项。

12. 日非生产天数（NPD）指数=当天NPD/当天存栏（母猪淘汰立即离场、销售、死亡和其他离场时当天不计入NPD和存栏）。

13. 年化非生产天数（NPD）=所选时间段内日NPD指数求和结果/所选时间段总天数×365天。

14. 年产胎次（LSY）=（365–年化非生产天数）/（妊娠期+哺乳期）。

15. 每头母猪年提供断奶仔猪数（PSY）=年产胎次（LSY）×窝均断奶数。

16. 每头母猪每年出栏肥猪数（MSY）=每头母猪年提供断奶仔猪数（PSY）×育肥成活率。

17. 总产仔数：母猪分娩的总仔数，包括活仔（健仔、弱仔、畸形仔）、死仔（死胎、木乃伊）。

18. 无、有效仔数：无效仔猪即死胎、木乃伊及畸形仔猪的总称；有效仔猪指健仔弱仔（存栏数）。

19. 产房仔猪死亡：因病死亡、被压死及因各种原因人为处死的哺乳仔猪。

20. 产房仔猪淘汰：仅指用于外卖的残次哺乳仔猪。

21. 转出正品：体况正常，无明显疾病（包括皮肤病），且28日龄转出均重≥6.0千克，最小个体重≥4.5千克。

22. 初生均重（kg）=窝重之和/活仔数（健仔+弱仔+畸形仔）。

23. 分娩完成率（%）=实际分娩数/计划分娩数×100%。

24. 窝均总仔（头/胎）=总仔数/对应分娩窝数。

25. 窝均活仔（头/胎）=活仔总数/对应分娩窝数。

26. 无效仔率（%）=（死胎+木乃伊胎+畸形）数/总仔数。

27. 断奶前成活率（%）=断奶仔猪数/断奶对应的有效产仔数×100%。

28. 窝均断奶正品数（头/胎）=断奶正品数/对应断奶窝数（断奶母猪数）。

注：母猪断奶后再进行淘汰鉴定、处理。

29. 断奶正品率（%）=断奶正品数/断奶总仔数。

30. 乳猪成活率（%）=（1−所选时间段乳猪死亡数/所选时间段乳猪平均存栏）×100%。

31. 转出正品包括：分娩舍直接上市正品猪苗+转出至保育舍正品猪苗。

32. 窝均转出正品数（头/胎）=转出正品数/对应分娩窝数。

注：对应分娩窝数即本批次转出仔猪的对应分娩母猪头数，产全窝无效仔的母猪也须计入。

33. 转出正品率（%）=转出正品数/转出总仔数×100%。

（五）保育舍

1. 保育仔猪死亡：因病死亡及各种原因人为处死的仔猪。

2. 保育仔猪淘汰：指仅用于外卖的残次保育猪。

3. 转育正品：体况正常，无明显疾病（包括皮肤病），56日龄体重≥18千克。

4. 保育成活率（%）=（1−所选时间段内保育猪死亡数/所选时间段保育猪平均存栏数）×100%。

（六）育成舍

1. 育成猪死亡：因病死亡及各种原因人为处死的猪。

2. 育成猪淘汰：指仅用于外卖的残次猪。

3. 育成成活率（%）=（1−所选时间段内育成猪死亡数/所选时间段育成猪平均存栏数）×100%。

主编注：种猪场，保育开始至种猪出栏阶段为育成期；商品（育肥）猪场，保育后阶段是生长期、育肥期，也合称生长育肥期。

七、利用软件进行数据统计分析，指导生产及育种工作

将收集到的养猪生产记录及时准确地录入到猪场管理软件后，利用软件进行统计分析生产各种报表，用于指导生产及育种工作。

下面以国内3 000多家规模猪场成功应用的《GPS猪场生产管理信息系统》及《GBS种猪育种管理与数据处理系统》软件来举例说明猪场常用的生产统计报表。

（一）综合统计分析

1. 生产实绩表：生产实绩含种猪生产情况统计。

2. 销售统计表：猪场销售情况统计分析。

3. 种猪生产情况统计：生产实际含种猪生产情况统计，含累计。

4. 年度生产成绩分析：年种猪生产水平。

5. 生猪存栏统计：统计分析当前的存栏情况。

6. 生产效益分析表：与财务系统结合进行成本核算使用。

（二）种猪生产成绩分析

1. 公猪综合成绩分析。

2. 公猪配种能力分析。

3. 公猪精液品质分析。

4. 公猪配种频率分析。

5. 母猪综合成绩分析。

6. 母猪配种分析。

7. 母猪妊娠检查分析。

8. 母猪分娩情况分析。

9. 母猪断奶情况分析。

10. 明细登记表。

11. 公猪：新转后备猪号、新配种的后备猪号、采精情况明细表。

12. 母猪：新转后备猪号、新配种的后备猪号、配种母猪号、复查母猪号、配种妊检详表、分娩母猪号、配种分娩详表、断奶母猪号、分娩断奶详表、配种断奶详表。

（三）生产转群情况分析

1. 猪只转出头数分析：统计各类型猪只转栏转出情况。

2. 猪只转出重量分析：统计各类型猪只转栏转出重量情况。

3. 猪只转入头数分析：统计各类型猪只转栏转入情况。

4. 猪只转入重量分析：统计各类型猪只转栏转入重量情况。

5. 培育猪选留数分析：统计培育猪选留情况。

6. 培育猪淘汰数分析：统计培育猪淘汰情况。

7. 种猪转肉猪头数分析：统计各品种种猪转成同类型商品肉猪头数情况。

8. 种猪转肉猪重量分析：统计各品种种猪转成同类型商品肉猪重量情况。

9. 核心群选留数分析：统计核心群猪选留情况。

10. 核心群淘汰数分析：统计核心群猪淘汰情况。

11. 明细登记表：转出明细表、转入明细表、培育猪选留明细、培育猪淘汰明细、核心群猪选留明细、核心群猪淘汰明细、种猪转肉猪处理明细表。

（四）饲料消耗情况分析

1. 饲料用量总表：统计各类型猪只饲料消耗情况。

2. 饲料用量及价格表：统计各选定类型猪只的饲料消耗情况。

3. 明细登记表：每周或每天的饲料消耗明细表。

（五）兽医防疫情况分析

1. 死亡统计表：统计各类型猪只死亡头数情况。

2. 淘汰统计表：统计各类型猪只无价淘汰头数情况。

3. 无价淘汰+淘售统计表：统计各类型猪只因无价淘汰和有价淘汰头数情况。

4. 死亡+无价淘汰+淘售统计表：统计各类型猪只各种死亡、淘汰头数情况。

5. 疾病统计表：统计各类型猪只发病头数情况。

6. 免疫统计表：统计各类型猪只免疫头数情况。

7. 明细登记表：死淘明细表、疾病明细和免疫明细。

8. 购销情况的统计分析。

9. 销售统计分析表：统计各类型猪只销售情况。

10. 购买统计分析表：统计各类型猪只购买情况。

11. 明细登记表：购销明细表。

（六）场内当前猪群状况统计分析

1. 猪只存栏总表：统计各类型猪只按个体号已经登记的头数情况。

2. 公猪存栏结构表：统计后备公猪和种用公猪的分布头数与比例。

3. 母猪存栏结构表：统计后备母猪和种用母猪的胎龄分布头数与比例，检查胎次结构是否合理。

4. 明细登记表：输出各类型猪的个体号、地点等的明细表。注意，明细表分成两类：一类是在详表、简表中设置成详表，可以输出各类型猪的详细登记表；另一类是在详表、简表中设置成简表，可以仅输出各类型猪的个体号表。

（七）日常工作安排（日常监督）

1. 待转后备种猪表：通过日龄来获取某日需要转后备的种猪。

2. 后备公猪鉴定表：通过日龄来获取某日需要进行鉴定的后备公猪。

3. 后备母猪鉴定表：通过日龄来获取某日需要进行鉴定的后备母猪。

4. 应配后备公猪表：通过日龄来获取某日应开始使用的后备公猪。

5. 应配后备母猪表：通过日龄来获取某日应开始配种的后备母猪。

6. 应配空怀母猪表：通过断奶日龄来获取某日应配种的空怀母猪。

7. 应配未配空怀母猪表：通过断奶日龄来获取某日应配种，但至今仍然没有配种的空怀母猪。

8. 妊娠检查表：通过配种后怀孕天数来获取某日应检查妊娠情况的怀孕母猪。

9. 怀孕母猪转栏表：通过配种后怀孕天数来获取某日应转到分娩舍的怀孕母猪。

10. 怀孕母猪换料表：通过配种后怀孕天数来获取某日应改变饲料类型的怀孕母猪。

11. 怀孕母猪免疫表：通过配种后怀孕天数来获取某日应进行免疫的怀孕母猪。

12. 怀孕母猪分娩表：通过配种后怀孕天数来获取某日应分娩的怀孕母猪。

13. 后裔登记表：通过配种后怀孕天数来获取某日应分娩的怀孕母猪，并提供登记后代仔猪号的登记表。

14. 仔猪去势表：通过分娩后天数来获取某日应去势的母猪号（指哺乳母猪母

乳的仔猪去势）。

15. 仔猪称重表：通过分娩后天数来获取某日应称重的仔猪号。

16. 哺乳母猪断奶表：通过分娩后天数来获取某日应断奶的母猪号。

17. 新猪免疫表：通过分娩后天数（日龄）来获取某日应免疫的哺乳仔猪—育肥猪号。

18. 新猪选培育猪表：通过分娩后天数（日龄）来获取某日应选留培育猪的生长-育肥猪号，同时本表也可用于种猪测定。

19. 分娩后母猪免疫表：通过分娩后天数来获取某日应免疫的哺乳母猪号。

20. 空怀母猪免疫表：通过断奶后天数来获取某日应免疫的空怀母猪号。

21. 种用公猪免疫表：通过日龄来获取某日应免疫的种用公猪号。

22. 猪只日龄表：通过分娩后天数（日龄）来获取某日达到某个日龄范围的猪号，此表可用于种猪销售。

（八）种猪淘汰工作指导

1. 待淘汰的种用公猪表：根据种用公猪日龄、某段时间内的配种次数、复情率、与配母猪的平均胎产活仔数和平均胎产总仔数来筛选应该淘汰的种用公猪。

2. 待淘汰的种用母猪表：根据种用母猪的空怀天数、胎龄、当前胎次的复情次数、最后分娩胎的哺乳期成活率、最后分娩胎的活仔数、最后分娩胎的总仔数、最后连续两胎的平均哺乳期成活率、最后连续两胎的平均胎产活仔数、最后连续两胎的平均胎产总仔数，来筛选应该淘汰的种用公猪。

3. 种猪个体信息查询。

4. 个体基本情况表：提供选定猪本身和亲属地点、品种品系等情况。

5. 免疫情况表：提供选定猪每次免疫的情况。

6. 疾病情况表：提供选定猪每次生病的情况。

7. 种猪繁殖成绩表：提供选定猪每胎的配种分娩详细情况。

8. 公猪采精情况表：提供选定公猪每次采精情况。

9. 个体本身的血缘追踪表：提供选定猪的血缘关系表。

10. 全同胞的基本情况表：提供选定猪全同胞的地点、品种品系等情况。

11. 半同胞的基本情况表：提供选定猪半同胞的地点、品种品系等情况。

12. 后裔的基本情况表：提供选定猪后裔的地点、品种品系等情况。

13. 个体本身测定成绩与育种值表：提供选定猪全部的育种测定成绩和相应的育种值。

14. 亲属主要育种值表：提供选定猪亲属（祖先、同胞、后裔）的部分主要性状的育种值。

15. 亲属主要育种值均值表：提供选定猪亲属（祖先、同胞、后裔）的部分主要性状的育种值均值。

第二节　规模猪场数字化管理

数字化管理是规模猪场模拟工业企业在工厂化生产模式下执行精细化管理的前提条件；工厂化的生产意味着养猪生产已经摆脱传统的粗放、家庭式生产，经营模式转入市场经济的规则中，这种生产需要投入大量的人力、财力和物力。因此，需要对养猪企业的经营或生产全过程进行量化管理，同时必须保证数字、数据的翔实、准确，以提高猪场的经济效益，增强竞争力。

一、数字化管理的目的

（1）提高猪场财务管理能力，合理控制成本的投入，预算潜在的经济效益。

（2）为猪群生物安全和猪只健康积累连续有效的数据，提高猪只健康管理的手段。

（3）种猪公司通过连续性、系统性的数字化管理分别对父本生长性能和母本繁殖性能进行准确的选育和提高，为有效育种提供科学、全面的数据支撑。

（4）准确量化各类资产的投入规模，提高决策者的决策效率，增强生产和经营过程的管理能力以及应对市场的能力。

（5）提高饲养员团队、技术员团队、管理团队的数字、数据意识、成本意识和危机意识。

（6）通过数据发现问题或缺陷，分析问题，为解决问题打开窗口。

（7）帮助建立与本企业管理水平相适应的企业技术标准、企业管理标准和企业产品标准。

（8）为企业制定考核方案和绩效提供准确数据。

二、数字化管理的意义

（1）通过数字化管理手段的介入和完善，引导传统动物生产进行工业化思维的转变和创新。

（2）增强管理者、决策者市场规则的意识，实现农业产品进行工业化思维运营和工厂化技术的生产，提高产品的同质化水平，增强市场的话语权。

（3）用工业化思维去改造传统农业思维，推进农业生产的现代化。

（4）数字化管理是规模养猪业实现生产和运营现代化的重要标志之一。

三、数字化管理的途径

（1）借助计算机管理软件和智能通信设备进行现场、远程查看、分析、回馈。

（2）计算机管理软件包括：育种软件、饲料生产管理软件、猪群管理软件、种猪精液质量管理软件、财务管理软件等。

（3）各类纸质表格和报表构成的数据库以及为各种管理软件提供原始数据的记录系统。

四、数字化管理的建设

在本管理手册中，不一一介绍管理软件的详情，由于每一款软件的设计不同，每个企业根据各自采购的软件模式进行日常数据统计、录入、分析、回馈。关键是把数据按不同岗位和管理角色分解、分析以及数据间纵向、横向关联，及时发现问题，对育种、财务、资产投入、人员、销售数据等的管理和猪只健康进行综合评判。本手册主要对种猪场和商品场数字化管理纸质记录系统进行推介，供同仁参考。

（一）财务管理类

1. 资产负债表、损益表、现金流量表　　主要指财务通用的资产负债表、损益表、现金流量表三类。由财务人员填报，除内部加强财务管理使用，另外应对外来检查或融资时财务通用报表。

2. 财务汇总表　　月度财务汇总表（表4-1）主要反映当月猪场的收支状况，包含猪群销售信息和价格变动信息。年度财务汇总表参照月度财务汇总表制定。

表 4-1 ＿＿＿＿年＿＿＿＿月度财务汇总表 （头、万元、元、千克）

收入				支出				财务分析
序号	科目		数据	序号	科目		金额	
1	种猪销售（不称重模式）	公猪 总头数		1	成品料消耗			
		公猪 总金额		2	原料款	当月		
		母猪 总头数				上月		
		母猪 总金额				合计		
		合计金额		3	人工工资	当月		
2	种猪销售（称重模式）	公猪 总头数				其他		
		公猪 总体重				合计		
		公猪 均体重		4	水电费			
		公猪 总金额		5	疫苗费			
		母猪 总头数		6	药品费			
		母猪 总体重		7	电话费			
		母猪 均体重		8	生活费	当月		
		母猪 总金额				上月		
		合计金额				合计		
3	肥猪	外售总头数		9	业务招待费			
		外售总体重		10	交通住宿费			
		外售均体重		11	打印费			
		最高价 - 最低价		12	贷款利息			
		本期均价		13	税款			
		总金额		14	财务手续费			
4	仔猪销售	总头数		15	其他	车辆费		
		总体重				其他		
		外售均体重				合计		
		总金额		16	取暖费	猪舍		
5	淘汰成年公猪	总体重				生活区		
		总金额						
6	淘汰成年母猪	总体重				合计		
		总金额						
7	淘汰青年猪金额			17	工程款			
8	猪粪销售等其他收入							
9	收入总计（1~9）			18	支出总计（1~17）			收入 - 支出 =

（二）猪群变动管理类

猪群变动包括日变动、月变动和年变动，每种变动表又包括了不同车间（栋舍）的变动和全区（场）的变动。

1. 不同车间猪群日变动表　记录不同车间当月每日猪群的变动情况，参见表4-2至表4-6。

表4-2　_____年_____月_配种、妊娠车间_猪群日变动表　（头）

公司：_____　　　舍号：_____　　　饲养员：_____

期初存栏	♂＋♀＝						期末存栏	♂＋♀＝					
日期	存栏		转入		转出		转入分娩	补充		淘汰		死亡		断奶头数
	合计	♂	数量	来源	数量	去向		♂	♀	♂	♀	♂	♀	
1														
2														
3														
…														
31														
总计														
日平均														

表4-3　_____年_____月_分娩车间_猪群日变动表　（头）

公司：_____　　　舍号：_____　　　饲养员：_____

期初存栏	仔＋母＝					期末存栏	仔＋母＝							
日期	存栏		转入母猪	分娩窝数		转出仔猪	断奶		淘汰			死亡		
	仔猪	母猪		合格	不合格		母猪	仔猪	母猪	仔猪		母猪	仔猪	
										合格	不合格		合格	不合格
1														
2														
…														
31														
总计														
日平均														

注：①表4-2和表4-3记录全年实际参加生产的母猪数据，包括每天总存栏、每月总存栏、全年总存栏，最终计算母猪年均饲养量，再计算断奶仔猪头数（PSY）和年均出栏肥猪头数（MSY）。

②后备母猪转入生产群之后就要计入生产母猪的资格。

③全年生产母猪数＝年初生产母猪存栏数＋年内补充后备母猪数－年内死亡、淘汰母猪数。

④全年生产母猪数＝每天（1月1日-12月31日）累计饲养量÷365天。

表 4-4 _____年_____月 保育车间 猪群日变动表 （头）

公司：_____ 舍号：_____ 饲养员：_____

期初存栏		转入		转出		期末存栏		淘汰	死亡	
						销售				
日期	存栏	数量	来源	数量	去向	数量	去向		合格	不合格
1										
2										
...										
31										
总计										
日平均										

表 4-5 _____年_____月 后备、待售车间 猪群日变动表 （头）

公司：_____ 舍号：_____ 饲养员：_____

期初存栏			♂ + ♀ =					期末存栏		♂ + ♀ =				备注
	存栏			转入		转出		屠宰	销售		淘汰		死亡	
日期	总数	♂	♀	数量	来源	数量	去向		♂	♀	♂	♀	♂	♀
1														
2														
...														
31														
总计														
日平均														

表 4-6 _____年_____月 育肥车间 猪群日变动表 （头）

公司：_____ 舍号：_____ 饲养员：_____

期初存栏		转入		转出		期末存栏		屠宰	淘汰	死亡	
						销售					
日期	存栏	数量	来源	数量	去向	数量	去向			合格	不合格
1											
2											
...											
31											
总计											
日平均											

2. 全区猪群日或月变动表　全区猪群日变动表参见表4-7，全区猪群月变动表的内容与日变动表相同。

表4-7　____年____月____日 全区 猪群日变动表　（头、窝、千克、%）

填表：_____　　主管：_____

车间	猪只类别	上日存栏	增加头数		减少头数						当日存栏	全价日粮投喂数量（千克）	当期期末关键指标		
			自繁	转入	转出	销售			死亡	淘汰			公猪存栏		生产母猪存栏
						种猪	肥猪	淘汰					参配头数	后备母猪	妊娠数
配种妊娠	成年公猪													空怀待配	返情数
	后备公猪													返情参配	流产数
	后备待配母猪													总产窝数	总产死胎数
	经产空怀待配母猪													总产仔数	总产木乃伊数
	妊娠母猪（0～108天）													总产活仔数	死胎分布窝数
分娩	临产母猪（109～114天）													总产健仔数	木乃伊分布窝数
	哺乳母猪													窝均产仔数	总死胎占总仔比例
	哺乳仔猪 （种）公猪													窝均产活仔数	总木乃伊占总仔比例
	哺乳仔猪 （种）母猪													窝均产健仔数	出现死胎窝数
	哺乳仔猪 合计													仔猪初生均重	占总窝数比例
保育	保育仔猪 （种）公猪													仔猪断奶均重	出现木乃伊窝数
	保育仔猪 （种）母猪													平均哺乳天数	占总窝数比例
	保育仔猪 商品仔猪													断奶窝数	断奶仔猪总头数
	保育仔猪 合计														

（续）

类别	体重阶段	种类										指标		
后备	30～60千克体重阶段	（种）公猪										窝均断奶数-PSY		
		（种）母猪												
	60～100千克体重阶段	（种）公猪										生产公猪期末育成率		
		（种）母猪										生产母猪期末育成率		
	100～130千克体重阶段	（种）公猪										哺乳仔猪期末育成率		
		（种）母猪										保育仔猪期末育成率		
	合计											后备种猪期末育成率		
待售	30～60千克体重阶段	（种）公猪										待售种猪期末育成率		
		（种）母猪										育肥猪期末育成率		
	60～100千克体重阶段	（种）公猪												
		（种）母猪										待售种公猪	期末总体重	
	100～130千克体重阶段	（种）公猪											期末平均重	
		（种）母猪										待售种母猪	期末总体重	
	合计												期末平均重	

（续）

育肥	肥猪						销售育肥猪	期末总体重
全区猪群合计总数								期末平均重
						年出栏肥猪数-MSY		

注：①表4-7的数据由表4-2至表4-6每栋舍日变动数据合计得来，因此每个公司每栋圈舍均应该配置相应表格，每栋舍日变动数据非常关键，也是基础数据之一，它关系到员工的日、月、年工作总量和工作平均量，是评定薪资、制定生产考核和绩效考核的参考数据之一。

②表4-7还要显示出每头母猪年提供断奶仔猪成活数（PSY）、每头母猪年提供肥猪数（MSY），种猪企业还要显示成功出售的种猪数等关键性能指标。

（三）猪群生产水平指标管理类

主要包括旬、月母猪繁殖性能综合数据和保育猪、育肥猪育成的数据。

1. 猪繁殖性能日报表 反映分娩舍母猪总成绩按统计项目每天录入（表4-8），放在每栋分娩舍档案册最前面，查看时便于一目了然。

表4-8 母猪分娩登记表（_____周） （头、千克）

生产组_____ 舍_____ 饲养员：_____

序号	栏	母猪耳号	胎次	情期	状态	分娩日期	合格数	弱仔数	畸形数	木乃伊	死胎数	窝重	执行人
1						/							
2						/							
3						/							
4						/							
5						/							
6						/							
7						/							
8						/							
9						/							
10						/							

2. 生产母猪配种记录 记录每天每头母猪参配的信息，作为转入分娩车间和产前疫苗接种的依据，参见表4-9。

表4-9 生产母猪配种记录表 （_____周）

生产组_____ 舍_____ 饲养员：_____

序号	栏	母猪耳号	胎次	情期	发情状态	配种日期	与配公猪号	配种方法	后裔	配种员
1						/				
2						/				
3						/				
4						/				
5						/				
6						/				
7						/				
8						/				
9						/				
10						/				

3. 生产母猪繁殖性能年度跟踪 对全月或全年生产母猪繁殖性能分别录入，除了反映母猪的产仔、产活仔、产健仔等正常指标外，关键还要逐月跟踪母猪产死胎、产木乃伊的数量和分布的比例，纵向、横向对照，及时反映猪群的健康状况。参见表4-10。

表4-10 _____年 生产母猪繁殖性能年度跟踪表 （窝、头、千克、%）

月份	窝数	产仔数		产活仔数						死胎				木乃伊				流产窝
		总产仔	均产仔	总产活	均产活	产健仔	均健仔	均初重	弱+畸+八仔腿	数量	占总仔比例	窝数	分布比例	数量	占总仔比例	窝数	分布比例	
1									+++									
2									+++									
...									+++									
12									+++									
合计									+++ =									
平均																		

注：数据来源于_____公司

4. **猪群成活率**　记录各猪群每月的育成状况，管理人员要分析每个猪群、每个月的育成率水平，从中查找、分析猪群健康状况和饲养管理差距。参见表4-11。

表4-11 　　　　　年度猪群成活率一览表 　（％）

公司　　　　　　　　　填表：　　　　　

猪别	各月育成率															年均
	1	2	3	一季	4	5	6	二季	7	8	9	三季	10	11	12	四季	
生产公猪																
生产母猪																
哺乳仔猪																
保育仔猪																
后备种猪																
育肥猪																
平均	1～6月平均：							7～12月平均：					1～12月平均：			

5. **哺乳母猪繁殖和哺乳性能**　哺乳母猪繁殖和哺乳性能表是种猪场必须配备的主要表格之一，是选种时参考的主要依据。能准确反映每头母猪每胎次的产仔状况，也是每头种猪的"身份证"。每栋舍每轮次根据母猪数量应该装订一本分娩档案。参见表4-12。

表4-12 　　　　年 　　　　号　分娩舍哺乳母猪繁殖和哺乳性能表（千克）

称重员：　　　　　　　接产员：　　　　　

序号	耳号	性别	乳头数		初生重	21日龄重	断奶重	哺乳天数	带乳母猪号		死亡日期	淘汰日期	母猪品号
			左	右					寄入	寄出			
1		♂♀											胎次
2		♂♀											公猪品号

（续）

序号	耳号	性别	乳头数 左	乳头数 右	初生重		21日龄重	断奶重	哺乳天数	带乳母猪号 寄入	带乳母猪号 寄出	死亡日期	淘汰日期	母猪品号		
3		♂♀												配种方式		
4		♂♀												配种日期		
5		♂♀												预产日期		
6		♂♀												分娩日期		
7		♂♀												正常产活仔数	公母合计	
8		♂♀														
9		♂♀														
10		♂♀												畸形		
11		♂♀												死胎		
12		♂♀												木乃伊胎		
13		♂♀												断奶成活数		
14		♂♀												母猪产后是否有炎症	乳房炎	是□否□
15		♂♀													产道炎	是□否□
16		♂♀														
17		♂♀														
18		♂♀														
20		♂♀												备注		
21		♂♀														
22		♂♀														
23		♂♀														
窝重 均重																

6. **哺乳仔猪死亡和淘汰** 记录每栋舍每轮次哺乳仔猪死亡、淘汰的详细分类记录，管理人员、兽医要根据分类信息及时对"症"采取有效管理方案或兽医技术措施，减少死亡、淘汰数量。参见表4-13。

表4-13 ＿＿＿＿分娩舍 ＿＿＿＿轮次哺乳仔猪死亡、淘汰分类表 （头）

日期	弱胎		拉稀		挤压死亡	母猪咬死	疫苗应激死亡	断奶不合格		突然死亡	其他疾病死亡	呼吸道疾病	
	死亡	淘汰	死亡	淘汰				死亡	淘汰			死亡	淘汰
1													
2													
…													
31													
合计													
百分率													
分析记录													

　　7. 母猪每胎繁殖性能　将每头母猪每胎次的产仔状况集中统计，便于管理人员查看每头母猪健康状况，另外选种人员根据一览表掌握该舍的初选种猪数量状况，为选种提供第一参照。种猪生产须填写公、母猪性别数量便于选种预览。参见表4-14。

表4-14 ＿＿年＿＿月 ＿＿＿分娩舍＿＿轮次母猪每胎繁殖性能表 （头、千克、%、克）
公司＿＿＿＿＿＿＿ 填表：＿＿＿＿＿

床号	窝号	母猪品号	公猪品号	总产仔	产活仔数						死胎		木乃伊		分娩日期	断奶日期	哺乳天数	断奶均重	日增重	胎次
					总产活	产健仔			初生均重	弱畸八腿 +++	数量	占总仔比例	数量	占总仔比例						
						公	母	合计												
1										+++										
2										+++										
…										+++										
n										+++										
合计										+++=										

8. **母猪繁殖、哺乳性能成绩汇总**　该舍每轮次饲养、育成指标，是饲养人员的生产绩效和考核指标的车间原始数据。参见表4-15。

表4-15　＿＿＿年＿＿＿月＿＿＿分娩舍＿＿＿轮次母猪繁殖、哺乳性能成绩汇总表

公司＿＿＿＿＿＿＿　　　填表：＿＿＿＿＿＿＿

本轮上床母猪数（头）			实际分娩母猪数（头）		
总产仔数（头）			转入保育舍仔数（头）		
头均产仔数					头 %
产活仔数		头 %	仔猪病理死亡		头 %
头均产活仔数		头 %	仔猪非病理死亡		头 %
产健仔数		头 %	平均断奶天数		
头均产健仔数		头 %	初生均重（千克）		
产畸形数		头 %	21日龄均重（千克）		
弱胎数		头 %	断奶均重（千克）		
死胎数		头 %	母猪淘汰（头）		
木乃伊胎数		头 %	母猪死亡（头）		
断奶	成活头数 育成率	头 %	断奶	合格头数 合格率	头 %
注：					

9. **保育猪和育肥猪死亡、淘汰分析表**　记录、分析每栋舍每轮次保育仔猪、育肥猪死亡、淘汰的详细分类记录，管理人员、兽医要根据分类信息及时对"症"采取有效管理方案或兽医技术措施减少死亡、淘汰数量。参见表4-16。

表 4-16　_____年_____月保育、育肥猪死亡、淘汰分析表

舍号_____　　　　饲养员：_____

日期	保育仔猪													育肥猪									
	发育差		疫苗应激死亡	呼吸道症状		腹泻		其他疾病		其他	呼吸道症状		腹泻		发育差		其他疾病		其他				
	死亡	淘汰		死亡	淘汰	死亡	淘汰	死亡	淘汰		死亡	淘汰	死亡	淘汰	死亡	淘汰	死亡	淘汰					
1																							
2																							
3																							
...																							
31																							
合计																							
百分率																							
分析																							

10. **生产母猪淘汰分类**　按日、月、年度分类记录生产母猪淘汰的原因，给管理人员和兽医提供准确信息及时控制母猪淘汰数量。另外给育种技术人员提供可靠信息，调整育种计划，保证生产线后备母猪、公猪充足、高效，保证生产线母猪动态平衡，保证生产线批次化基本均匀，降低种猪育种成本，控制生产线的"隐形损失"。参见表4-17、表4-18。

表 4-17　_____年_____月生产母猪淘汰分类表　　（头）

日期	类别												合计
	肢蹄创伤感染	肢蹄滑倒伤残	产仔数量低	高胎龄（8胎）	传染病	产道炎症治疗无效	乳房炎治疗无效	屡配不孕	有攻击行为	怪癖行为	泌乳能力差	后备期或断奶后长期不发情	
1													
2													
...													
31													

（续）

日期	类别												合计
	肢蹄创伤感染	肢蹄滑倒伤残	产仔数量低	高胎龄（8胎）	传染病	产道炎症治疗无效	乳房炎治疗无效	屡配不孕	有攻击行为	怪癖行为	泌乳能力差	后备期或断奶后长期不发情	
合计													
百分率													
汇总分析													

填表：_____

表4-18 _____年生产母猪淘汰分类年报表 （头）

填表：_____

月份	类别												合计
	肢蹄创伤感染	肢蹄滑倒伤残	产仔数量低	高胎龄（8胎）	传染病	产道炎症治疗无效	乳房炎治疗无效	屡配不孕	有攻击行为	怪癖行为	泌乳能力差	后备期或断奶后长期不发情	
1													
2													
…													
12													
合计													
百分率													
汇总分析													

（四）公猪精液质量管理类

主要包括鲜精数据和稀释保存后两种。

1. **种公猪采精情况登记表** 记录每头生产公猪每次采取的精液数量和精液质量，见表4-19。

表 4-19　种公猪采精情况登记表（_____周）　　（毫升、%）

生产组_____　　舍_____　　日期_____　　　　　　签字：_____

序号	公猪耳号	间隔天数	采精数量	颜色	气味	密度	活力	畸形率	稀释倍数	配置头份	采精员
1											
2											
3											
4											
5											
6											
7											
8											
9											
10											

2. 公猪站生产情况周报表　反映每周公猪站采精情况，见表4-20。

表 4-20　公猪站生产情况周报表（_____周）

生产组_____　　舍_____　　日期_____

序号	公猪耳号	月龄	自然周数	采精次数	总稀释份数	质量评价	检验员

（五）育种类

1. 公猪档案登记　见表4-21。

表 4-21　公猪档案登记卡

系谱
个体号：
$$
\left\{
\begin{array}{l}
父亲 \left\{ \begin{array}{l} 父亲 \\ 母亲 \end{array} \right. \\
母亲 \left\{ \begin{array}{l} 父亲 \\ 母亲 \end{array} \right.
\end{array}
\right.
$$

出生日期: _____ 品种: _____ 品系: _____ 出生重: _____ 乳头数: ___ /

后备选留日期 _____ 首次配种日期: _____

免疫日期										
疫苗名称										
免疫日期										
疫苗名称										

2. 母猪档案登记 见表4-22。

表 4-22 母猪档案登记卡

系谱
个体号: _____ 父亲 { 父亲 / 母亲 父亲 { 父亲 / 母亲

母亲

出生日期: _____ 品种: _____ 品系: _____ 出生重: _____ 乳头数: ___ /

后备选留日期 _____ 首次配种日期: _____

免疫日期										
疫苗名称										
免疫日期										
疫苗名称										

胎次	配种					妊娠检查		分娩									断奶				
	情期	发情	日期	与配公猪	方式	日期	结果	日期	状态	合格	弱仔	畸形	死胎	木乃伊	活仔	窝重	日期	寄入	寄出	头数	窝重

3. **种猪体尺外貌评定登记**　见表4-23。

表 4-23　种猪体尺外貌评定登记表　　（千克、厘米、个）

生产组_____　　　舍_____

个体号	日期	体重	体长	胸围	管围	体高	胸深	胸宽	臀宽	品种特征			乳头				生殖器		肢蹄			外貌	
										耳朵	皮肤	毛质	左	右	形状	排列	大小	形状	形状	强度	蹄型	体型	健康

执行_____　　　签字_____

4. **种猪生长性能测定登记**　见表4-24。

表 4-24　种猪生长性能测定登记表　　（千克、厘米、厘米^2）

生产组_____　　　舍_____

个体号	开始测定		中期测定		结束测定		背膘测定				眼肌测定				执行人
	日期	体重	日期	体重	日期	体重	1	2	3	4	1	2	3	4	

签字_____

（六）生物安全管理类

1. **猪只免疫记录**　见表4-25。

表 4-25 _____年_____月猪只免疫记录表

生产线_____ 组长_____

日期	单元	猪只类型	耳号/批次	疫苗接种			日龄	生产商	疫苗批号	有效日期	接种头数	剂量/头份	疫苗用量/头份	接种人	疫苗标签	备注
				疫苗名称	计划日期	实际日期										

2. 疫苗制品回收销毁记录 见表4-26。

表 4-26 _____年_____月疫苗制品回收销毁记录表

疫苗名称/规格	领用日期	领用瓶数	批号	交回瓶数	领用人	交回人	收瓶人	交瓶日期

3. 猪病诊断报告 见表4-27。

表 4-27 猪病诊断报告单

来源_____ 品种_____ 性别_____ 日龄_____ 送检日期_____

病史及发病情况				
症状及病变				
初步诊断结果		诊断人	送检病料实验室诊断结果	
类似猪（群）采取的措施及效果				

4. 猪只疾病记录　见表4-28。

表 4-28　猪只疾病记录表

发病地点	发病日期	症状	数量	初诊结果	处理方法	效果

　　总结：规模猪场生产是一个系统工程，决策者和管理者主要掌控系统的相对稳定和平衡，而准确、翔实的数据是重要的手段和工具，数字化管理要成为规模化生产现场标准配置，决策者和管理者要善于运用数据，通过数字化手段提高猪场的管理水平。经过2018年开始的非洲猪瘟破坏，除了制定严密的生物安全措施外，规模猪场还要靠管理实现健康、高质量可持续发展，数字化将发挥关键作用。

　　因此，本书对应章节按生产线和产品性质设计出主要的纸质表格记录系统供电脑软件录入和备份，我们会不断完善数字化管理。

第三节　规模猪场智能管理

　　当前，新一轮科技革命和产业变革正在萌发，大数据的形成、理论算法的革新、计算能力的提升、感应技术的发展及网络设施的演进，驱动人工智能发展进入新阶段。智能化将促进我国养殖业由传统养殖更快速向规模化养殖方向转变，同时，为规模化养殖发展提供新的方向、新的机遇，进而促进规模化养殖整体管理模式转变，生产指标提升，经济效益提高。

　　当前规模化养殖对智能化主要从四方面着手：智能饲喂、智能物联、人工智能、数据分析。

一、智能饲喂

　　作为农牧行业中养殖板块，"饲养"是养殖过程中非常重要的一个环节，饲料在整体的饲养成本占整体养殖成本的60%～70%。当前的智能饲喂主要发展方向是更科学的饲喂模式，贴近猪只采食行为习性、天性，以期获得更高饲料报酬，同时提高生产力。以1 200头母猪场为例，通过智能饲喂，一年每头母猪节约饲料约200千克，同时获得更好更均一的膘体状况，一年节约成本近90万元。

跟随国内外养殖技术的不断提升，各种传感设备、电控设备的大量运用针对不同的饲养环节均有对应的智能饲喂产品。

（一）配怀环节

根据不同的饲喂模式分为群养模式、单体栏模式等多种方式。

1. **群养模式** 采取智能饲喂站精确饲喂，母猪具备更好的活动空间，一天24小时饲喂方式，每日根据母猪的状态、状态天数、膘体、温度等多因素综合信息对每头母猪定量下料（图4-1）。目前国内外较好的饲喂站均采取了自动给水装置，根据下料量下水，保障饲料新鲜度同时饲喂湿拌料。采取智能饲喂能有效提升母猪健康状况、提高生产力、提高膘体均一度，降低饲料损耗，减轻饲养强度。同时大量的饲喂采食数据分析可分析对应饲料适口性、采食行为，对猪场生产管理引导方向。通过国外长期发展方向可以看到未来智能饲喂站是一个主要发展方向。目前国内已经有较多企业开始大规模采取智能饲喂方式，如罗牛山集团等；而我国也有较多企业研发了具有更符合中国国情的电子饲喂站，如深圳润农科技公司。

图 4-1　智能饲喂站实景

智能饲喂站操作步骤

（1）后备母猪训猪

①停料：训猪前一天全天停止给料，使猪产生饥饿感，并在饮水中加入多维。

②日程：共5步，可根据具体情况和实际效果做适当调整。第一步，大栏全部打开，饲料诱导入栏；第二步，大栏半闭，辅助入栏；第三步，大栏关闭，辅助入

栏；第四步，大栏全闭，辅助未采食母猪入栏，撤除区域限制；第五步，大栏全部关闭，不撒饲料，不辅助入栏，拆除栏片。最后，母猪自由采食，栏片拆除。

（2）母猪饲喂

①母猪入栏：怀孕母猪重新组群宜在配后3～9天、35～60天、70～90天；每次组群新群体数量，5头以上，10%（老群体）以下；每次组群宜在老群体采食完后、夜间进行，避免争食打架；每次组群时，可用刺激性的消毒药喷洒，使新老群体嗅味相投。

②每日管理：每日对猪只采食情况进行观察，挑出未采食完成母猪进行分析，辅助采食；定时对母猪膘体进行调节。

③母猪上产床：根据系统提示将对应日龄母猪进行颜色标识，并根据标识将母猪转移至产房。

2. **单体栏模式**　为实现精确饲养，提高母猪膘体管控，提高饲料报酬，当前越来越多的养殖企业开始抛弃原有的传统下料桶模式，逐步推行单体栏精确饲喂器（图4-2）。在单体栏根据母猪的状态、状态天数、膘体、温度等多因素综合信息，对每头母猪定时定量给料。

图 4-2　单体栏精确饲喂器

单体栏饲喂器操作步骤

①饲喂器准备：饲喂器安装完毕后对饲喂设备进行检查，对杯重进行校正，一般下料10～15杯称重，求平均值，根据栏号设置饲喂器栏号。

②母猪入栏：调整入栏母猪状态、调整入栏天数、母猪膘体，饲喂器将根据系统饲喂曲线、膘体和状态综合下料。

③母猪状态更改：对于单体栏母猪配种后在面板选择"配种"后，系统将自动更改饲喂模式。

④日常管理：每两周进行一次膘体评分，将评分结果录入系统；对母猪状态适时跟踪，流产猪只状态及时更改。

⑤母猪离栏：对饲喂器进行清栏处理，饲喂器将停止下料，或更改母猪状态饲喂器将智能切换饲喂曲线饲喂。

（二）产房环节

产房作为母猪最光辉的时刻也是当前饲养环节中最需要精细管理之处。如何在提高哺乳中后期母猪采食量，保障仔猪快速生长奶水需求同时减少膘体损失保障母猪生产力是产房智能饲喂的主要考虑方向。根据饲喂方式当前应用于市场的产品主要分为交互式智能饲喂器，定时式智能饲喂器。

1. **交互式智能饲喂器** 根据不同的感应探头如生物传感、饲料余料传感、机械臂控制等方式对母猪采食行为进行判断，与母猪采食需求、过程实时互动24小时智能饲喂，保证了母猪随时吃到新鲜饲料，极大减轻产房人员工作强度。根据研究表明提高母猪采食量3～4千克，母猪采食次数增加5～6次，仔猪成活率、断奶重明显提升。一款交互式哺乳母猪饲喂器如图4-3所示。

图4-3 交互式哺乳母猪饲喂器

智能饲喂步骤

① 饲喂器准备：饲喂器安装完毕后对饲喂设备进行检查，对杯重进行校正，一般下料10～15杯称重，求平均值，根据栏号设置饲喂器栏号。

② 母猪入栏：母猪一般产前7天入栏，开始采食训练，将少量饲料用水打湿或者用盐水涂抹在触发杆上，将母猪赶起来，让母猪自己触碰触发器，建立碰到触发杆就有饲料吃的反应。每天观察母猪采食情况，对未采食母猪进行多次训练。一般需要根据每头母猪的实际膘情来调整产前计划量，建议不要低于3千克。4千克是该设备的默认值，是长期的经验积累所得。

③ 母猪分娩：母猪产仔后，要及时更改母猪的状态（进栏/哺乳）。

具体操作如下：按分娩键之后进入界面，"◆"表示选择，"△""▽"上下键移动选择，"＜""＞"左右键加减。需要录入正确的哺乳天数和带仔数，带仔数和哺乳天数决定母猪的计划采食量。饲养员操作可能不熟悉，主管需要及时检查。

④ 每日观察：母猪在早上基本上都完成了当天的采食量，如果到上午下班时还没完成计划量则需对母猪进行检查。哺乳5天内采食量低的原因很有可能是母猪体内有死胎，或胎衣没产完。对于母猪个体不要一味追求高采食量，需要根据仔猪个体数量综合考虑。

⑤ 哺乳后期限料：为避免母猪断奶时膘体过高，需要对哺乳后期（21天以后）进行限料饲喂。

⑥ 母猪断奶后需要对饲喂器清栏操作，清洗、消毒，准备进行下一轮饲喂。

2. **定时式智能饲喂器**　根据饲喂程序，饲喂器每日定时、定量下料，此模式降低了产房人员劳动强度；在极端天气中，可通过选择母猪较为舒适时期集中下料，从而提高母猪采食量；或者关断电源，连续关电两天后，母猪状态自动切换到进栏第一天的状态。

（三）保育环节

在智能饲喂中保育普遍采取饲喂粥料模式，尽量减少改变保育猪食物性状，从而降低乳猪转保育猪的胃肠道应激，提高成活率，同时获得更低料重比。粥料根据水料比不同主要有全粥料、湿拌料；根据搅拌方式有预制粥料、边吃边拌料；根据不同感应探头有不同产品，一款智能保育饲喂器如图4-4所示。

图 4-4　智能保育饲喂器

1. **智能保育饲喂操作步骤**　栏舍准备，饲喂器下料校准，下料10～15杯，计量饲料均重，设置饲喂器栋舍栏号。

2. **入栏**　保育猪只头数、天数，选择饲喂模式：智能饲喂、定时饲喂、自由采食等多模式。

3. **巡栏**　检查猪只异常、设备下料情况，通过数据展示端查看仔猪采食情况。

4. **出栏**　猪销售后，对设备清洗消毒，清栏设置后进入下一轮饲喂。

（四）育肥/育成环节

规模猪场在巨大防疫压力下均在探索无人育肥智能解决方案，寻找安全快速育肥的新思路。育成/育肥环节根据不同栏舍大小、不同饲喂规模存在多种饲喂方式：

1. **智能粥料**　对于育肥栏舍小群体智能饲喂多采取24小时自由采食湿拌料模式，提高料肉比快速出栏。

2. **无人育肥**　较大规模育肥场，育肥舍联动智能环控、自动输料、智能饲喂器采取大栏方式，减少饲养人员进出，保证饲养环境生物安全，粗放式的育肥方式。

3. **大群体智能育肥**　为保证猪只精确育肥，国内外根据育肥/育成要求，对育肥猪只通过耳标管理，在将栏舍分区（图4-5）：采食区、饮水休息区。记录每次育肥猪只采食重量，根据料重比、体重、饲养周期等智能对猪只分群饲喂，保证猪只整体均一度，提升生长性能，降低料重比，提升胴体品质等。同时，也可对大群体进行整体测定，为种猪选育大群体测定提供解决方案。目前多个规模化饲养一体化集团公司均积极实验大群体智能育肥，为生猪养殖探索新模式。

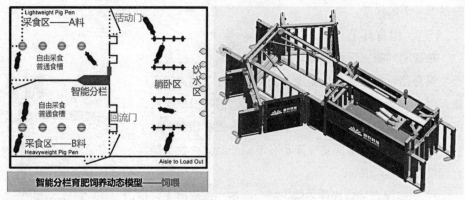

图 4-5　智能分栏育肥饲养示意图

大群饲养操作步骤

（1）饲喂准备　饲喂器下料校准，下料10～15杯，计量饲料均重；对分栏规则进行设置，对饲喂饲料品种、模式进行设置。

（2）猪只入栏　根据饲喂模式，完成免疫后猪只进入大栏饲喂；饲喂前期进行猪只采食训练：打开分栏站，辅助猪只通过分栏站，进入饲喂区采食，并辅助猪只才采食区进入躺卧区。

（3）猪只饲喂　每日查看猪只采食情况，对异常生长猪只进行分析处理，或隔离饲喂。

（4）猪只出栏　更改分栏规则，根据出栏规则使合适猪只进入待销售区。

在养殖发达的国家无论从劳动力成本、饲养成本、生产力提高等多方向考虑均采取了智能饲喂，而我国随着劳动力成本日益提高、从业人员知识结构提升、生活方式改变、生物安全防疫要求等多方面综合因素，智能化养殖是规模猪场发展的一个必然的方向。

二、智能物联

随着5G时代来临，新的网络互联方式不断演进，智能物联时代逐步走入各个环节，智能物联逐步成为智能养殖的重要一环，环控，能耗监控，环境、排污监测，断电、发电报警等多种设备均进入物联网时代（图4-6）。

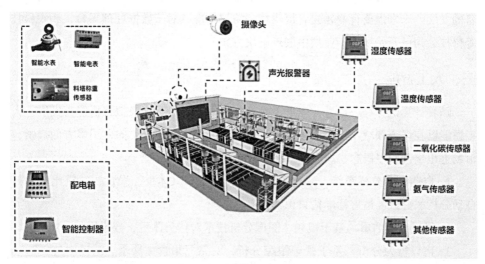

图 4-6　猪场物联网示意图

1. **智能环控系统**　系统化的智能环控应该由软件平台、传感探头、智能环控盒、环控设备、异常警报通知等组成。不同的智能环控盒有不同的触发方式如：通过温度传感控制、氨气浓度传感控制、风机排风量大小控制等。当前氨气浓度传感探头从购买成本、后期维护成本、准确性等综合因素考虑，多数环控厂家均采用温度控制方式。异常警报根据厂家不同，有本地警报、平台警报、短信/电话不同方式。

2. **能耗监控**　猪场用水是制约规模猪场发展的一个重要因素，如何降低用水、废水等是每个经营管理者都需要考虑的一个问题。根据猪场生产需求对场内、栋舍用电、用水、用气等进行智能监测，将监测数据通过RS485或无线传输方式上传至平台、手机等。

3. **环境、排污监测**　污水处理是规模猪场首要解决的问题，当前已有政府要求猪场能适时上传环境、排污数据，同时多数规模猪场借助互联网、物联网技术适时将污水处理整体数据上传平台并做适时警报。

4. **断电、发电警报**　由于规模猪场生产密度大，电是猪场猪只的生命线。规模猪场开始对场内电力情况适时监控，对发电设备监控，数据上传平台。

未来时代万物互联，物联网将成为规模猪场必经之路，也是经营管理者重要的监管工具，但是当前设备厂商众多，每个厂商都有自己的模块、数据处理方式、自己的平台，相互之间不兼容，国家、行业也没有统一标准，将大大限制智能物联设备的发展，未来需要行业领先者提供统一协议标准，对于数据处理平台，润农科技等科技公司已开始试行行业集中展现解决方案。

三、人工智能

随着计算机计算力提升，图形识别处理技术革新，数据模拟分析能力发展，人工智能已在多个领域发展运用。规模化养殖已经在人工智能方向做了多方面摸索，市场上也出现较多概念、产品。

1. **自动称重分栏系统** 结合智能育肥，根据猪只体重、采食、料重比等进行自动分栏、分区、销售标准猪只识别等。

2. **猪只盘点估重** 基于视频、图像分析技术对猪只体重、数量进行分析。

3. **猪只行为分析** 基于视频跟踪分析，对猪只采食、饮水、运动轨迹、运动量等多因素分析，监控猪群、猪只健康状况，作为疾病判断依据。

4. **猪只咳嗽、异常声音分析** 基于实时音频数据分析，监测猪只的呼吸、咳嗽、异常叫声等，监控猪群健康状况，有效保护仔猪生长。

5. **猪脸识别** 基于猪只脸部图像分析技术，对猪只个体识别，记录猪只个体事件。

6. **猪只膘体分析** 基于猪只3D模型或体温红外技术对猪只膘体厚度进行评判。

7. **猪只体温分析** 基于红外或传感等技术对猪只体温监测。

四、数据分析

跟随规模猪场的信息化、智能化设备的推进，每天产生巨大的数据量，而如何从庞冗的数据中分析出具有经济价值的信息给规模猪场经营管理者的经营决策提供数据化依据，通过大数据的智能分析给智能化从业者提供反馈信息，通过大数据智能分析给产业链赋能，大数据智能分析改变我们猪场管理操作流程。

1. **经营管理决策数据分析** 规模猪场每日生产属于一个动态过程，如何根据现场生产及时快速地作出生产经营决策？生产管理决策，为猪场生产经营管理提供猪场异常生产智能分析，猪场经营决策提供数据模拟是当前智能数据分析的一个重要方向（图4-7）。

2. **猪只行为智能分析** 智能规模化养殖每日通过不同智能化设备获取极大量的猪只行为数据，猪只行为智能分析将改变规模猪场生产管理模式（图4-8）。如：根据采食行为分析可以获得母猪一天采食规律。

通过大数据智能分析可以指导规模猪场标准饲喂流程、管理模式的转变，同时大数据智能分析会引导规模化养殖场相关从业者对猪只认识的改变，如对猪只称重数据分析，可以发现猪只增重日变化、每日体重数据的波动，将产生新的种猪选育模式（图4-9）。

3. **产业链智能分析** 当前规模化养殖、规模化屠宰、生鲜销售等多方数据均处于割裂状态，养殖、育种未与产业链形成联动，当前部分大型集团公司逐步试行

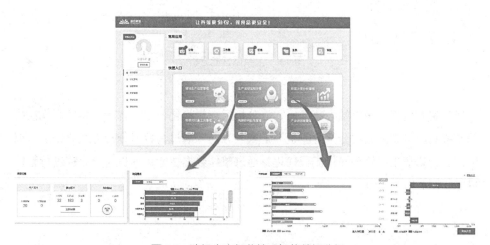

图4-7 猪场生产经营管理智能数据分析

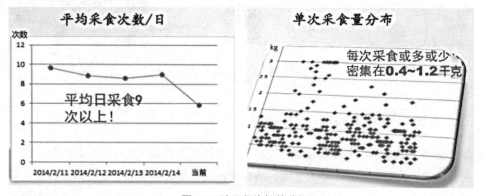

图4-8 猪只行为智能分析

天数	"真实"体重	"噪声"	测量体重
0	50	2.8	52.8
1	51	1.5	52.5
2	52	-1.5	50.5
3	53	-0.4	52.6
4	54	2.6	56.6
5	55	1.7	56.7
6	56	-0.8	55.2
7	57	2.1	59.1
8	58	0.1	58.1
9	59	1.9	60.9
10	60	-0.4	59.6
11	61	0	61
12	62	2.2	64.2
13	63	1.6	64.6
14	64	-2.7	61.3
15	65	-2	63
16	66	-2.8	63.2
17	67	1.5	68.5
18	68	-0.5	67.5
19	69	2.1	71.1

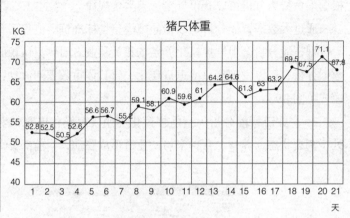

图 4-9 大数据智能分析

市场消费者偏好、屠宰端大数据的智能分析反馈规模化养殖。智能化如何为规模化养殖提高经济智能数据分析可能是一个重要方向，通过大数据分析为经营提供数据依据，为猪场生产管理提供流程优化，通过整体数据智能化分析为产业链进行整体赋能（图4-10）。

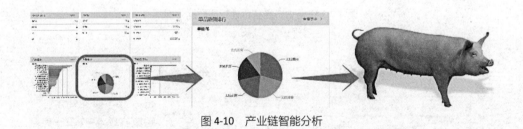

图 4-10 产业链智能分析

五、智能养殖未来展望

中国养殖业的一个必然趋势是规模化，而智能养殖是规模化的必然之路，而如何让智能化养殖走入各个养殖企业，依靠的不仅仅是行业某个企业，而是行业水平的整体提升，而如何让智能化快速有效地为养殖企业提供经济价值，除了智能化本身以外，更多的是养殖业、智能化的跨界人才培养，已有企业开始联合各大高校培养相关人才，为未来智能化规模化养殖开启人才储备。

当前常用的规模猪场智能环控设备和智能饲喂设备信息见表4-29、表4-30。

表 4-29　规模猪场常用的智能环控设备信息

品牌	产地	描述	技术信息
Munters	以色列	以 Rotem 为代表最早进入中国的外资品牌环境控制器，拥有较广泛的用户基础，采用级别通风理念	控制器间RS232 或 RS485 通讯，通过通讯控制器连接 Internet，进行数据通信。分为单机工作和主机 + 从机两种工作方式
Skov	丹麦	提供欧式风格农场环境控制器，优化算法，使用简单，减少人为干预	控制器间 RS485 通讯，通过通信控制器连接 Internet，进行数据通信
朗润恒	中国	简单优化的网络接口，集数据采集、上传、报警等信息于一体的新型国产控制器代表	独立通讯，内部兼容以 GSM 手机卡通讯方式，不需要通讯控制器。单机工作
Maximus	加拿大	模块化组装控制系统，兼容生产管理系统，融合通风、饲喂、生产及生物安全等于一身的新型控制系统，Linux 操作系统，满足定制化需要。美式猪场应用广泛	控制器间采用 RS485 工作，以主机 + 从机方式工作，主机自带 Internet 模块，可以直接数据通信
GSI	美国	Expert（专家系列）作为美式猪场控制器的代表进入中国多年，应用广泛。阶段通风的典型代表	单机运行，无法连接 Internet，运行稳定
深圳润农	中国	智能环控整体解决，数据平台、集环控探头、采集数据、上传、控制，信息警报、电控整体解决方案，国内环控领先者	控制器间 RS485 通信，通过通信控制器连接 Internet，运行稳定

表 4-30　猪场常用智能饲喂设备信息

品牌	产地	描述	技术信息
睿保乐（Nedap）	荷兰	猪场智能化群养管理理念及养殖模式成功引入到中国市场。大群饲养条件下实现对母猪个体的精确饲喂，通过系统自带的饲喂管理软件，实现母猪个性化、智能化、自动饲喂，准确饲料配给	利用 RFID（无线射频识别）技术，准确个体识别

（续）

品牌	产地	描述	技术信息
深圳润农	中国	国内智能饲喂最早实行者，全套的智能化饲喂设备：智能群养站、哺乳智能饲喂器、保育粥料机、智能育肥系统，实行母猪个性化、猪群智能化饲养精确给料模式	RFID（无线射频识别）技术个体识别，生物传感智能识别，多种产品组合
佳饲达（Gestal）	加拿大	哺乳母猪饲喂系统，最大化的母猪哺乳期采食量、发挥遗传潜能。实时监控母猪的饲喂情况	安装简易、无线通信、独立运行

■ 本章总结摘要

- 信息化时代，规模猪场老板、场长要及时、充分了解猪业国家政策、行业信息与动态、市场信息与动态、新技术新产品信息与动态。
- 重视规模猪场数据化管理，正确处理、分析数据，应用养猪专业软件指导养猪生产过程。
- 建立和完善科学的生产报表体系，确保数据的真实性、准确性、科学性和及时性。
- 智能化管理，要与时俱进，要以降本增效为目的，不要盲目崇洋媚外，不要过于高大上。
- 规模猪场自动化、智能化技术与设备的应用，要结合中国国情，要以提高经济效益为前提。

参考文献

PIC种猪改良国际集团（中国公司）. PIC生物安全手册［R］. 内部资料.

大北农集团. 大北农养猪作业指导书［R］. 内部资料.

广东温氏食品集团有限公司. 温氏养猪作业指导书［R］. 内部资料.

郭强，2017. 猪场消毒推荐程序［J］. 中国畜禽种业，8.

匡宝晓，2005. 冬季猪场的管理［J］. 养猪，06.

匡宝晓，2005. 夏季猪场的管理和猪病控制［J］. 养猪.

匡宝晓，2005. 猪呼吸道疾病综合征［J］. 养猪.

匡宝晓，2006. 警惕猪场的回肠炎和结肠炎［J］. 养猪，01.

匡宝晓，2015. 猪寄生虫病及防控措施［J］. 今日养猪业，04.

李俊柱，1998. 规模猪场生产管理手册［R］. 内部资料.

牧原食品股份有限公司. 牧原养猪作业指导书［R］. 内部资料.

Jeffrey，J Zimmerman et al. Diseases of Swine［M］. 11thEdition：1003～1040.